扫描看视频
轻松养好猪

规模化猪场
常见疾病防控
▶ 视频书

白挨泉　李智丽　陈燕珊　主编

U0651149

中国农业出版社
北京

图书在版编目（CIP）数据

规模化猪场常见疾病防控视频书 / 白挨泉，李智丽，陈燕珊主编. -- 北京：中国农业出版社，2024.7.
(扫码看视频　轻松养好猪). -- ISBN 978-7-109-32161-8

Ⅰ. S858.28

中国国家版本馆CIP数据核字第2024XA1853号

规模化猪场常见疾病防控视频书

GUIMOHUA ZHUCHANG CHANGJIAN JIBING FANGKONG SHIPINSHU

中国农业出版社出版

地址：北京市朝阳区麦子店街18号楼

邮编：100125

责任编辑：王森鹤　周晓艳

版式设计：王　晨　　责任校对：张　雯　　责任印制：王　宏

印刷：中农印务有限公司

版次：2024年7月第1版

印次：2024年7月北京第1次印刷

发行：新华书店北京发行所

开本：720mm×960mm　1/16

印张：11.25

字数：208千字

定价：68.00元

编 写 人 员

主　编　李智丽　佛山大学

白挨泉　佛山大学

陈燕珊　温氏食品集团股份有限公司

副主编（以姓氏笔画排序）

马　骏　佛山大学

张辉华　佛山大学

陈　峰　温氏食品集团股份有限公司

单同领　中国农业科学院上海兽医研究所

黄淑坚　佛山大学

参　编（以姓氏笔画排序）

马　亮　辽宁省农业发展服务中心

池仕红　佛山大学

規模化猪场
常见疾病防控
视频书

李彦超　法国诗华动物保健公司

杨　明　仲恺农业工程学院

张伟超　广西扬翔股份有限公司

张建洲　佛山大学

贾爱卿　广东海大研究院

原耀贤　佛山大学

黄　俊　广东广垦畜牧集团股份有限公司

黄兴国　佛山大学

黄良宗　佛山大学

温　峰　佛山大学

审　校　马春全　佛山大学

中国有着悠久的养猪历史和猪肉饮食习惯。2018年以来受到非洲猪瘟疫情影响，原本蓬勃发展的养猪业受到严重打击。党中央、国务院高度重视生猪稳产保供工作，2019年12月4日，农业农村部印发了《加快生猪生产恢复发展三年行动方案》，指出像抓粮食生产一样抓生猪生产，把生猪稳产保供作为农业工作的重点任务抓紧抓实抓细，千方百计加快恢复生猪生产。到2020年10月，生猪产能基本恢复。

为满足非洲猪瘟疫情下生猪健康养殖与疫病防控技术需求，本书编写特邀大型生猪养殖企业技术负责人和从事畜牧兽医专业科研与教学的高校教师共同参与，同时也邀请了多位具有一线临床经验的专家参与，通力合作，结合规模化猪场生猪饲养特点和疾病规律，概述了猪病流行的新特点和诊断方法，对猪病诊断提出"猪病群体全局观"的观点，重视建立综合防控方法。本书将临床常见的猪病按照系统分门别类，以呼吸系统疾病、繁殖障碍疾病、消化系统疾病、皮肤和肢蹄相关疾病为主，对规模化猪场常见疾病进行阐述，主要涉及12种呼吸系统疾病、8种繁殖障碍疾病、8种消化系统疾病、4种皮肤和肢蹄相关疾病，对病原学、流行病学、临床症状、病理变化、鉴别诊断进行了全面的介绍，并提出了科学、实用的防控方案。这里需要指出，本书所采用的常见疾病分类方法并不是绝对的，某些重要疾病的临床症状并不局限于某一部位，如猪伪狂犬病不仅引起呼吸系统症状，还引发繁殖障碍，在阅读中各章节要相互结合，才能完整、系统地认识猪病。

　　本书针对猪场危害较大的几种病毒性疾病如非洲猪瘟、口蹄疫、猪伪狂犬病、猪繁殖与呼吸综合征进行了重点阐述，尤其对近年来肆虐养猪业的非洲猪瘟从病原特点、流行病学、临床症状及病理变化方面进行了翔实的报道，提供了具有实用价值的一线资料和防控建议；对猪伪狂犬病毒的基因变异情况及相应的临床表现进行了详细描述；对猪繁殖与呼吸综合征病毒的流行病学、国内外毒株的基因重组进行了综述；同时对猪口蹄疫、猪圆环病毒病等也进行了重点介绍，旨在提醒养殖人员对烈性病毒病进行重点防控，构建生物安全体系，建立科学实用的综合防控措施，有的放矢，切断疾病传播路径，将病原菌拒之门外。

　　此外，本书包含笔者在临床中收集的大量猪病临床症状和病理特征图片，以及相关视频，以丰富读者的阅读体验，且语言简练，通俗易懂，适合规模化猪场的养猪技术人员、兽医、猪场经营管理人员及对养猪业有浓厚兴趣的人士阅读。

　　本书由佛山大学资助出版。由于编者水平有限，难免有疏漏和错误之处，恳请广大读者批评指正。

编　者

2024年5月

目 录
CONTENTS

前言

第一章　规模化猪场常见疾病特点　　　　　　　　　　／ 1

一、规模化猪场疾病流行的新特点　　　　　　　　　　／ 2

二、规模化猪场常见疾病的诊断　　　　　　　　　　　／ 4

三、规模化猪场常见疾病防控思路　　　　　　　　　　／ 8

第二章　猪场重要疫病的防控　　　　　　　　　　　　／ 9

一、非洲猪瘟　　　　　　　　　　　　　　　　　　　／ 10

二、猪口蹄疫　　　　　　　　　　　　　　　　　　　／ 23

第三章　猪场常见的呼吸系统疾病及其防控　　　　　　／ 33

一、猪萎缩性鼻炎　　　　　　　　　　　　　　　　　／ 34

二、猪传染性胸膜肺炎　　　　　　　　　　　　　　　／ 37

三、猪支原体肺炎　　　　　　　　　　　　　　　　　／ 40

四、猪流感　　　　　　　　　　　　　　　　　　　　／ 43

五、猪圆环病毒病　　　　　　　　　　　　　　　　　／ 47

六、猪繁殖与呼吸综合征　　　　　　　　　　　　　　／ 56

七、猪伪狂犬病　　　　　　　　　　　　　　　　　　／ 68

八、副猪嗜血杆菌病　　　　　　　　　　　　　　　　／ 78

九、猪链球菌病　　　　　　　　　　　　　　　　/ 82

十、猪肺疫　　　　　　　　　　　　　　　　　　/ 86

十一、猪附红细胞体病　　　　　　　　　　　　　/ 90

十二、猪呼吸道疾病综合征　　　　　　　　　　　/ 94

第四章　猪场常见的繁殖障碍疾病及其防控　　/ 99

一、猪细小病毒病　　　　　　　　　　　　　　　/ 100

二、猪流行性乙型脑炎　　　　　　　　　　　　　/ 103

三、猪布鲁氏菌病　　　　　　　　　　　　　　　/ 105

四、猪衣原体病　　　　　　　　　　　　　　　　/ 108

五、猪弓形虫病　　　　　　　　　　　　　　　　/ 114

第五章　猪场常见的消化系统疾病及其防控　　/ 117

一、猪流行性腹泻　　　　　　　　　　　　　　　/ 118

二、猪传染性胃肠炎　　　　　　　　　　　　　　/ 122

三、猪轮状病毒病　　　　　　　　　　　　　　　/ 125

四、猪瘟　　　　　　　　　　　　　　　　　　　/ 127

五、猪增生性肠炎　　　　　　　　　　　　　　　/ 134

六、猪大肠杆菌病　　　　　　　　　　　　　　　/ 138

七、猪痢疾　　　　　　　　　　　　　　　　　　/ 143

八、猪球虫病　　　　　　　　　　　　　　　　　/ 145

第六章　猪场常见的皮肤和肢蹄相关疾病及其防控　　/ 151

一、猪丹毒　　　　　　　　　　　　　　　　　　/ 152

二、仔猪渗出性皮炎 / 155

三、猪疥螨病 / 158

四、猪水疱病 / 160

第七章　其他常见的临床症状 **/ 163**

一、霉菌毒素中毒 / 164

二、营养缺乏 / 167

三、子宫内膜炎 / 169

视 频 目 录

视频 1： 规模化猪场常见猪病流行特点 / 2

视频 2： 规模化猪场常见猪病防控思路 / 8

视频 3： 非洲猪瘟的防控 / 10

视频 4： 口蹄疫的防控 / 23

视频 5： 猪萎缩性鼻炎的防控 / 34

视频 6： 猪传染性胸膜肺炎的防控 / 37

视频 7： 猪支原体肺炎的防控 / 40

视频 8： 猪流感的防控 / 43

视频 9： 猪圆环病毒病的防控 / 47

视频 10： 猪繁殖与呼吸综合征的防控 / 56

视频 11： 猪伪狂犬病的防控 / 68

视频 12： 副猪嗜血杆菌病的防控 / 78

视频 13： 猪链球菌病的防控 / 82

视频 14： 猪附红细胞体病的防控 / 90

视频 15： 猪细小病毒病的防控 / 100

视频 16： 猪流行性腹泻的防控 / 118

视频 17： 猪瘟的防控 / 127

视频 18： 猪增生性肠炎的防控 / 134

视频 19： 猪大肠杆菌病的防控 / 138

视频 20： 猪丹毒的防控 / 152

视频 21： 霉菌毒素中毒的防治 / 164

第一章

PART | 1

规模化猪场常见疾病特点

规模化猪场根据猪的生理特点，建立了系统而严密的生物安全体系；通常配有先进的养殖设备和自动化仪器装备，从而精准高效地控制猪舍环境，降低外部气候因素对生产的影响；可熟练运用遗传育种、健康营养、免疫预防等先进技术手段来提高生产效率；结合科学的管理方式，组织优秀的生产团队，从而实现了生猪规模化和集约化的生产。

一、规模化猪场疾病流行的新特点

（一）以传染性疾病尤其是病毒性疾病为主

规模化猪场养殖密度大，一旦传染性病原侵入易感猪群，极易传播。目前常发疾病以非洲猪瘟、猪口蹄疫、猪瘟、猪伪狂犬病、猪繁殖与呼吸综合征、猪流行性腹泻、猪圆环病毒2型、猪流行性感冒等病毒性传染病为主。

视频1

（二）以非典型或亚临床型症状为主

很多病原的血清型和基因型较为复杂，其基因组具有变异多且不断演化的特性。由于病原在传播的过程中易受多种因素的影响，可使其毒力发生变化，进而出现新的变异毒株或血清型，所以病猪在临床上表现为发病症状不典型，或发病从原来的典型症状转为非典型或亚临床症状。例如，出现了"温和型猪瘟"（属非典型猪瘟）、新基因型的猪伪狂犬病病毒以及发生基因异变的猪流行性腹泻病毒等。

（三）病原体的混合感染和继发感染

猪病以病原体的混合感染和继发感染为主要感染形式，猪群发病往往是由两种以上的病原体相互协同作用（称为"共感染"）造成，常常导致猪群的高发病率和高死亡率，危害极其严重，而且控制难度大。在混合感染中，既有病毒的混合感染，也有细菌的混合感染，还有病毒与细菌的混合感染。猪群发病时，以猪繁殖与呼吸综合征病毒、猪圆环病毒2型、猪伪狂犬病病毒、猪瘟病毒之间的混合感染较为严重；其次是猪肺炎支原体、副猪嗜血杆菌、猪传染性胸膜肺炎放线杆菌、猪多杀性巴氏杆菌的多重感染。此外，猪肺炎支原体、猪繁殖与呼吸综合征病毒、猪圆环病毒2型之间的多重感染也十分普遍。

继发感染现象也普遍存在，特别是在猪群中存在原发性免疫抑制性病原感染（如猪繁殖与呼吸综合征病毒、猪圆环病毒2型、猪伪狂犬病病毒、猪流感病毒）的情况下，导致机体抵抗力下降，一旦发生应激和饲养管理不良，就很容易导致继发感染。例如，常见原发性病原体（如猪繁殖与呼吸综合征病毒、猪圆环病毒2型、猪伪狂犬病病毒、猪流感病毒、猪瘟病毒、猪呼吸道冠状病毒）首先侵入呼吸道和肺脏，破坏呼吸道的防御屏障，造成猪呼吸道的抵抗能力下降，继而猪体内携带的内源性继发病原体（如副猪嗜血杆菌、猪多杀性巴氏杆菌、猪链球菌、猪沙门氏菌）和存在于猪舍空气和环境中的外源性继发病原体（如支原体等）长驱直入，进入呼吸道和肺脏，引起猪的继发性混合感染。

（四）季节性不明显

因猪舍环境受到精准和高效控制，故一些原本季节性的疾病不再显著呈现季节差异。例如，冬春季节常见的病毒性腹泻、猪口蹄疫、猪支原体肺炎等疾病不再有明显季节性流行趋势。

（五）呼吸道疾病成为主要问题

猪生长的各个阶段都存在呼吸道疾病问题，发病率通常在30%～60%，死亡率为5%～30%，造成巨大的经济损失，预防和控制较为复杂。猪呼吸道疾病通常是在环境应激和猪群抵抗力下降等因素作用下，由一种或多种细菌、病毒引起的混合感染而造成的。此外，猪群饲养密度过大、混养、通风不良、空气质量差、猪舍温度变化过大、营养不良、猪群免疫力下降等因素都可能成为呼吸道疾病暴发的诱因。

（六）繁殖障碍疾病普遍存在

与猪繁殖障碍有关的疾病有30多种，其中危害较大的有猪繁殖与呼吸综合征、猪圆环病毒2型感染、猪伪狂犬病、猪瘟、猪细小病毒病、猪流行性乙型脑炎（又称猪日本乙型脑炎）、猪流感、猪附红细胞体病、猪布鲁氏菌病、猪衣原体病、猪钩端螺旋体病、猪弓形虫病、猪子宫内膜炎、猪霉菌毒素中毒等。这些疾病导致不同妊娠阶段的初产母猪和经产母猪发生返情、流产、产死胎和木乃伊胎等现象；种公猪出现生殖疾病和精液品质降低等现象。

（七）免疫抑制疾病逐渐明显

可以引起猪体免疫抑制的因素很多，其中非洲猪瘟、猪繁殖与呼吸综合征、猪圆环病毒2型感染、猪伪狂犬病等被认为是猪的免疫抑制性疾病，直接侵害猪的免疫器官和免疫细胞，造成细胞免疫和体液免疫的抑制，使机体的抗病能力减弱，整体健康水平下降。

（八）因饲养管理不当引起疾病发生

主要有四个方面的因素，一是猪不同生长阶段的饲料配合不当，导致猪缺少维生素和微量元素；二是饲料贮存时间过长，导致猪发生霉菌毒素中毒；三是滥用饲料添加剂或药物（如喹乙醇、铜、砷及磺胺类药物等）导致中毒；四是因栏舍设施、温度及湿度控制不合理、空气质量差、卫生质量差、饲养密度大等导致猪群发生争斗、咬尾、咬耳、关节肿、蹄病以及应激综合征等。

二、规模化猪场常见疾病的诊断

在规模化猪场中，应避免只考虑单只猪的临床表现，而应综合分析患病猪共有的症状和病理变化，才可能确诊猪群发生的疾病种类，从猪群整体的角度来分析其可能的病因及发展趋势，进而制定更为科学合理的防控措施。树立"猪病群体全局观"，有助于更好地建立生物安全体系和经济高效地执行防控措施。

在"猪病群体全局观"下猪病确诊需要做到"四结合"，即流行病学诊断、临床症状诊断、病理变化诊断、实验室诊断相结合。

（一）流行病学诊断

流行病学诊断是从全局出发并与临床诊断联系在一起的诊断方法。主要是根据病原因素、宿主因素、环境因素、时间因素及不同的动物群体类型，按照畜群的年龄和品种、疾病流行特征等因素进行分组，调查传染病发生、发展的过程（如传染源、传播媒介、感染途径、易感动物、病畜日龄、发病季节、环境因素、疫区范围）以及发病率、病死率等，将结果进行分析比较，最终找出疾病发生和流行的规律。此外，对于某些具有隐性感染的疾病，应结合血清学诊断。

（二）临床症状诊断

在"猪病群体全局观"下，进行临床症状诊断应重视对群体症状的观察，评估疾病是否具有传染性；如果仅个别猪发病，考虑为非传染性致病因素。具体诊断时，主要应用望诊，结合嗅诊和触诊。

望诊指对病猪整体、局部和其分泌物、排泄物的神、色、形、态的观察。对病猪整体状态的观察，可包括发育程度、营养状况、体质强弱、卫生条件、精神状态、姿势及运动行为等方面；对病猪局部状态的观察，可包括口鼻部的炎症或分泌物、阴部或肛门的分泌物以及肢蹄部的完整度。

1. 观察姿势与精神状态　健康的猪表现活泼，对外界反应灵敏；患病猪则精神不振，扎堆，走路不稳，被毛粗乱等。猪呈犬坐姿势，常见于肺炎、胸膜炎；猪出现跛行症状，常见于关节炎型猪链球菌病、副猪嗜血杆菌病、口蹄疫、水疱病，以及创伤、挫伤等；如猪在蹄叉、蹄冠、蹄匣部出现水疱及溃烂，则常见于猪水疱病或猪口蹄疫；猪表现兴奋及神经症状，可能与弓形虫病、猪伪狂犬病、仔猪水肿病、维生素A缺乏症、中毒等有关。

2. 观察皮毛　常用于皮肤、肢蹄相关疾病的辅助诊断。健康猪被毛细密平顺而富有光泽、柔润、有弹性。若皮肤苍白则是贫血的表现；如皮肤发红或部分皮肤出现红色斑点，则可能是败血性传染病如猪瘟、猪丹毒、猪肺疫、猪链球菌病、猪附红细胞体病等；如皮肤见块状多角形、充血性发红，指压退色，则主要见于猪丹毒；若乳头皮肤、口鼻及蹄部出现水疱，则多是口蹄疫、水疱病；若眼睑、耳、股内、腹部出现黄豆大红斑、丘疹、水疱、脓疱、结痂，则多是猪瘟、传染性脓疱型皮炎。

3. 观察呼吸　常用于呼吸道疾病的辅助诊断。健康猪呼吸平和，呈胸腹式呼吸，呼吸频率为每分钟10～20次，呼吸时，胸部和腹部起伏协调、均匀。若猪呼吸方式改变、呼吸次数增多（减少），或出现咳嗽、呼吸困难等，均视为病态。

4. 观察排泄物　常用于消化道疾病的辅助诊断。如猪的粪便稀如水，或呈黄色、绿色或淡棕色，则多为病毒性腹泻，粪泻如糊状，有腥臭味，一般多为细菌性腹泻。观察粪便时，还要看其中是否有异物、寄生虫和血液等。若粪便中混有黏液、黏膜及脓液，常见于猪瘟、猪丹毒、猪肺疫、猪副伤寒及一些中毒性疾病；如排出血液，则多是猪血痢。

（三）病理变化诊断

通过解剖病猪，观察其病理变化，可以做出初步诊断。对于送检的病猪，如果血管有淤血、腹部皮肤出现暗绿色，表明猪已经死亡一段时间，尸体已经腐败，会影响诊断的准确性。解剖之前，应首先观察猪的临床症状，测量体温，观察呼吸频率和运动状况等。解剖过程中，如果需要取病料用于病原分离，则应尽可能在无菌条件下打开猪的体腔，小心取出目标组织或器官。样品的采集及处理方法，应依据检测目的和方法不同而有所差异。在解剖病猪之前，可通过前腔静脉或耳静脉途径采血，分离血清或制备抗凝血，用于进一步的实验室诊断。通常在前肢内侧动脉处作切口放血，然后开始解剖。建议有条件的实验室在解剖的过程中，可以借助数码照相机对病变组织进行拍摄，作为资料保存，或发送给相关专家，以便共同讨论案例。剖检时注意观察病猪外观和组织器官的变化。

1.**病猪形态和外观的变化** 先观察猪的膘情、被毛情况、运动状况，以及对声音或刺激是否过度敏感等，以获得总体印象；然后按照先头部、再躯干，最后是尾部和阴部的顺序仔细观察。

（1）**头部** 观察眼睑是否肿大，眼角膜是否有炎症、泪斑，颜面是否变形，耳部皮肤是否有出血点、坏死或脱落，下颌淋巴结是否肿大，鼻腔是否出现分泌物及分泌物的性质，口腔是否出现水疱、溃疡等。

（2）**颈部** 观察肌肉是否水肿，疫苗或药物注射后局部是否发生炎症等。

（3）**背部、腹部** 观察皮肤是否出现溃疡、脓肿、出血点，以及腹股沟淋巴结是否肿大等，皮下是否出现暗红色的出血点，皮肤是否出现黄疸、黄脂等。

（4）**四肢（关节）** 观察蹄冠是否开裂，蹄部是否出现水疱、溃疡等，关节是否肿胀，是否悬蹄（以判定外界因素）等。

2.**病猪组织器官的变化** 动物放血彻底后，从胸骨开始，沿肋软骨作切口除去皮肤肌肉组织，完整暴露胸腔和腹腔器官，仔细观察。内脏器官观察完毕后，再剖开胃肠道，观察黏膜状况。

（1）**头部** 观察口腔、齿龈、唇面、舌面是否有水疱、溃疡，鼻甲骨是否萎缩，鼻中隔软骨是否肿大、萎缩，扁桃体是否出现坏死灶，脑膜是否充血、出血，颅腔中是否有积液等。

（2）**颈部** 观察气管黏膜是否充血、出血、有泡沫，甚至含有新鲜的血液。切开颈部肌肉，观察是否有水肿或局部炎症等。

（3）**胸腔** 观察肺脏是否充血、出血、水肿，肺脏表面是否覆盖纤维素性渗出物，是否与胸壁粘连，心包是否有积液，心包膜是否与心脏粘连，是否出现心包炎，心肌表面是否有出血点，心冠脂肪的变化是否正常，是否有胶冻样渗出物，心内膜是否出血及有菜花样赘生物等。

（4）**腹腔** 观察腹腔是否覆盖纤维素性渗出物，是否有积液，是否有囊状的水疱。然后，逐个观察内脏器官，是否出现下列变化：

①脾脏　是否肿大、梗死或萎缩等。

②肝脏　是否肿大及出现白色坏死点，是否黄染等。

③胃肠道　胃底黏膜是否充血、出血、溃疡，胃大弯浆膜与黏膜面之间是否出现胶冻样水肿，胃浆膜是否出现出血点。小肠肠壁是否变薄（这是腹泻病的标志）。小肠和大肠浆膜、黏膜是否出现出血变化，回盲瓣是否出现溃疡或坏死灶，回肠肠壁是否增厚，大肠肠壁是否出现溃疡和增厚，肠系膜淋巴结

是否肿大、出血，肠系膜是否水肿，肠腔中是否发现线虫等。

④膀胱 是否出现出血点，尿液是否为白色黏液状或含有血液（猩红色尿液），公猪包皮是否积尿等。

⑤肾脏 表面是否出现针尖状、大小不一的出血点（麻雀肾）或白色斑点，肾乳头是否出血，是否出现黄色的细小颗粒等。

⑥子宫 内膜是否出血或发生内膜炎。母猪阴户是否红肿；公猪睾丸是否肿大，切面是否为车轮状等。

（四）实验室诊断

1. 需要进行实验室诊断的情况 因疾病常由不同病原混合感染和继发感染引起，仅靠临床诊断难以确诊，故猪群出现群发性临床症状时，如发热、呼吸困难、咳嗽、腹泻等，应进行临床样本的采集，并送相关实验室进行病原学与血清学检测，及时确诊；当猪群出现死亡病例，并高于正常死亡率时，应采集病死猪样本，进行确诊；当通过临床症状与病死猪的剖检不能确诊，特别是多病原混合感染，原发感染与继发感染共存时，应采集样本进行病原的检测与分离。

2. 实验室诊断中样本采集原则

（1）**适时采集** 尽可能采集新鲜样品。在病初发热期或出现典型临床症状时采集；若制备血清，须空腹时采血；如在尸体上采样，则应在病猪死后立即采集，标识清晰，低温保存寄送。

（2）**典型采样** 样品具有代表性。选择典型动物，即未经药物治疗、症状典型的病猪；选择典型材料，即病原体含量最高的材料；在尸体上采样时，应采集包含病变组织或病变最明显、最典型的部位。

（3）**合理采样** 群体发病时，至少采集5头猪的病料。每一种样品应采集足够的数量。

（4）**无菌采样** 采样时应进行无菌操作，尤其是供微生物学检查和血清学检查的样品。

（5）**安全采样** 注意人员安全，防止感染，防止病原扩散造成环境污染。

此外，在血清采样中，根据调查目的不同，采样方式与数量也有差异。按照最小样本统计的需要，一般应采集30份血清。

3. 实验室诊断常用方法

（1）**病原检测** 细菌和寄生虫可用显微镜观察，进行染色及培养鉴定；病毒检测可采用琼脂凝胶免疫扩散、病毒分离、实时荧光反转录聚合酶链式反应（RT-qPCR）、普通反转录聚合酶链式反应（RT-PCR）。

（2）**血清学检测** 抗体检测可用于疾病诊断，也可以用于评估疫苗免疫效果。常用间接酶联免疫吸附试验（ELISA）和血凝与血凝抑制试验。

（3）**病理学检测** 常用病理组织学检测，如制作病理切片，进行免疫组化分析；病理生理学检测，如血常规检验、血液生化检验、血液中酶活性的测定。

三、规模化猪场常见疾病防控思路

（1）以准确、完整、全面为诊断原则。

（2）分析各种因素的关系，区分是原发疾病、继发感染和诱发感染，理清内因与外因的关系。

（3）制定科学完整的综合防控方案，即：

①构建全方位生物安全体系。

②重视饲养管理。

③重点控制原发病原，针对继发病原对症治疗。

视频2

第二章

PART | 2

猪场重要疫病的防控

一、非洲猪瘟

非洲猪瘟（African swine fever，ASF）是由非洲猪瘟病毒（African swine fever virus，ASFV）感染家猪和野猪而引起的一种急性、出血性、烈性传染病。世界动物卫生组织将其列为法定报告动物疫病，中国也将其列为一类动物疫病。

非洲猪瘟病毒（ASFV）是一类古老的病毒，其发现至今约有100年的历史。1921年，Montgomery首次报道肯尼亚非洲猪瘟疫情，非洲猪瘟病毒由野猪传至家猪，感染猪死亡率100%。在20世纪50年代末至80年代初，基因Ⅰ型ASFV开始出现在欧洲、俄罗斯、加勒比群岛和南美洲。

（一）病原学

ASFV是一种大型、正二十面体、线性双链DNA病毒，是唯一的虫媒DNA病毒，也是非洲猪瘟病毒科非洲猪瘟病毒属唯一成员。病毒粒子由4层同心圆结构和外层六边形囊膜构成，直径超过200nm。ASFV的基因组长度为17万～19万bp，含有150～167个开放阅读框。ASFV基因组中部为保守区域，长度在125 kb左右，基因组两端为可变区，含有5个多基因家族（MGFs），长度可达20 kb。迄今为止，已解析了15个非洲和欧洲分离株全基因组序列。这些毒株源自不同地区和宿主（家猪、疣猪和扁虱）。其中，MGF基因家族的遗传变异与病毒的巨噬细胞毒力及宿主范围有关。

ASFV结构极为复杂，其基因组可编码表达200种蛋白，但是结构蛋白只有68种，大部分蛋白的功能和结构还不清楚。一些ASFV编码蛋白具有很强的抗原性，包括病毒衣壳的主要结构成分p72及病毒囊膜蛋白p54、p30和p12。病毒外层囊膜还含有血凝素（HA）蛋白（细胞蛋白CD2的同源类似物），该蛋白是病毒粒子中唯一已知的糖蛋白。

ASFV不能诱导产生有效的中和抗体应答，因而无法以此为依据对病毒进行血清学分型。但依据p72基因部分核苷酸序列，可将ASFV分为24种基因型，基因型之间不产生交叉保护。首次传入我国的ASFV毒株属于基因Ⅱ型。

ASFV抵抗力强，对环境耐受力强，在环境中较为稳定。对温度、酸碱度和腐败抵抗力很强。单纯的酸碱消毒药对非洲猪瘟效果不佳，但有清洁功能，可以去除有机杂质，暴露ASFV。

ASFV对环境温度的抵抗力强。在25～37℃环境温度中，该病毒在空气中能保持活性数日，在猪粪便中能保持活性数周，在被感染的冷冻肉制品、未熟肉品、腌肉、泔水、冻肉中能存活数年。在56℃可存活70min，在60℃下可存活20min。

ASFV对酸碱度的抵抗力强。血清等有机质可以增加病毒的抵抗力，在无血清的情况下病毒可在pH 3.9～11.5的培养基中保持稳定；在有血清的情况下病毒可耐受pH 3.9～13.4；病毒能在5℃（41°F）含血清培养基中存活6年，室温中可存活数周，能在pH 13.4、含25%的血清培养基中存活数日。

严苛的实验室条件下可将ASFV灭活。当pH低于4或高于11.5时，数分钟内ASFV即可失活；60℃（140°F）加热30min或56℃（133°F）加热70min可将病毒灭活。很多有机溶剂能够通过破坏病毒囊膜从而灭活病毒，但ASFV能抵抗蛋白酶及核酸酶降解。

简而言之，从病原学角度看，ASFV结构复杂，基因组庞大，编码160多种病毒蛋白，其中超过一半功能未知，病毒颗粒较大且在环境中存活能力强，不能诱导产生有效的中和抗体应答，导致临床防控压力大。

（二）流行病学

2018年8月，非洲猪瘟传入我国，病原为ASFV基因Ⅱ型强毒株，感染猪发病急、死亡率高、传播速度快，随后几乎席卷全国。中国农业科学院哈尔滨兽医研究所（简称哈兽研）于2018年首次分离鉴定了我国第1株非洲猪瘟病毒 Pig/HLJ/2018，该毒株经过一年多的传播，出现了自然变异毒株、基因缺失毒株、低毒力毒株等变异毒株（为便于分类描述，统称为基因Ⅱ型弱毒株）。

2021年，非洲猪瘟疫情在国内再次蔓延，哈兽研在山东和河南地区分别分离到了基因Ⅰ型ASFV毒株HeN/ZZ-P1/21和SD/DY-I/21，这两个毒株均为低毒力毒株，且均无血吸附活性，与欧洲及非洲早期的基因Ⅰ型强毒株L60和Benin97存在较大差异，和早年葡萄牙毒株NH/P68和OURT8/3（分别于1968年和1988年分离）同源性高，但在整个基因组的核苷酸突变、缺失、插入、替换等方面存在实质性遗传差异，加之在20世纪90年代葡萄牙大部分地区已经消除了基因Ⅰ型毒株，故而中国2021年分离的毒株可能是自然界出现的基因Ⅰ型弱毒株，来源也是非洲。这两个毒株潜伏期较长，具有中等毒力和高效传播性，导致轻度感染和慢性疾病，受感染的猪持续脱落病毒发展为低水平病毒血症，这使得早期诊断比减毒的基因Ⅱ型弱毒株更困难。

据报道，2022年从江苏、河南和内蒙古采集的猪样本中分离出3株ASFV，分别命名为JS/LG/21、HeN/123014/22和IM/DQDM/22，检测到3种基因Ⅰ型和Ⅱ型ASFV的重组体，其在系统发育树中形成一个独特的分支，并在基因Ⅰ型和基因Ⅱ型病毒之间聚集。通过攻毒试验发现，重组毒株JS/LG/21具有高致死率和高致病性，并在猪体内传播，而删除来自强效基因Ⅱ型病毒的毒力相关基因 *MGF_505/360* 和 *EP402R* 可显著降低其毒力。来自基因Ⅱ型 ASFV 的减毒活疫苗对重组病毒的攻击没有保护作用。这些自然发生的Ⅰ型和Ⅱ型 ASFV 重组有可能对全球养猪业构成威胁。

非洲猪瘟之所以能在短时间内迅速传播，与 ASFV 本身的环境抵抗力和多样的传播途径密不可分：① ASFV 生存能力强，在自然环境中可长时间保持感染性。ASFV 的感染能力可在带血的土壤中保持 120d，在带血的木板中保持 70d。ASFV 可以在猪肉制品内长时间存活，如未煮熟的香肠（150d）、骨髓（180d）、火腿（140d）、冻肉（100d）等。健康猪直接或间接食用被 ASFV 污染的产品、饲料或者泔水也会感染。② ASFV 传播途径多样，在自然界可以通过软蜱进行传播，软蜱不仅是病毒的载体，也是病毒复制的宿主，是病毒储存的"天然仓库"。猪群可通过口-鼻途径，或直接接触被感染猪的唾液、粪便、血液等感染 ASFV，也可通过各种媒介进行机械传播如蜱虫叮咬、皮肤划伤及注射等，或通过运输传播病毒，还可通过污染的衣服、设备、车辆等传播病毒。

ASFV 潜伏期为 4 ～ 19d，时间长短取决于毒株特性及感染途径。家猪感染强毒株后，在潜伏期就开始向外界排毒。当感染猪表现明显的临床症状时，ASFV 在所有分泌物和排泄物中的排毒量达到高峰，包括鼻腔分泌物、唾液、粪便、尿液、结膜渗出物、生殖器分泌物及伤口流出的血液。幸存的猪往往具有很高的抗体水平，保持长期病毒血症，数周或数月后仍可从组织中分离出病毒。因此，ASFV 一旦在猪体内建立感染，这些感染猪便成为 ASFV 重要的传染源，同时也成为非洲猪瘟根除计划中的关键点。

（三）致病机制

ASFV 可经过口和上呼吸道系统进入猪体，病毒首先在扁桃体和下颌淋巴结的单核细胞和巨噬细胞中复制，随后经血液和淋巴系统扩散至二级复制场所：淋巴结、骨髓、脾、肺、肝和肾。非洲猪瘟病毒易与血液红细胞膜和血小板相互作用，引起感染猪的血细胞吸附现象。病毒血症通常出现在感染后 4 ～ 8d。由于缺乏有效的中和抗体，病毒血症可持续数周或数月。因病毒从下颌淋巴结侵入，故现场解剖可能见到下颌处有黄色水肿及血管破裂现象。由于血细胞吸附及内脏器官出血的缘故，疫病后期猪的皮肤较为苍白。

尽管 ASFV 主要在单核细胞和巨噬细胞中复制，但也会感染内皮细胞、肝细胞、肾小管上皮细胞及中性粒细胞等。病毒粒子通过受体介导的内吞作用进入细胞，并在细胞核附近的细胞质不同区域中复制。对 ASFV 与单核细胞及单核细胞源巨噬细胞亚群相互作用的研究表明，强毒株演化出逃逸机制，对抗活化的巨噬细胞应答，进而促进病毒在机体内的存活率、传播力和致病力增强。

（四）临床症状

ASFV 在非洲疣猪和蜱虫中引起持续的慢性感染，没有特征性临床症状。但是，ASFV 感染家猪和野猪后可引起多种临床综合征，死亡率高达100%。

1. 实验室感染情况　用 ASFV 毒株 pig/HLJ/18 进行实验室攻毒，剂量为 $10^2 HAD_{50}/mL$。攻毒后3～4d开始出现临床症状，最初表现为食欲减退和体温升高，皮肤潮红先出现在耳部，再发展至颈部、前躯乃至全身皮肤，之后食欲废绝，精神沉郁，警觉性降低，喜卧，皮肤可见出血斑点，呼吸困难，衄血或便血，偶见关节肿胀。部分猪死前可见抽搐、震颤等神经症状。6d开始出现死亡，至15d全部死亡，病死率100%。中位死亡时间为10d，平均死亡时间为8.25d。

2. 临床自然感染情况　非洲猪瘟自然感染的潜伏期为4～9d，临床症状取决于毒株毒力、感染剂量及感染途径。结合临床分离毒株的基因型将 ASFV 分为五种类型：①基因Ⅱ型强毒株；②基因Ⅱ型弱毒株；③基因Ⅰ型弱毒株；④基因Ⅰ型强毒株；⑤基因Ⅱ型和基因Ⅰ型重组型。

（1）**基因Ⅱ型强毒株**　代表毒株为 Pig/HLJ/18，是2018年国内暴发的流行株，临床发病急、死亡率高，早期发病病猪主要表现为妊娠母猪厌食、发热（40～42℃）畏寒、精神沉郁、皮肤充血并有瘀斑和出血点（特别是耳朵和身体两侧的皮肤）（图2-1至图2-5）；有些临床病例可出现鼻出血（图2-6）、体窍流血（如口、鼻、耳、肛门）、便秘、呕吐（图2-7），轻度腹泻，病猪有时可观察到便血（黑粪症）。在感染后期，患猪经过持续发热后出现体温下降、呼吸困难，以及由肺水肿引起的口鼻分泌浆液性、浆液黏液性或黏脓性分泌物。

（2）**基因Ⅱ型弱毒株**　代表毒株为 HLJ/HRB1/20、HeB/Q3/20，是国内2018—2021年出现的自然变异毒株、基因缺失毒株、低毒力毒株等变异毒株。与基因Ⅱ型强毒经典毒株相比，该分离株基因组序列均发生不同程度的改变，包括核苷酸突变、缺失、插入或短片段替换等。从临床表现来看，该毒株致病力和致死率较典型强毒株明显降低，但仍然呈现明显的残留毒力，且具有很强的水平传播能力，使发病猪的症状和病理变化不典型。某些非瘟毒株可能会导致更多的慢性疾病。早期发病主要表现为妊娠母猪发情紊乱、流产、产死胎；哺乳仔猪发热，病死率高达90%以上；生长猪皮肤出现红色丘疹、皮肤关节坏死（图2-8、图2-9）。在病猪的四肢、耳朵、胸部、腹部和会阴的皮肤上出现不规则的紫色斑块，有时还可观察到血肿和坏死灶。此外，与基因Ⅱ型强毒株感染的一个区别是公猪和母猪不发热（图2-10、图2-11）。

图2-1　病猪大量死亡

图2-2　病猪发热、畏寒

图2-3　病猪皮肤有瘀斑和出血点

图2-4　病猪呼吸频率加快，皮肤充血、出血

图2-5　病猪耳朵上有瘀斑

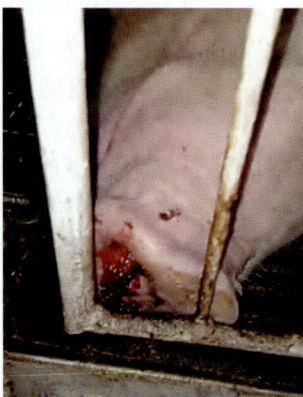

图2-6　病猪鼻出血

图2-7　病猪呕吐，通常带血

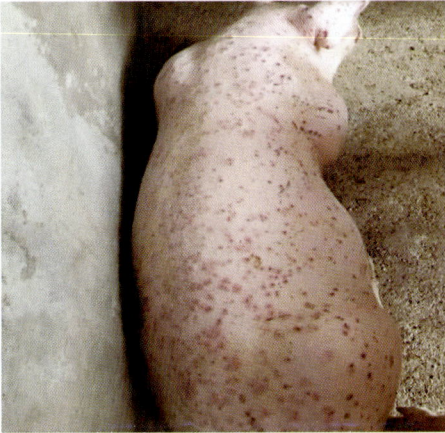
图2-8　生长猪皮肤出现红色丘疹

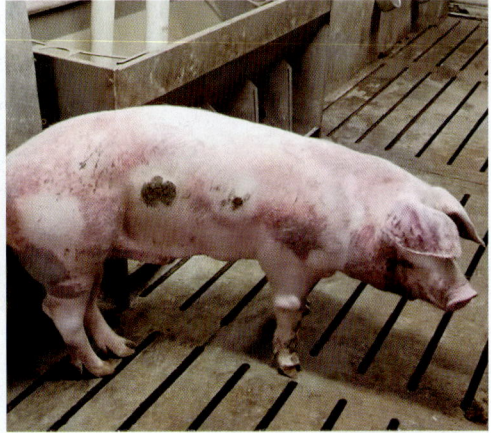
图2-9　生长猪皮肤关节坏死

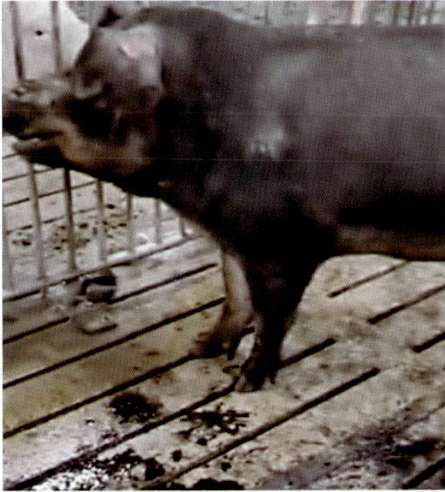
图2-10　公猪感染基因Ⅱ型弱毒株后呕吐（带血），未发热

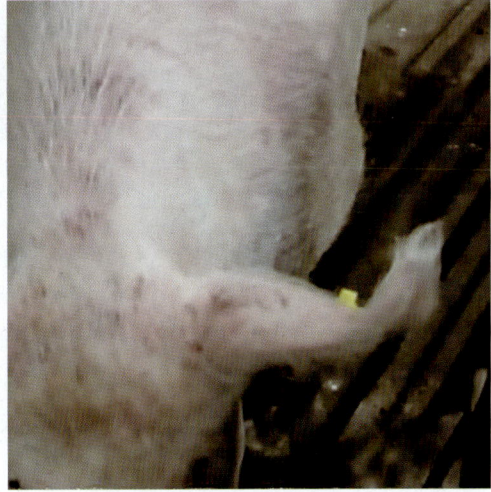
图2-11　母猪感染基因Ⅱ型弱毒株后皮肤出现瘀斑和其他猪瘟症状，未发热

（3）**基因Ⅰ型弱毒株**　代表毒株为SD/DY-I/21，是2021年我国河南和山东地区出现的变异毒株。该毒株潜伏期较长，具有中等毒力和高效传播性，导致轻度感染和慢性疾病，受感染的猪持续脱落病毒并发展为低水平病毒血症，易引发亚急性和慢性感染。一旦在猪群中传播，可感染能繁母猪和公猪。基因Ⅰ型弱毒株早期发病主要表现为病猪体重减轻、发热（间歇热）、丘疹、局灶性皮肤坏死、关节病和跛行等，病死猪肺脏、脾脏、骨髓、肾上腺和某些淋巴结中病毒DNA载量较高（图2-12）。

15

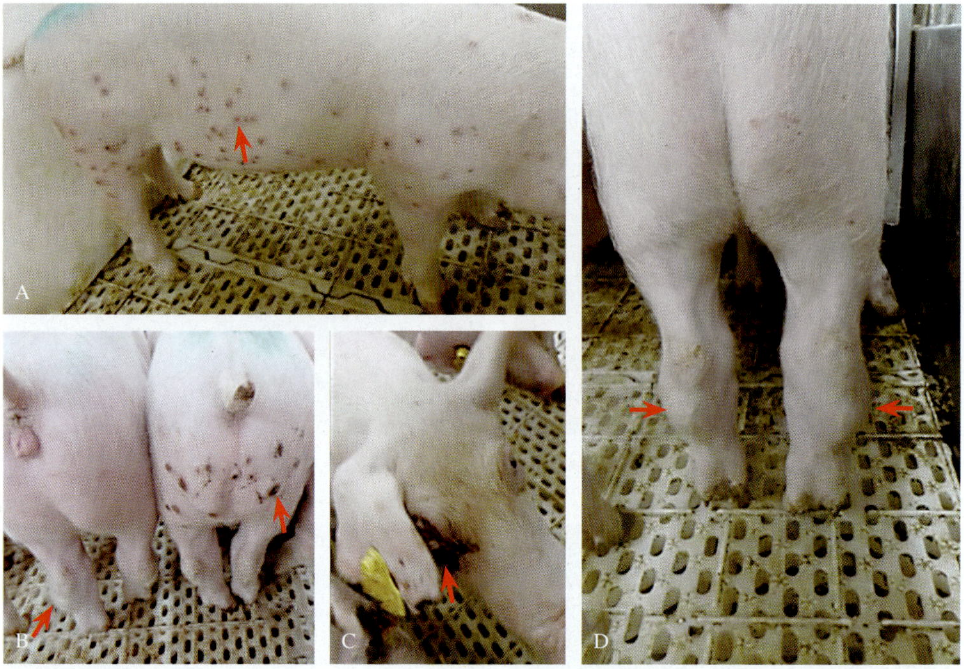

图2-12　猪感染基因 I 型弱毒株的症状

A、B.丘疹　C.皮肤坏死　D.后肢关节炎

（4）**基因 I 型强毒株**　1957年在葡萄牙首次发现基因 I 型ASFV引起的猪急性感染；此后该毒株在欧洲、加勒比和南美洲均有暴发，直到20世纪90年代中期，ASFV已在非洲以外地区（除葡萄牙和撒丁岛外）被控制和根除。早期发病传播速度快，主要表现妊娠母猪发情紊乱、流产、产死胎，母猪死亡；猪群发热，主要表现呼吸道症状，皮肤潮红，病死率高达80%以上（图2-13至图2-15）。

图2-13　猪群发热

图2-14　猪群表现呼吸道症状

图2-15　病猪皮肤潮红

（5）基因Ⅱ型和基因Ⅰ型重组型　据报道，2022年从江苏、河南和内蒙古采集的猪样本中分离出3株ASFV，为基因Ⅰ型和Ⅱ型ASFVs的重组体。通过攻毒试验发现重组毒株JS/LG/21具有高致死率和高致病性，并在猪体内传播。

对7周龄的无特定病原（SPF）猪用JS/LG/21毒株（10^6 HAD_{50}）攻毒，实验结果表明，所有6头接种的猪在第4天开始发热，并在第5～8天死亡。在所有接种猪和接触猪的口腔拭子、直肠拭子和血液中检测到病毒DNA。在器官中也检测到高水平的病毒DNA，包括大脑、心脏、肝脏、脾脏、肺脏、肾脏、扁桃体及淋巴结（腹股沟淋巴结、下颌淋巴结和纵隔淋巴结）。

对7周龄的SPF猪用JS/LG/21毒株（10^3 HAD_{50}）攻毒，接种的猪在第4天出现发热，所有猪在第6～15天死亡。接触猪分别在第9天和第10天开始出现发热，其中一头猪在第12天死亡，另一头死于第14天。在所有接种猪和接触猪的口腔和直肠拭子、血液和所有器官中也检测到病毒DNA，但水平略低于10^6 HAD_{50}组。这些结果表明，重组病毒JS/LG/21在猪体内具有高致死率和传染性。

（五）病理变化

ASFV感染引起的病变取决于毒株毒力。感染基因Ⅱ型强毒株时病猪主要的病理过程为典型的免疫/炎症级联反应和严重的全身血液循环障碍，并共同导致急性非洲猪瘟的高发病率和高死亡率。

病死猪主要表现为败血症典型特征，尸体易腐败，血凝不良或溶血，尸僵不全。主要病理损伤为出血性坏死性淋巴结炎、急性炎性脾肿（败血脾）、脑水肿、肺水肿和肺实变等。病理变化以血液循环障碍尤为突出，包括水肿、

17

充血、淤血、出血、梗死和弥散性血管内凝血等，出血性病变为其最主要的特征。

免疫器官脾和淋巴结是非洲猪瘟病毒攻击的靶器官，病变最为显著，且病变出现时间最早、持续时间最长、发生频率最高。各组织器官病理变化如图2-16至图2-24所示。

1. **脾脏** 呈黑色，肿大、梗死，质地脆弱，有时被膜下可见大面积的出血性梗死灶。

图2-16 脾脏病理变化（引自邓桦）
A.轻度肿大 B.边缘红色梗死 C.中度肿大 D.重度肿大

2. **淋巴结** 表现出血性及坏死性病变，下颌淋巴结、肺门淋巴结、肝门淋巴结、肠系膜淋巴结及腹股沟淋巴结等显著肿胀出血，呈黑红色，切面可见大理石样变，严重时呈血肿样。

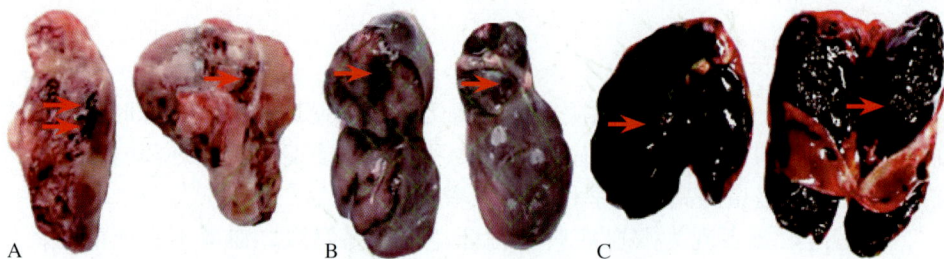

图2-17 淋巴结病理变化（引自邓桦）
A.轻度肿胀出血 B.中度肿胀出血 C.重度肿胀出血

3. 心脏 以渗出性和出血性变化为主，有些病例可见出血性心包积液，心外膜和心内膜可见瘀点和瘀斑。

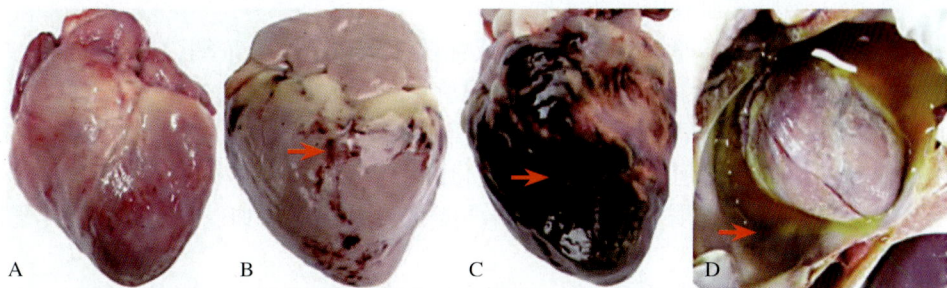

图 2-18　心脏病理变化（引自邓桦）

A.轻度心外膜出血　B.中度心外膜出血　C.重度心外膜出血　D.重度心包积液及纤维素渗出

4. 肝脏 早期以淤血为主，中后期发展为病毒性肝炎病变。肝体积略肿大，呈暗红色；肝间质增宽，实质中散在多量大小不一、边缘不整齐的灰白色炎症灶。

图 2-19　肝脏病理变化（引自邓桦）

A.轻度病毒性肝炎　B.中度病毒性肝炎　C.重度病毒性肝炎

5. 肾脏 出血和梗死，皮质表面和切面及肾盂有出血斑。

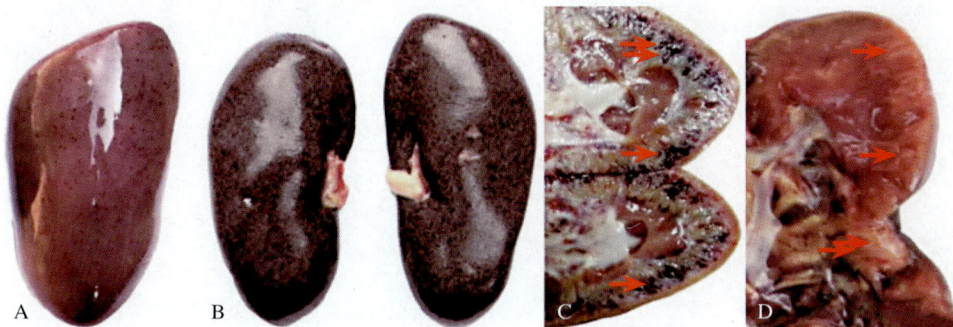

图 2-20　肾脏病理变化（引自邓桦）

A.肾皮质中度出血　B.肾皮质重度点状出血　C.肾髓质重度出血　D.重度肾梗死

6.肺脏　水肿、出血，肺间质显著增宽，肺小叶明显，被膜点状或斑状出血。

7.脑　脑膜充血和脑实质水肿。

8.胆囊　囊壁增厚，树枝状充血或弥散性出血，胆汁浓稠。

9.胃肠道　胃肠黏膜水肿，胃黏膜弥散性出血，回盲口肿胀、充血、出血、溃疡灶等病变在早期即出现。胃浆膜点状或刷状出血。

对于其他毒株引起的感染，病理变化的主要差异如下：

①感染基因Ⅱ型弱毒株的主要病理变化为淋巴结出血、回盲口溃疡、膀胱出血、肾脏出血。

②感染基因Ⅰ型弱毒株的主要病理变化为淋巴结出血、回盲口溃疡、膀胱出血。

图2-21　肺脏病理变化（引自邓桦）
A.轻度淤血、水肿　B.重度实变　C.重度水肿、出血

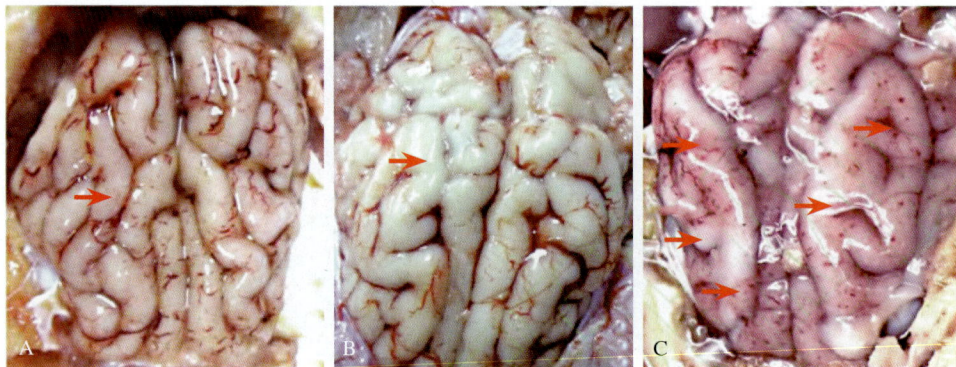

图2-22　脑病理变化（引自邓桦）
A.轻度充血、水肿　B.中度充血、水肿　C.点状出血及重度水肿

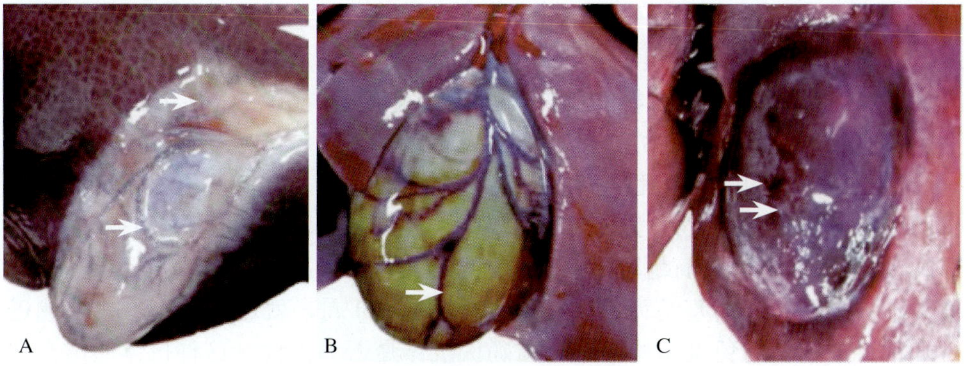

图2-23　胆囊病变（引自邓桦）

A.轻度淤血、水肿　B.中度淤血、水肿　C.重度出血

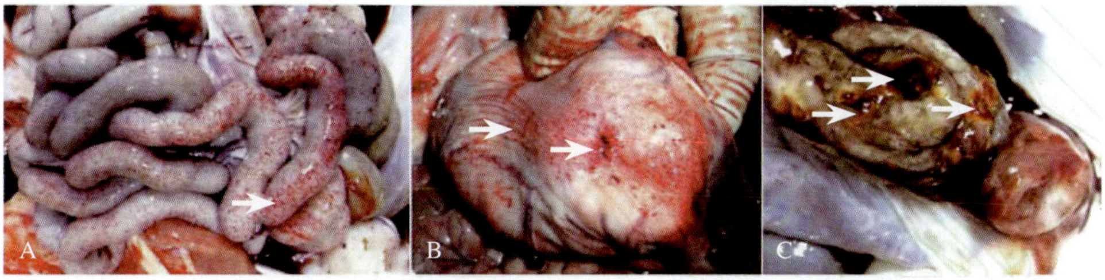

图2-24　胃肠道病理变化（引自邓桦）

A.肠黏膜重度出血　B.胃浆膜重度出血　C.回盲口重度出血和溃疡

（六）诊断

　　非洲猪瘟（ASF）的临床症状和剖检病变与其他出血性疾病相似，如经典猪瘟、猪丹毒等，尤其是基因Ⅰ型弱毒株，与其他疾病的症状更难以区分。因此不能根据临床症状和大体病变来判断是否为ASF，需通过实验室检测的方法确诊。在疫区，对康复猪及非典型症状的猪进行诊断评估也是至关重要的。

　　建议采集猪淋巴结、肾脏、脾脏、肺脏、血液和血清等用于实验室诊断分析。组织渗出液和血清主要用于抗体检测，也可用于病原检测。

　　1.病毒鉴定　聚合酶链式反应（PCR）与血细胞吸附试验（HAT）为检测和鉴定ASFV最方便、最安全、最常用的技术。HAT是ASF检测的标准参考方法。

　　基于PCR的检测方法在检测ASFV流行毒株、无血凝特性和低毒力毒株时显示出较好的特异性及敏感性。所用引物和探针靶向基因组VP72编码区的一段高度保守序列，其中一些引物可用于实时PCR检测，对慢性感染猪群的ASFV诊断具有高度敏感性。

HAT方法的敏感性和特异性使得其应用范围非常广泛。该方法可用于评估疑似病例，特别当其他方法检测结果为阴性时，可用该方法确诊。

2. 血清学检测 有多种技术用于ASFV抗体检测。推荐使用酶联免疫吸附试验（ELISA）进行大规模筛查。世界动物卫生组织推荐的两种间接ELISA，即间接免疫过氧化物酶试验和间接免疫荧光试验具有高度敏感性和特异性，可用于不同流行情况的疫情评估。猪感染时间超过1周，就可以用ELISA检测进行确认。推荐使用免疫印迹法进一步确认抗体是否为阳性（这种抗体通常在感染后2周出现），当血清疑似保存不善时推荐使用此方法。

鉴于目前尚无针对ASFV的有效疫苗，血清学诊断在ASFV监测中可以发挥重要作用。体内ASFV抗体是ASFV的确诊标志。这对于亚急性和隐性感染的康复猪检测尤为重要。这些猪通常产生高水平ASFV特异性抗体：IgM可在感染后4d检测到，而IgG可在感染后6～8d检测到。猪感染ASFV后，抗体与病毒共存时间可长达6个月，并在初次感染后的数年内仍可检测到。由于ASFV抗体的出现时间早，并能持续存在，这使得抗体监测对检测亚急性和隐性感染非常有用。

（七）防控措施

目前尚无针对非洲猪瘟的治疗方法或有效疫苗。

做好养殖场生物安全防护是防控非洲猪瘟的关键，应对环境彻底消毒，力争拒病毒于门外。生物安全工作主要包括进出猪场人员、物资和车辆的消毒，防蚊蝇，防鸟和灭鼠，以及粪便和病死猪的无害化处理等工作。综合防控措施的关键如下：

（1）切断外界传染源，即重视引种的管理。引种是很多重大传染病病原（尤其是非洲猪瘟病毒、猪繁殖与呼吸综合征病毒等）传播和发展的主要来源。引种前应做好ASFV核酸和抗体的监测，确保引进猪为阴性，并进行隔离观察及分时段检测。

（2）如果不慎感染非洲猪瘟，应将疫情控制在局部区域，切断内部传播途径。

（3）早发现、早诊断、早治疗。核酸检测是目前我国防控ASFV的主要措施之一，可以做到早发现，精准剔除。尤其是非洲猪瘟病毒基因Ⅰ型潜伏期较长、初期临床症状不明显，须每天监测猪群体温变化和临床表现，对饲养环境和猪只定期进行抽样检测。

二、猪口蹄疫

口蹄疫（Foot and mouth disease，FMD）是由口蹄疫病毒（Foot and mouth disease virus，FMDV）感染偶蹄兽引起的一种急性、热性和高度接触性传染病，具有发病急、传播迅速、发病率高、宿主谱系广（可感染20科约70多种动物）、危害大等特点，曾多次在世界范围内流行，对全球畜牧业造成严重冲击。世界动物卫生组织将此病列为A类传染病之首，我国也将其列为一类动物疫病，并制定了一系列的法律法规。2012年，国务院办公厅颁布了《国家中长期动物疫病防治规划(2012—2020年)》，具体规划了2015—2020年的口蹄疫防控技术标准；2016年8月农业部印发《国家口蹄疫防治计划（2016—2020年)》；2019年底颁布了《2020年国家动物疫病强制免疫计划》，为深入推进和消灭口蹄疫制定了具体的政策和技术指导。

视频4

（一）病原学

口蹄疫病毒是单股正链RNA病毒，属于小RNA病毒科、口蹄疫病毒属，是一种无囊膜的二十面体病毒，直径为26～30nm，衣壳包含一条长度约为8 300 bp的正链RNA，依次由5′ UTR、ORF和3′ UTR组成。ORF编码聚蛋白逐级降解成4种结构蛋白和9种非结构蛋白。

口蹄疫病毒对外界环境有较强的抵抗力，−70℃和−50℃中可以存活，在土壤、水源中可存活较长的时间。FMDV对酸碱敏感，最稳定的pH范围为7.2～7.6，在此pH条件下，4℃时病毒可存活1年，22℃时存活8～10周，37℃时存活10d，56℃时存活30min；当pH低于6或高于9时，病毒很快失活。

（二）流行病学

FMD是一种传染性极高的传染病，一旦发生常呈流行或大流行趋势，也会散发、地方流行。传播迅速，可随风呈跳跃式、远距离传播。长期存在该病的地区常表现为周期性发病，每隔3～5年暴发一次，一般在冬春季节易发生大流行。发病率可高达100%，而死亡率为4%～5%。仔猪感染一些毒力强的FMDV毒株，死亡率可达80%以上。

病猪是最主要的传染源，主要感染偶蹄兽（牛、羊、猪）。牛对口蹄疫最敏感，因此被称为口蹄疫流行的"病毒指示器"；绵羊、山羊等宿主在感染后无症状，持续携带病毒，被称为口蹄疫流行的"病毒储存器"；猪感染口蹄疫后可通过呼吸道排出大量病毒，在病毒血症高峰期检测气溶胶，病毒排毒量约为10^8 ID，是牛的1 500倍，被称为口蹄疫流行的"病毒放大器"。FMDV在病猪的水疱皮和水疱液中含毒量最高。发病初期的患病动物排毒量多，毒力强，因此发病初期的动物是最危险的传染源。恢复期的动物排毒量会逐渐减少。病畜的乳汁、排泄物、分泌物和呼出的气体排到环境中通过气溶胶传播。在低温和湿润的空气中，FMDV通过气溶胶传播范围达到100 km。FMDV还可通过消化道、皮肤黏膜伤口感染易感动物。患病动物的分泌物、排泄物、渗出物，以及污染的空气、垫料、饮水等都含有大量病毒，屠宰后猪肉、内脏、血液、废物、废水及工具等未经消毒，均可传播FMDV。间接传播也是该病的重要传播途径，如可以通过病猪流动过程中污染的车辆、器具、设备等进行机械性扩散。

自1546年第一次明确记录的口蹄疫疫情之后，口蹄疫多次暴发并且肆虐全球。FMDV有7个血清型，即A、O、C、SAT1、SAT2、SAT3及Asia 1型。7个血清型可根据核酸同源性大小分为两群，O、A、C和Asia 1为第一群，SAT1、SAT2、SAT3为第二群。群内各型同源性达60%～70%，但两群之间同源性仅为25%～40%，血清型间无血清交叉和交叉免疫现象。结合病毒的血清型和流行区域，世界动物卫生组织（WOAH）在2012年提出全球FMDV分为7个区域，每个区域主要流行不同的FMDV的血清型和不同的病毒毒株。这7个区域为：

（1）亚洲的东部和南部地区（Pool 1），主要流行O、A和Asia 1型FMDV毒株。

（2）亚洲的西南地区（Pool 2），主要流行O、A和Asia 1型FMDV毒株。

（3）亚洲的西部与欧洲东南部交界地区（Pool 3），主要流行O、A和Asia 1型FMDV毒株。

（4）非洲的东部地区（Pool 4），主要流行O、A和SAT1、SAT2、SAT3型FMDV毒株。

（5）非洲的西部地区（Pool 5），主要流行O、A和SAT1，SAT2型FMDV毒株。

（6）非洲的南部地区（Pool 6），主要流行SAT1、SAT2、SAT3型FMDV毒株。

（7）南美洲的北部地区（Pool 7），主要流行O和A型FMDV毒株。

欧洲在经历了半个世纪的疫苗接种后，疫情得到了控制，多数西欧国家达到了无疫标准并成为无疫区，但英国在2001年和2007年多次暴发FMD。亚洲的日本于2000年、2009年、2010年暴发FMD，而韩国于2000年、2010年、2011年、2014年、2015年、2016年、2017年和2018年暴发FMD。多年无疫及已控制了FMD的国家如阿根廷于2000年和2006年又重新暴发了FMD。2016

年，在之前无口蹄疫的俄罗斯发生了2起 Asia 1 型和 O 型口蹄疫暴发；2017年，蒙古国和韩国共发生32起 O 型 FMD，韩国和尼泊尔各发生1起牛 A 型 FMD，缅甸发生1起牛 Asia 1 型 FMD；2018年，蒙古国、俄罗斯、缅甸共发生62起 O 型 FMD，韩国发生2起猪 A 型 FMD，尼泊尔发生1起牛 Asia 1 型 FMD。这些例子表明，除非实现全球根除，否则口蹄疫病毒将继续蔓延，各国仍需严阵以待。

截至2021年5月，在 WOAH182个成员中，有68个成员为非免疫无疫，2个成员为免疫无疫；另外还有11个成员建有非免疫无疫区，8个成员建有免疫无疫区，7个成员签署了官方控制计划。全球口蹄疫主要在非洲和亚洲流行。从2015年开始导致口蹄疫流行的主要原因是动物移动、动物产品贸易及人员商务交流频繁。但口蹄疫总体流行格局没有发生重大改变，流行有一定的区域性。同时跨区域传播是一个新的动向，频繁发生的局部流行毒株跨区域（Pool）传播，加剧了 FMDV 的变异，致使抗原差异加大、毒力增强、跨种间感染增多，形成老病未除新病又至的复杂局面。

我国周边的南亚和东南亚等国家，常年流行 O、A 和 Asia 1 型 FMD，与我国相邻的中亚国家，大多流行 O 型和 A 型。目前在中国，O 型和 A 型为主要流行的 FMDV 血清型，Asia 1 型近几年已不流行。

猪 O 型 FMD 按遗传分类分为三种遗传拓扑型（topotype），分别属于 SEA 型（东南亚型）、ME-SA 型（中东－南亚型）和 Cathay 型（中国型）。近年来，猪 O 型 FMD 主要由以上遗传群的病毒引起，其优势流行毒株是 O/MYA/7/98、新猪毒-2 和 PanAsia。Cathay 型毒株称为"猪毒遗传群"，主要感染猪。PanAsia 毒株属于 ME-SA 型，毒力很强，引起亚洲、非洲和欧洲的大规模暴发。在我国仍为地方性、散发流行。O/MYA/7/98 毒株属于 SEA 型，是我国最主要的流行毒株。

2017年以来，国内猪 FMD 流行态势总体平稳，但仍呈散发流行，主要流行毒株为 O/Cathay、O/MYA/7/98 和 O/PanAsia；2018年以后，O/Cathay 毒株逐渐成为优势流行毒株，O/MYA/7/98 毒株嗜猪分支在国内仍保持较强的流行势头和"发散式"进化；2021年，仍保持总体平稳，点状散发，疫情多发生在调运环节。Asia 1 型未检测出病原，继续保持非免疫无疫。A 型未发生疫情，偶可检测到核酸阳性，总体上趋于控制。O 型疫情零星散发，流行毒株仍呈现多元化特点，其中危害猪的毒株主要是 O/Mya98 和 O/Cathay，危害牛的毒株主要是 O/Ind-2001。

（三）FMDV 持续感染的分子机制

1.FMDV 进化的源动力：准种   RNA 病毒在复制的过程中精准度较低，

并且其错误修复机制的酶的活性很低，故而RNA病毒在复制过程中会发生错误。RNA病毒的变异速度比DNA病毒快100万倍。在自然突变、竞争或外界压力和选择的作用下，引起基因发生重组、突变、漂移，同时和基因密切相关而又多样化的动态病毒种群，称为准种（quasispecies）。病毒基因组突变，使得细胞表面受体不能识别病毒抗原，从而促进病毒的入侵，这就引起了病毒的免疫逃逸，从而改变了病毒的致病性。由于病毒基因的不断改变，准种不断出现，引发病毒的免疫逃逸、疫苗毒株的不匹配，从而引起免疫失败，导致病毒迅速传播和持续感染。

FMDV以"准种"状态生存和演变，具有群体庞大、复制突变率高、繁殖周期短等特征。FMDV的RNA通过遗传重组促进准种进化，利用突变、遗传漂移、重组和基因迁移等多种机制，以及在环境压力的作用下，FMDV不断发生适应性进化，基因组变异主要发生在编码非结构蛋白的基因区段，这些种群变异及衍变分化导致其宿主嗜性、毒力、抗原性等表型出现差异，形成了具有明显区域特征的变异株系。

2.FMDV抗原变异和宿主嗜性的变异　FMDV主要的抗原位点集中在VP1、VP2和VP3。一方面，编码VP1～VP3的RNA基因组变异率能够达到每年10^{-2}个核苷酸；另一方面，不同宿主的整合蛋白识别与结合FMDV的能力不同，当FMDV的氨基酸发生突变，抗原变异后，促进了FMDV的嗜性能力的增强。此外，FMDV基因组中适度数量的突变，可能允许其利用细胞受体替代进入细胞，甚至进入同一类型的细胞，将可能发生抗原性和宿主细胞嗜性的协同进化，这也是病毒与宿主共进化的结果。

3.持续感染的形成　FMDV的基因组RNA没有单一明确的核酸序列，而是呈现类群分布。FMDV感染新宿主时，只是类群中一部分变异株生长并复制，结果又产生了新的准种。如果病毒长期感染和传播，就形成基因高度异质性的毒株群体。这种异质性基因型病毒复制可能引起病毒的持续性感染。从这个角度理解，持续感染是FMDV群体经过宿主选择后，形成的新的表型变异的群体；也可以理解为FMDV经过宿主的选择压力，变异成新表型的群体。

已报道的FMDV感染的分子机制主要是：①FMDV的多种蛋白都具有抑制天然免疫系统的作用，能够突破天然屏障，同时感染免疫系统的细胞如巨噬细胞，逃逸免疫应答。据报道，FMDV的L蛋白、2A蛋白和3C蛋白均具蛋白酶活性，裂解NF-κB蛋白、IRF3和IRF7而拮抗I型干扰素的表达；L蛋白具有去泛素化酶的功能，通过抑制RIG-I、TBK1等I型干扰素通路的重要节点分子来抑制I型干扰素的产生；FMDV的3C蛋白能够剪切eIF4G和eIF4A发挥拮抗作用，抑制NEMO介导的I型干扰素产生，或拮抗JAK-STAT通路发挥免疫抑制作用；FMDV的2C蛋白也在免疫抑制方面发挥着作用。②病毒能够利用宿主的应答来提供有利于长时间持续感染的细胞内环境。

由于病毒基因的不断改变，准种不断出现，引发病毒的免疫逃逸、疫苗毒株的不匹配，从而引起免疫失败，导致病毒迅速传播和持续感染。

（四）临床症状

猪口蹄疫潜伏期为24h至14d，咽部是感染的原发部位，病毒血症或临床疾病发生前1～3d，咽部（鼻咽或扁桃体）就可检出病毒；4～5d后病毒载量急剧下降；10～14d后不具备传染性，但已排出的病毒可在环境中稳定保持数周。

1.实验室感染情况　采用O/Akesu/58毒株对50kg左右的长白猪进行肌内注射，接种18～20h后，全部发病。猪体温升高到40～41℃，食欲减少甚至废绝，口腔黏膜形成小水疱或糜烂。蹄冠、蹄叉、蹄踵等部位出现红、肿、敏感等症状，逐渐形成米粒至蚕豆大水疱，水疱破裂后形成红色糜烂面，感染1周后开始恢复。病猪吻突、乳房也有水疱及破溃面，还有跛行、常卧地不起等症状。

2.临床发病情况　病猪的主要临床症状为急性发热和口蹄部水疱的形成。病初体温升高到41～42℃，在口蹄周围、吻突形成水疱，也可见于乳房、包皮和外阴等部位，水疱破裂后表面出现糜烂、出血、溃疡（图2-25至图2-29），如无继发感染，1周左右可痊愈；如有继发感染，炎症会蔓延到蹄叶、蹄壳，严重者蹄匣脱落（图2-30至图2-32），患肢无法着地，病猪因疼痛导致跛行，不愿站立，采用犬坐姿，抑郁，食欲不振甚至停止进食。妊娠母猪感染会发生繁殖衰竭如流产和乳腺炎；哺乳仔猪感染可引起急性胃肠炎和心肌炎。

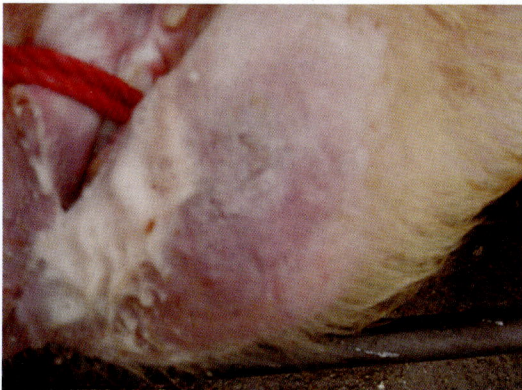

图2-25　病猪下唇皮肤溃疡，口腔流出泡沫

图2-26　生长猪鼻镜形成水疱

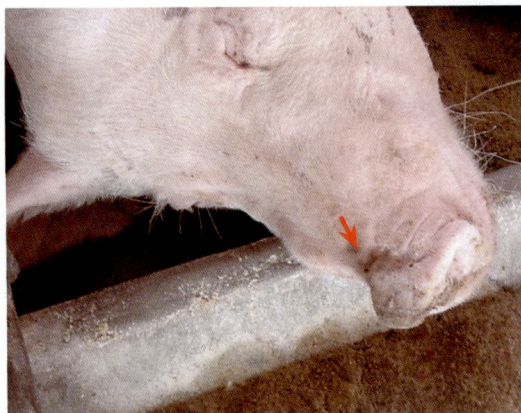

图 2-27　母猪鼻镜形成水疱

图 2-28　鼻镜部水疱破裂、结痂

图 2-29　乳头水疱破裂、结痂，蹄部溃疡

图 2-30　生长猪蹄匣脱落

图 2-31　生长猪蹄部溃疡、脱皮

图 2-32　母猪蹄匣脱落、坏死

（五）病理变化

猪口蹄疫的特征病变为"虎斑心"，心肌变性、坏死，呈灰白色或淡黄色斑纹（图2-33、图2-34）。

图2-33　心肌松软、坏死

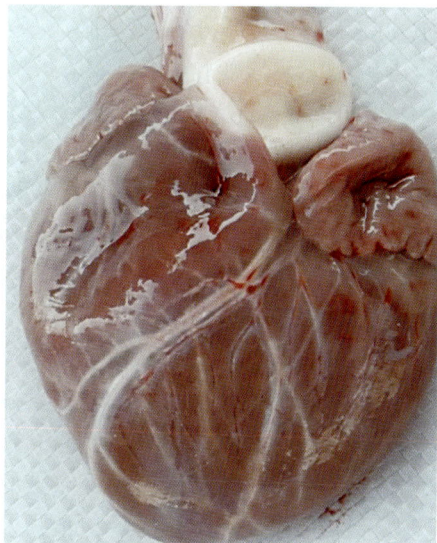

图2-34　"虎斑心"

采用O/Akesu/58毒株对50kg左右的长白猪进行肌内注射，接种7d后组织切片显示：猪上皮组织（吻突、舌背面、口腔黏膜、软腭、食管起始部、蹄叉、蹄冠和眼睑）更适合FMDV病毒增殖；淋巴组织中FMDV主要存在于淋巴小结；病毒在舌、咽背淋巴结和腭扁桃体中存在的时间最长，而且腭扁桃体的阳性染色最强；吻突、蹄叉、蹄冠、肺和眼睑仅在接种7d时能检测到少量的病毒粒子；食管起始部固有膜有少量聚集和散在的病毒粒子；肺组织中的病毒主要存在于肺泡巨噬细胞内。

（六）诊断

在临床上，猪水疱病、水疱性口炎及塞内卡病毒感染难以与猪口蹄疫区分。疾病如果未被及早发现，水疱就会破裂，并与由创伤、腐蚀性物质和光敏性引起的侵蚀性病理变化难以区分。

猪场中育肥猪最易感FMD，其次是哺乳仔猪。猪FMD潜伏期为2～14d，出现的典型临床症状为：病猪体温可达41℃，表现为食欲不振，精神沉郁，跛行，流涎。主要引发心肌炎、"虎斑心"和胃肠炎。病猪的口、舌、唇、鼻、蹄部及乳房皮肤出现米粒或蚕豆大小的水疱，随着病情的加剧，水疱发生破裂，导致皮肤表面的病灶糜烂、出血、化脓、坏死。病猪蹄匣脱落，卧伏易产生褥疮，严重时因败血症死亡。

猪水疱病病毒潜伏期为2～7d。初期体温升高（40～42℃），病变部位主要在蹄部，少见于口腔黏膜、鼻盘和乳头周围皮肤，其他部位常无变化，剖检内脏也无明显变化。

塞内卡病毒感染的症状与口蹄疫相似，其主要通过感染仔猪并使其鼻镜及蹄冠处出现水疱，溃烂后导致仔猪跛足甚至死亡。

可通过实验室诊断和血清型鉴定确诊FMD。通常用ELISA方法检测FMDV抗原和免疫效果（抗体），通过反转录聚合酶链式反应检测上皮组织、乳汁、血清和食管-咽部分泌物（OP液）等样品中的核酸。

（七）防控措施

对于猪FMD的防控，我国主要采取的措施为：感染动物进行扑杀；易感动物进行免疫接种；对种猪、仔猪、猪肉及FMD污染物的控制；提高猪舍的卫生水平，彻底切断FMD传染的途径；加强猪群流行病学调查，实时进行FMD监测；对FMD的预警、预报及风险分析。

临床上有效防控口蹄疫病毒的方法包括：

（1）**早发现早处理** 一是在流行病暴发期间，及时了解周边流行病学情况，掌握翔实信息；二是每天早、中、晚三次巡查，如果发现猪只不吃料，则驱赶猪只观察其是否能够站立，一旦出现站立困难应立刻测量体温，发热即为可疑，可启动应急机制，将传染源控制在一定范围内，切断传播途径。

（2）**扑杀病畜及染毒动物** 疫情发生后，上报主管部门，可根据具体情况决定扑杀动物的范围，24h之内迅速将易感区域的猪全部扑杀，在48h之内将猪场内猪群全部扑杀。扑杀措施的执行次序为病畜→病畜的同群畜→疫区所有易感动物。猪尸体通过深埋、焚烧或炼化等方式就近处理，防止病毒扩散。对被污染的场地、用具、饲料等就地封锁，并用有效的消毒药严格消毒。全场用酸、碱消毒药（交替使用），如烧碱、0.3%～0.5%的过氧乙酸溶液等带猪消毒，每天2～3次。严禁人员流动，严禁冲洗粪便。21d内禁止恢复生产，必须通过检测确定无FMDV后才能恢复。

（3）**切断传播途径** 疫区必须有全局观念，易感动物及其产品运输是疫情扩散的主要原因。设定距离发病中心3km的区域为控制保护区，在此区域内的猪均为易感动物，可以扑杀，也可紧急接种。设定距离发病中心10km的区域为监测区。严格遵守隔离措施，控制猪群、污染物及相关产品和运输工具的流动，彻底切断 FMDV 的传播途径，迅速地控制疫情。

（4）**免疫接种** 根据世界动物卫生组织（WOAH）、联合国粮食及农业组织（FAO）共同推荐的"口蹄疫渐进性控制计划（PCP-FMD）"和国务院办公厅印发的《国家中长期动物疫病防治规划》，明确疫苗免疫是口蹄疫防控的主要技术手段。选择的疫苗应该有效抗原含量高、疫苗种毒与流行毒株匹配、疫苗种毒的免疫原性好。猪口蹄疫 O/MYA/98 系是近年来危害我国畜牧业发展的主要流行毒株，尤其是 O/MYA/7/98 嗜猪分支在国内保持较强的流行势头。在重点防控 O/MYA/7/98 系的同时，还需关注发展势头迅猛的 O/Cathay 拓扑型新猪毒系毒株。我国目前生产较多的是猪口蹄疫 O 型灭活疫苗（O/MYA/98/XJ/2010 株 +O/GX/09-7 株）、猪口蹄疫 O 型 A 型二价灭活疫苗（Re-O/MYA/98/JSCZ/2013 株 +Re-A/WH/09 株）和猪 O 型 A 型二价三组分疫苗（O/MYA98/BY/2010 株 +O/PanAsia/TZ/2011 株 +Re-A/WH/09 株）。选用弱毒苗和灭活油苗（选用与当前流行血清型相同的灭活油苗）做好预防接种工作。

（5）**持续监测** 包括疫源追溯和追查易感动物及相关产品运输去向，并对其进行严密监控和处理；同时持续监测猪口蹄疫流行态势，合理预测未来毒株变异趋势，通过交叉中和保护试验等监测疫苗对流行毒株的免疫保护力，做好口蹄疫免疫及免疫效果评估，科学、有效、高效地防控口蹄疫。

第三章

猪场常见的呼吸系统疾病及其防控

对养猪业来说，呼吸道疾病是造成经济损失较为严重的疾病，病情轻则引起猪生长停滞、消瘦、饲料转化率下降；病情重则导致种猪繁殖障碍、各类猪只死亡，经济损失巨大。猪群呼吸道疾病的普遍发病率在30%～70%，病死率在10%～30%，甚至更高。猪的呼吸道疾病的发病原因主要有病毒因素（如猪蓝耳病病毒、猪伪狂犬病病毒、猪流感病毒、猪圆环病毒等）、细菌因素（如副猪嗜血杆菌、巴氏杆菌、放线杆菌、链球菌等）、寄生虫因素（如肺丝虫、蛔虫幼虫等）、环境因素（如有害气体硫化氢和氯、粉尘等）、管理因素（如养殖密度、温度、湿度、饲料霉变、转群、运输应激等）。猪呼吸道疾病病情复杂多变，常见多种病原混合感染，如病毒和细菌混合感染，病毒和病毒混合感染，细菌和细菌混合感染，且疾病在猪群内传播迅速。

一、猪萎缩性鼻炎

猪萎缩性鼻炎（Swine atrophic rhinitis，AR）是以猪发生慢性鼻炎、颜面部变形、鼻甲骨尤其是鼻甲骨下卷曲出现萎缩和生长迟缓为特征的一种慢性呼吸道疾病。

视频5

（一）病原学

引起本病的病原为支气管败血波氏杆菌（*Bordetella bronchiseptica*，Bb）和产毒素多杀性巴氏杆菌（*Toxigenic Pasteurella multocida*，T ～ $^+$Pm）。

支气管败血波氏杆菌属β变形杆菌纲、波氏菌属，是一种需氧、有周鞭毛的杆菌或球杆菌，大小约为$1.0\mu m \times 0.3\mu m$，革兰氏染色阴性，呈两极浓染。该菌可在血琼脂平板或其他非发酵培养基及麦康凯培养基上生长，通常具有溶血性，氧化酶、接触酶、脲酶、柠檬酸盐均为阳性。

引起本病的产毒素多杀性巴氏杆菌主要为血清D型，少数为血清A型。该菌无运动性，长度为$1.0 ～ 2.0\mu m$，为革兰氏阴性杆菌或球菌，兼性厌氧，37℃下可在除麦康凯培养基外的绝大多数细菌培养基中生长良好。氧化酶和过氧化氢酶试验阳性，可产生吲哚。

（二）流行病学

支气管败血波氏杆菌具有高度传染性，通过直接接触或气溶胶迅速传播，病猪和带菌猪是主要的传染源。各个年龄的猪都能够感染，其中易感性最高的是仔猪。一般小于1周龄的仔猪感染后会导致原发性肺炎，造成全窝猪都发生死亡，随着日龄的增大，发病率和病死率则会逐渐降低。该病可通过水平传播，主要是由于猪群中混入携带病菌的猪，其上呼吸道中存在病菌，以飞沫形式存在于空气中，导致其他猪通过呼吸器官（如鼻、喉、气管及肺等）感染，从而形成大面积感染。

营养缺乏、密度过高、通风不良、饲喂粉料均可加重呼吸道疾病的发生，引起猪的生长缓慢和料重比加大。另外，猪场饲养员、管理人员、技术员、猪的粪尿及各种昆虫、鸟类也可传播该病，导致疫情蔓延。

（三）临床症状

支气管败血波氏杆菌可定植于整个呼吸道中，能促进产毒素多杀性巴氏杆菌的定植，从而导致更严重的进行性萎缩性鼻炎（Swine progressive atrophic rhinitis，PAR）；同时，支气管败血波氏杆菌还能增强猪链球菌、副猪嗜血杆菌在呼吸道的定植，并与猪繁殖与呼吸综合征病毒（PRRSV）、猪流感病毒（SIV）相互作用，增加猪呼吸道疾病的严重程度。

支气管败血波氏杆菌感染猪的常见症状为打喷嚏，流鼻涕，流鼻血（图3-1），流眼泪，眼结膜炎，易形成泪斑（图3-2、图3-3）。支气管败血波氏杆菌与产毒素多杀性巴氏杆菌混合感染时，可见病猪出现严重的颜面部变形，鼻外观缩短（图3-4），面部皮肤皱缩，两眼宽度变窄，或鼻子歪向一侧，鼻中隔畸变（图3-5）。

图3-1 鼻孔出血

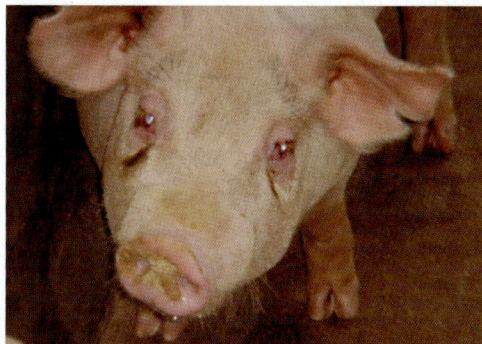

图3-2 眼角形成泪斑

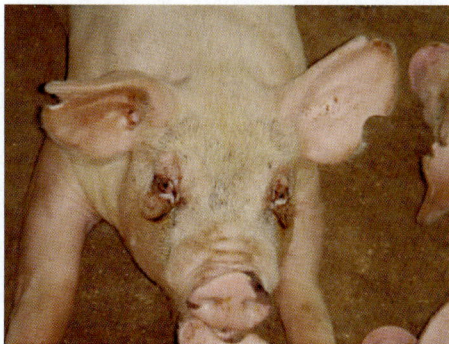

图3-3 鼻梁皮肤皱褶，眼角有泪斑

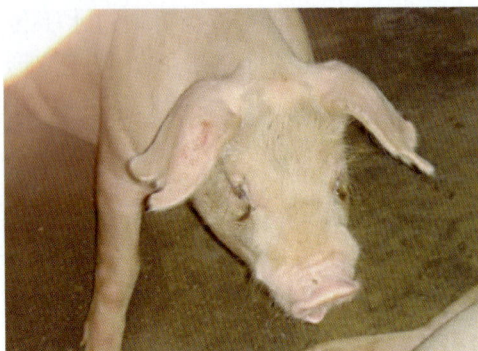

图3-4　颜面部变形，鼻萎缩

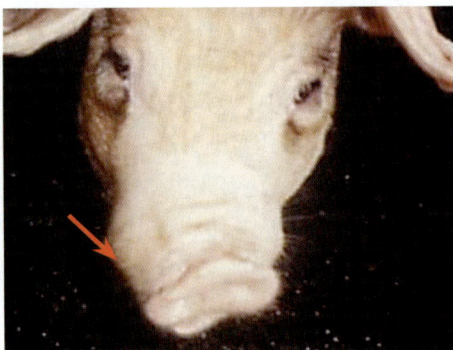

图3-5　左侧鼻甲骨萎缩，鼻子歪向左侧

（四）病理变化

鼻腔的软骨或鼻甲骨软化、萎缩，特别是鼻甲骨下卷曲（图3-6）。

（五）鉴别诊断

可采用临床病理剖检、微生物学诊断、血清学诊断等方法进行鉴别诊断。

1.临床病理剖检　通常可在鼻黏膜、鼻甲骨等处发现典型病变。在沿两侧第一、二对前臼齿间连线横断，

图3-6　鼻甲骨上、下卷曲完全萎缩
（引自甄辑铭）

观察鼻甲骨萎缩情况，可发现其卷曲变小而钝直，甚至消失。

2.微生物学诊断　主要对产毒素多杀性巴氏杆菌、支气管败血波氏杆菌两种致病菌进行检测，使用鼻腔拭子采集病料，进行微生物分离鉴定。对于产毒素多杀性巴氏杆菌的分离培养可用血液、血清琼脂或胰蛋白酶大豆琼脂进行培养，对菌落形态、荧光性、菌体形态、染色及生化反应等进行鉴定，或采用PCR、ELISA等技术进行鉴定。

3.血清学诊断　在猪感染产毒素多杀性巴氏杆菌和支气管败血波氏杆菌2～4周后血清中可出现凝集抗体，可采用试管血清凝集反应进行诊断。近年来出现了检测血清抗体或鼻分泌物抗体的ELISA方法。

（六）防治措施

加强饲养管理，注意日粮中钙、磷比例的平衡；改善猪舍通风条件，做

好保温工作，减少应激；降低猪群饲养密度，减少粉尘，多喂半干半湿饲料；避免引进大量的青年母猪，新引进种猪必须隔离检疫；加强灭鼠、消毒工作，有效的消毒剂有复合碘、复合醛、蓝光（ClO₂）等。

市场上现有支气管败血波氏杆菌（Ⅰ相菌）灭活油苗和支气管败血波氏杆菌-多杀性巴氏杆菌二联灭活油苗，后者较常用。母猪产前4～5周免疫，每头注射2mL，接种疫苗时注意避免应激反应。

二、猪传染性胸膜肺炎

猪传染性胸膜肺炎（Porcine infectious pleuropneumonia，PCP）是以急性出血性纤维素性胸膜肺炎和慢性纤维素性坏死性胸膜肺炎为特征的一种呼吸道传染病。

视频6

（一）病原学

引起本病的病原为胸膜肺炎放线杆菌（*Actinobacillus pleuropneumoniae*，App），属革兰氏阴性球杆菌，体外培养时根据是否需要烟酰胺腺嘌呤二核苷酸（NAD），分为生物Ⅰ型（NAD依赖型）和生物Ⅱ型（NAD不依赖型）。生物Ⅰ型菌株毒力强、危害大；生物Ⅱ型菌体形态为杆状，比生物Ⅰ型菌株大，可引起慢性坏死性胸膜肺炎。胸膜肺炎放线杆菌共有16个血清型，其中生物Ⅰ型包括14个血清型（1～12型、15型和16型），生物Ⅱ型包括2个血清型（13型和14型）。部分血清型之间有交叉反应，不同的血清型对猪的毒力不同，我国主要流行1型、2型、3型和7型。本菌对外界环境的抵抗力不强，干燥的情况下易死亡；对常用的消毒剂敏感；一般60℃下5～20min内死亡，4℃下通常存活7～10d；不耐干燥，排到环境中的病原菌生存能力非常弱。

（二）流行病学

病猪和带菌猪是主要的传染源。主要传播途径为鼻-鼻传播和近距离飞沫传播。3周龄至3月龄的猪较多发，3～4周龄内的仔猪最易感，病原主要存在于扁桃体。温差过大、饲养密度过高、通风不良、转群应激等因素均可诱发本病。本病的发生多呈最急性型或急性型，病猪迅速死亡，急性型暴发猪群，发病率和死亡率一般为50%左右，最急性型的死亡率可达80%～100%。

（三）临床症状

由于猪群年龄、免疫状态、环境因素及病原感染数量的差异，临诊上发病猪的病程可分为最急性型、急性型和慢性型。

1. 最急性型 病猪短时间内突然死亡（从感染到死亡可能在6h内，常被忽视），临死前口鼻流出血色或白色泡沫（图3-7、图3-8）。

图3-7 病猪死前鼻孔流出血性鼻液

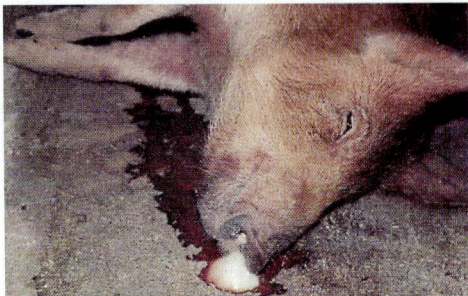

图3-8 病猪死前鼻孔流出血性泡沫样分泌物

2. 急性型 病猪体温升高至40.5 ~ 41.5℃，皮肤变红，精神沉郁，不愿站立，呕吐，厌食，呼吸急促或呼吸困难。

3. 慢性型 急性型症状消失后，病猪轻微发热或不发热，间歇性咳嗽，食欲不振。

（四）病理变化

病猪胸腔含有粉红色液体，心包积液，出现纤维素性心包炎（图3-9、图3-10）、纤维素性腹膜炎、肺炎（图3-11），胸壁和肺脏粘连（图3-12）；肺脏

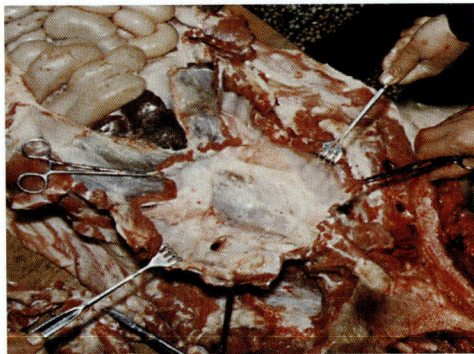

图3-9 纤维素性心包炎

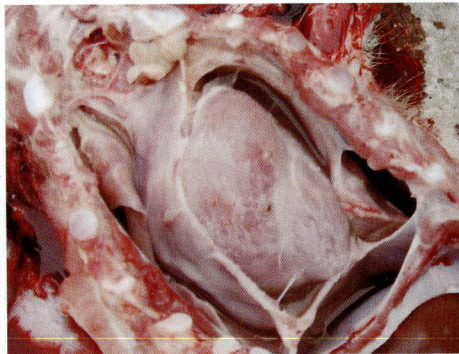

图3-10 浆液性纤维素性心包炎

病变部位出血、变硬（图3-13至图3-15），甚至出现化脓、溶解（图3-16）；气管和支气管内充满白色或血色泡沫。

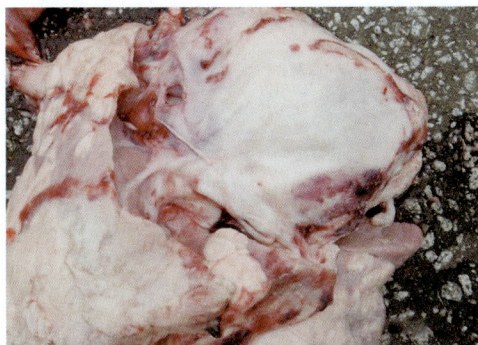

图3-11　肺脏表面纤维素性渗出

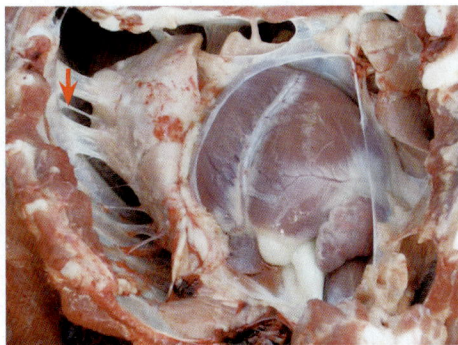

图3-12　胸壁和肺脏粘连

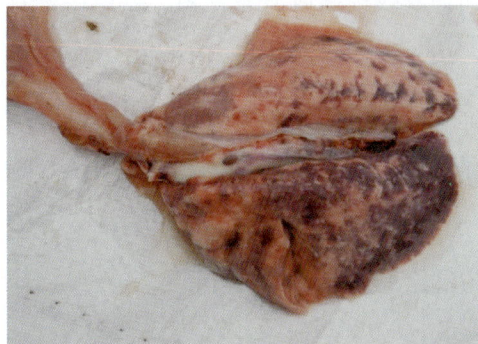

图3-13　肺脏出血

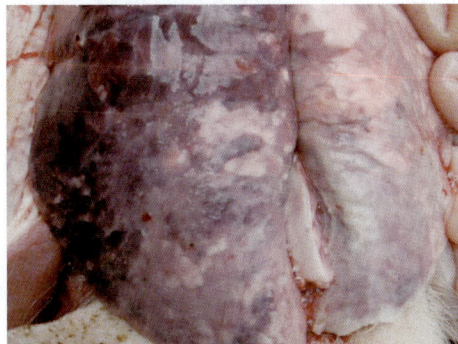

图3-14　肺脏出血、坏死

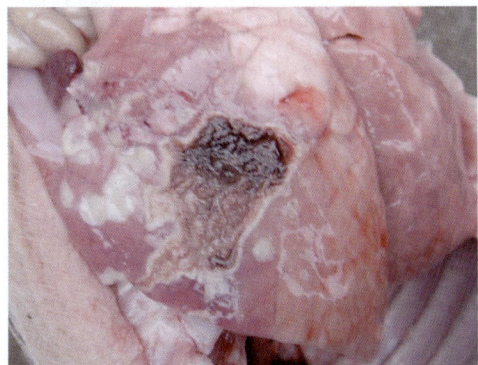

图3-15　肺脏出血灶

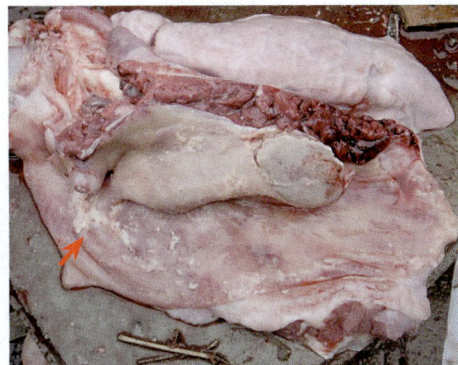

图3-16　左肺叶化脓、溶解

（五）鉴别诊断

可用PCR或者细菌分离鉴定进行实验室鉴别诊断，采样可用肺脏、扁桃体或鼻拭子。

（六）防治措施

本病的防治必须采用综合防治措施，即结合饲养管理，避免极端冷或热造成的应激，辅以免疫接种和药物保健。当猪群胸膜肺炎放线杆菌检测为阴性时，应采取严格的生物安全措施，避免胸膜肺炎放线杆菌入侵。推行全进全出模式，早期断奶、隔离饲养，辅以疫苗接种和个体药物治疗。

（1）国内外均已有商品化的灭活疫苗用于本病的免疫接种，如弱毒苗、亚单位苗（Apx Ⅰ、Apx Ⅱ和Apx Ⅲ）、灭活苗。母猪产前21～30d免疫；仔猪2～3周龄首免，间隔3周二免。也可应用以国内主要流行菌株和本场分离菌株制成的灭活疫苗预防本病。但胸膜肺炎放线杆菌血清型较多，疫苗接种效果不一，应慎重选择。

（2）本病暴发期通过治疗感染个体控制同栏猪群死亡率。选择敏感药物如泰乐菌素、磺胺嘧啶、头孢类药物等进行治疗，注意使用剂量和疗程。

（3）加强对猪繁殖与呼吸综合征、猪伪狂犬病、猪萎缩性鼻炎和猪气喘病的预防。

三、猪支原体肺炎

猪支原体肺炎（Mycoplasmal pneumonia of swine，MPS），又称猪地方流行性肺炎、猪气喘病，是由猪肺炎支原体感染猪引起的一种慢性、接触性传染病，也是猪呼吸系统综合征的主要病原之一。

视频7

（一）病原学

猪支原体肺炎的病原为猪肺炎支原体（*Mycoplasma hyopneumoniae*），属支原体科、支原体属的成员，因无细胞壁而呈多形态，如环形、球形、点状、两级状等。革兰氏染色阴性，但染色不佳，可采用吉姆萨染色或瑞氏染色。光学显微镜下可见呈圆形、边缘整体、中间致密、外周质地疏松的菌落，似"油煎蛋状"。猪肺炎支原体非常难以分离，因其生长缓慢，对培养基要求较高。猪肺炎支原体对外界环境抵抗力低，肺组织中的病原在−15℃可存活

30 ~ 45d，在1 ~ 4℃可存活7d；对青霉素、链霉素和磺胺类药物不敏感，但对泰妙菌素、土霉素、泰乐菌素等广谱抗生素比较敏感；抵抗力弱，常用消毒剂可将其迅速杀灭。

（二）流行病学

猪支原体肺炎一年四季均可发生，尤其是在冬春季节，由于温差较大，环境阴冷潮湿，冷空气会对猪的呼吸道黏膜造成刺激进而发病。任何品种、性别、日龄、用途的猪均可感染，乳猪和断奶仔猪易感性最高。病猪和带菌猪是主要的传染源。通过鼻接触、咳嗽、喘气排出病原，病原黏附定植于鼻、气管、支气管、细支气管上皮细胞的纤毛上，降低了纤毛摆动清除效率，导致鼻咽部微生物区系中的病原下行，造成易感猪肺部感染。诱发猪支原体肺炎的因素较多，如养殖环境阴暗潮湿、光照和通风不佳、忽视清洁消毒工作、免疫接种不及时、营养补充不足等均会增加发病率。饲养密度过高、通风不良等因素可加重呼吸道疾病的发生，影响猪的生长速度，导致料重比加大。如病猪继发感染链球菌、沙门氏菌、多杀性巴氏杆菌，则致死率明显升高。

（三）临床症状

该病发病率高，死亡率低，主要是呼吸道症状，病猪弓背干咳，气喘、腹式呼吸明显（图3-17），特别是早、晚时间更严重。病猪生长缓慢，消瘦，常易继发其他细菌感染而加重病情。

猪支原体肺炎平均潜伏期为11 ~ 16d，潜伏期过后开始发病，结合病猪临床症状的严重程度，可分为急性型和慢性型两类。急性型病猪

图3-17　病猪呼吸困难，呈犬坐式呼吸

常见于新疫区，病猪大多突然发病，精神状态不佳，呼吸短促，呼吸频率达60 ~ 120次/min，喘气困难，喘气时发出拉风箱声，呈腹式呼吸，咳嗽声音低沉，体温变化不大，病猪极易继发感染链球菌等导致病情加重，最终瘦弱窒息死亡。慢性病猪常见于老疫区，病猪频繁咳嗽，尤其是在运动和进食后会出现明显咳嗽，咳嗽时站立不动、四肢撑地、弓背、头下垂，个别猪会逐渐转为痉挛性咳嗽，且易于反复发作，病程持续时间长，病猪日渐消瘦，影响出栏。

（四）病理变化

解剖病死猪尸体，可发现其肺脏出现明显的病变，肺脏、肺门、支气管和纵隔淋巴结水肿和出血；支气管呈卡他性炎症，内有炎性渗出液；肺叶出现水肿、气肿（图3-18），在肺脏的膈叶、心叶、尖叶对称性出现胰变、肉样变（图3-19至图3-21），该病的典型特征即双肺叶呈对称性肉样变。病死猪其他脏器变化不大。

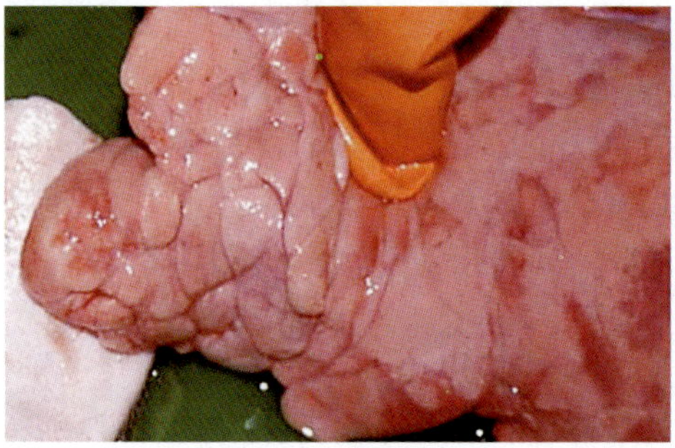

图3-18　肺气肿

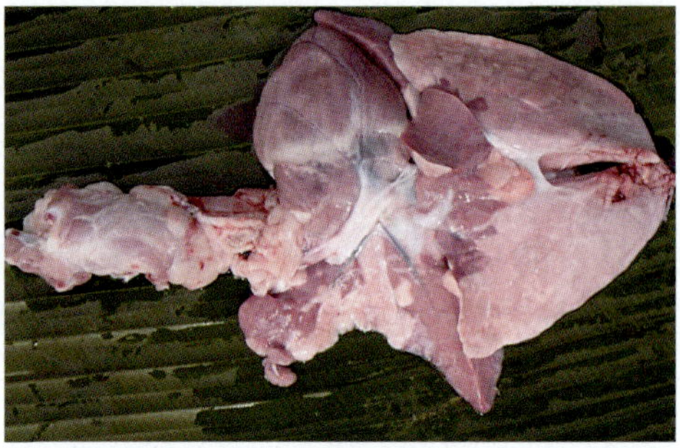

图3-19　肺脏心叶胰变

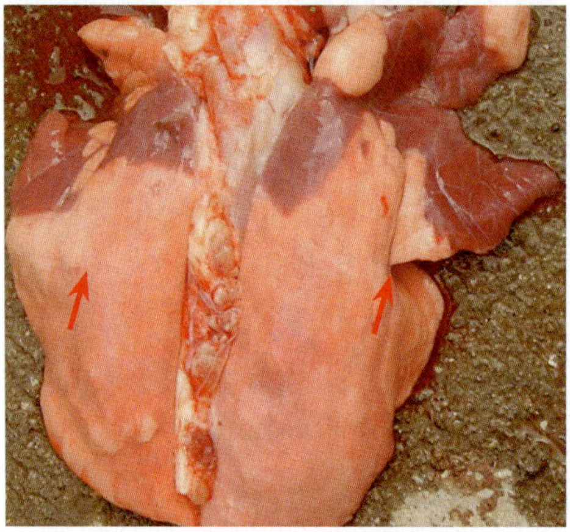

图3-20　肺脏对称性肉样变性

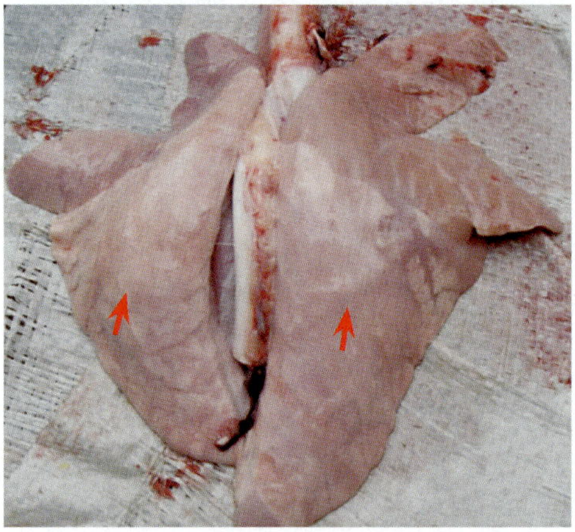

图3-21　肺脏对称性虾肉样变性

（五）鉴别诊断

主要注意与猪传染性胸膜肺炎、猪肺丝虫和蛔虫引起的咳嗽相区别。

诊断应包括典型的临床症状和病变，非生产性咳嗽和/或生长速度的下降可提示为肺炎支原体感染。

剖检典型的病变见于双侧肺尖叶、心叶和中间叶，有时也见于膈叶前部，病变组织呈淡黄色/粉红色，与正常组织界限明显。

培养基分离培养是确认猪感染本病的金标准，但检测周期较长，可采用ELISA、荧光抗体技术、PCR进行诊断。

（六）防治措施

1.治疗措施

（1）全群饲料中拌药，连用7～10d。

（2）个别病重猪按每千克体重使用长效土霉素0.1mL，每3d肌内注射1次，连用3次；卡那霉素按每千克体重使用7万U，每天2次，连用5～6d。

2.综合防治措施

（1）根本措施在于加强饲养管理，推行全进全出的饲养模式，降低饲养密度；强化日粮营养，增强猪群免疫力；做好环境控制，加强保温、通风工作；加强卫生消毒工作，减少猪群应激，进而避免或减少疾病发生。

（2）目前已研制出猪气喘病兔化弱毒冻干苗，后备母猪配种前免疫2次，仔猪7日龄首免，25日龄二免，此免疫方法仅供参考。

（3）进行药物预防保健。可于母猪产前、仔猪断奶前在饲料中添加敏感药物，连用5～7d。

四、猪流感

猪流感（Swine influenza，SI）是由猪流感病毒（Swine influenza virus，SIV）感染猪引起的一种急性高度接触性呼吸器官传染病。目前是规模化猪场"空调病"的主要病原之一，应引起高度重视。

视频8

（一）病原学

猪流感病毒（SIV）属于正黏病毒科、甲型流感病毒属，为直径在80～120nm的多形囊膜病毒，核衣壳呈螺旋对称，外有囊膜，其上有两种穗状纤突，均为糖蛋白，分别为血凝素（HA）及神经氨酸酶（NA）。依据突出于病毒囊膜表面的血凝素（HA或H）及神经氨酸酶（NA或N）刺突状蛋白的性质，甲型流感病毒可以分为16种不同的HA亚型和9种不同的NA亚型，可以从传统上的抗原性和基因型上进行区别。病毒的HA和NA共同定义了该病毒的亚型（如H1N1、H1N2、H3N2）。引起猪发病的主要是H1N1和H3N2。

（二）流行病学

猪流感病毒的流行病学比过去认为的要复杂得多，在一些病例中发现了多种毒株/亚型高频度感染同一批猪的情况。全年均可检测到猪流感病毒，但会有一些季节性高峰，在秋冬及早春季节易发，尤其是气候骤变、温度忽高忽低时更易发生。猪群的发病率非常高，有时可达100%，但病死率相对较低。此外，当饲养管理不良、卫生条件恶劣、舍内潮湿寒冷、猪群过于拥挤、猪感染体内外寄生虫或者患有其他疾病而导致猪群抵抗力下降时，往往会促发该病的流行。

该病的主要传染源是病猪及康复后的带毒猪，病毒传播的主要途径是猪之间直接接触传染性的口鼻分泌物，分泌物中的病毒滴度在排毒高峰期达到 1×10^7 个/mL 感染颗粒。此外，也可以通过气溶胶传播。

（三）临床症状

任何地方性流行的猪流感病毒感染在临床上都是相似的，并且都可以引起急性呼吸道症状，该病一旦发生传播迅速，往往 2 ～ 3d 内整个猪群发病。

亚临床感染是目前最常见的，也常在受猪支原体肺炎感染的猪中发现。

典型的临床症状主要表现为病猪高热，体温达39.5 ～ 42℃，食欲下降，扎堆明显（图3-22）；呼吸急促，咳嗽，打喷嚏，流鼻液，继发感染后流出脓性鼻液（图3-23至图3-26）；用力腹式呼吸及呼吸困难最为典型；肌肉关节疼痛，蜷卧；妊娠母猪流产、死胎、弱胎。经过 1 ～ 3d 的潜伏期后，感染猪突然发病，发病率高达100%，但当单头猪感染时通常死亡率低于1%。病猪通常在发病后5 ～ 7d 快速康复。临床上典型的急性猪流感的暴发一般只限于完全易感的血清阴性猪，不论是无保护力的保育猪或是年龄稍大的猪均是如此。

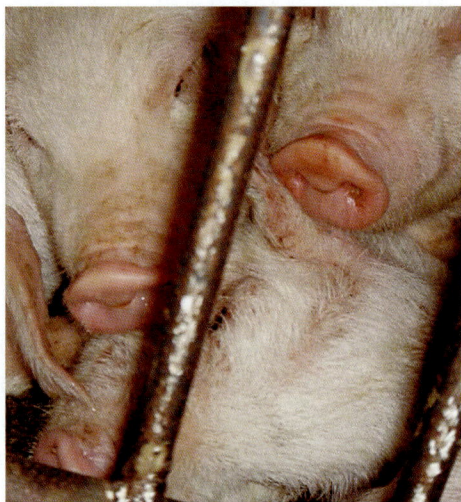

图3-22　病猪扎堆明显

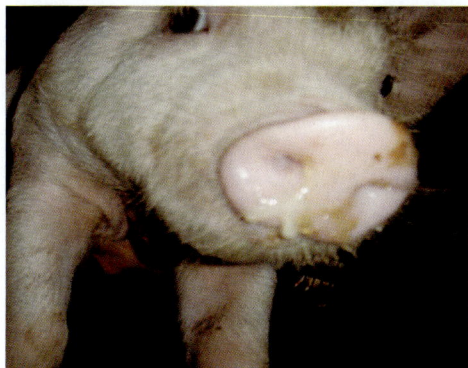

图3-23　哺乳仔猪流出脓性鼻液

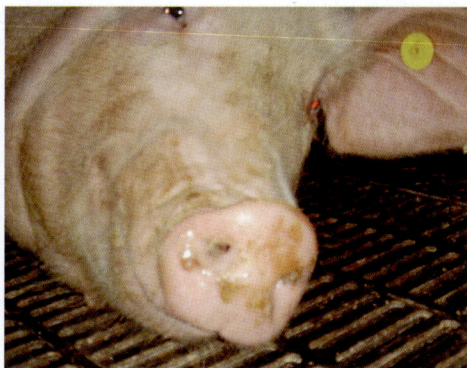

图3-24　妊娠母猪流出脓性鼻液

图3-25　生长猪流出脓性鼻液

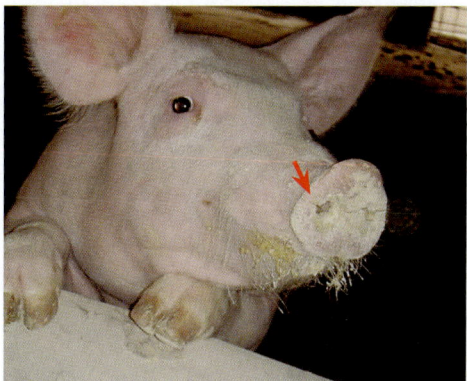

图3-26　病猪鼻液增多，使鼻镜粘满饲料

（四）病理变化

病猪气管、支气管黏膜出血，并含有大量浆液状炎性渗出物、肺脏水肿、充血，分泌物增加，变硬表面膨胀不全、高低不平，病变部位呈紫红色或鲜牛肉状（图3-27至图3-31）。

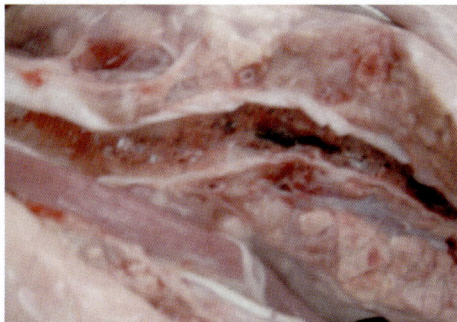

图3-27　支气管中有炎性渗出物

图3-28　间质性肺水肿、充血

图3-29　肺气肿，弹性降低

图3-30　肺脏表面斑点状出血

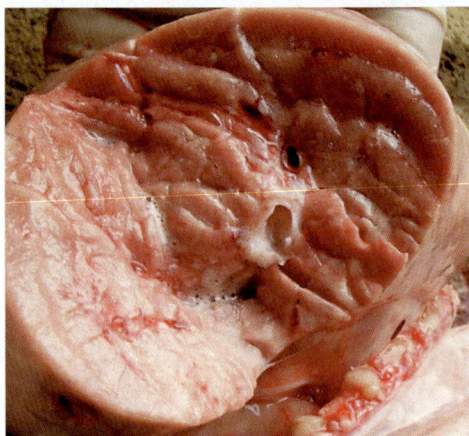

图3-31　肺脏切面肉样变，支气管内有大量
分泌物

（五）鉴别诊断

猪流感没有典型的诊断症状，需与猪的其他临床和病理表现相似的呼吸道疾病相鉴别。确诊只能通过分离病毒，检测病毒蛋白质或核酸，或检测病毒性抗体。

RT-PCR方法用于检测临床样品制备提取的病毒核酸时，具有高度敏感性和特异性，但由于敏感性的提高，"弱"阳性样品可能包含病毒降解物而非感染性病毒，且不能从中分离出病毒。

血清学试验可用于检测流感特异性抗体的存在，最适用于检测猪群的免疫状态。血凝抑制试验仍是检测抗体的最常用方法，此外许多用于检测病毒的ELISA试剂盒已实现商品化，但其敏感性明显低于血凝抑制试验。

（六）防治措施

1. 预防措施　加强饲养管理，保证猪舍卫生、干燥；做好保温工作，减少温差应激；饲喂高质饲料，严禁采食霉变饲料；加强卫生消毒工作，选用敏感消毒剂带猪消毒，有效的消毒药有过氧乙酸、复合酚、复合碘、蓝光（ClO_2）等。

可采用免疫接种，大多数商品化的猪甲型流感病毒疫苗都是灭活的全病毒疫苗。母猪和生长猪通常免疫2次，间隔2～4周，每次肌内注射2头份，产前对母猪进行常规加强免疫1次可使仔猪获得更高水平、持续时间更长的母源抗体，从而在整个哺乳期保护仔猪免受临床疾病的影响。

2. 治疗措施

（1）发病群要加强卫生消毒工作，精心护理病猪，降低饲养密度，减少应激，加强通风、保温工作，供给新鲜洁净的饮水。

（2）药物治疗选用退热、缓解疼痛、消炎、控制继发感染的抗菌药物，也可以选择使用中药制剂。

五、猪圆环病毒病

猪圆环病毒（Porcine circovirus，PCV）是迄今发现可自主复制的最小的哺乳动物病毒。依据猪圆环病毒基因组序列及抗原特性的不同，目前将其分为PCV1～PCV4四种基因型。

视频9

1974年学者从猪肾上皮细胞培养物的污染物中鉴定出PCV1，基因组大小为1 759bp。PCV1对猪只无致病性，但临床上PCV2的阳性感染案例中多数可检测到PCV1。

1991年加拿大学者首次报道PCV2，基因组大小为1 767bp或1 768bp，随后英国、美国、法国、西班牙、日本等国家都陆续报道该病毒的存在。该病在我国于2000年由郎洪武团队从北京、河北等地某些发生断奶仔猪多系统衰竭综合征（Postweaning multisystemic wasting syndrome，PMWS）的仔猪病料中检测并分离到PCV2。PCV2感染猪后可引起不同的临床症状和表现，除断奶仔猪多系统衰竭综合征外，还包含猪皮炎肾病综合征（PDNS）、猪呼吸系统疾病综合征（PRDC）、仔猪先天震颤（CT）、增生性坏死性肺炎（PNP）及母猪流产和死胎等繁殖障碍性疾病等，这些疾病统称为猪圆环病毒相关性疾病

（PCVD/PCVAD）。本书重点介绍PCV2。

2016 年美国学者从临床流产胎儿样品中报道了PCV3，中国、韩国、波兰、德国等国家也陆续报道了 PCV3 的存在。其基因组大小为 2 000 bp，比PCV1 和 PCV2 的基因组大，与 PCV2 的基因组同源性低，只有 37%左右，表明 PCV2 疫苗对 PCV3 感染的猪只可能无交叉保护力或交叉保护力较低。目前关于 PCV3 的研究主要集中在流行病学调查和检测方法的建立及应用等方面。

2019 年我国学者张慧慧在对湖南某猪场呼吸道和腹泻病例的检测中报道了PCV4。该病毒的基因组大小是 1 770bp，与已确认的 3 种基因型的猪圆环病毒均不同。PCV4 与水貂圆环病毒基因组同源性最高，达66.9%。

（一）病原学

猪圆环病毒 2 型（PCV2）属于圆环病毒科、圆环病毒属病毒。病毒无囊膜，直径在 12 ~ 23nm，核衣壳蛋白呈二十面体对称。基因组为单股负链环状 DNA，全长约为 1.7kb，包含 11 个开放阅读框（ORF），其中最大的 ORF1编码病毒复制蛋白（Rep 和 Rep′），在病毒转录的起始过程中起重要作用；ORF2 编码的衣壳蛋白（Cap）是病毒唯一的结构蛋白，也是病毒主要的免疫原性蛋白，刺激机体产生特异性中和抗体；ORF3 在诱导 B 细胞、CD4 T 淋巴细胞凋亡和加速 PCV2 病毒传播中起重要作用；ORF4 在抑制宿主细胞中活性氧的积累和调节 CD4 和 CD8 T 淋巴细胞中起作用；ORF5 是一种新发现的支持PCV2 复制的病毒蛋白，并与多种宿主因子相互作用，影响 PCV2感染和 PCV2 诱导的细胞反应。依据 PCV2 ORF2 的基因序列，目前可将其分为 8 个基因型，包括 PCV2a、PCV2b、PCV2c、PCV2d、PCV2e、PCV2f、PCV2g 和 PCV2h。其中 PCV2a 是最早鉴定出的基因型，也是最古老的基因型，目前广泛使用的商业 PCV2 疫苗都基于 PCV2a 毒株。随着时间的推移，基因型向 PCV2b 转移并且毒力增加，近几年PCV2d 亚型的检出率也明显增高。

PCV2 在极端的温湿度条件下具有较强的生存能力，耐酸，可在 pH 3 的酸性环境中存活；氯仿和酸性消毒剂对该病毒影响较小；耐高温，在 56℃或70℃下处理一段时间不被灭活；不凝集牛、羊、猪、鸡等多种动物和人的红细胞。

（二）致病机制

目前PCV2的临床或亚临床感染和免疫机制尚不十分清楚。PCV2主要在单核/巨噬细胞、树突状细胞中复制，也可在肾小管和支气管的上皮细胞、内皮细胞以及肝细胞和淋巴细胞中复制，进而引起机体的免疫系统损伤，造成免疫抑制和免疫变态反应。

PCV2的特点是使机体免疫系统严重抑制或受损。在病猪胸腺、脾脏、肠系膜、支气管等处的淋巴组织中均有该病毒，其中支气管及淋巴结中检出率较高，表明PCV严重侵害猪的免疫系统：病毒与巨噬细胞/单核细胞、组织细胞和胸腺巨噬细胞相伴随，导致病猪体况下降，形成免疫抑制。PCV2感染后会引起猪只体内 IL-8、TNF-α 和 IL-10 等细胞炎性因子升高，IL-10 的上调是造成机体免疫抑制的诱因之一。此外，巨噬细胞及树突状细胞中有大量的PCV2抗原存在。不同器官的临床症状和病变往往是混合感染的病原共同作用的结果。PCV2感染仔猪14～28d后，不论有无临床症状，均可诱导产生PCV2特异性抗体，且田间调查显示，仔猪母源抗体在哺乳期及保育期会逐渐下降，7～12周龄时抗体又会明显上升，并持续至28周，但PCV2抗体并不能完全抵抗感染。此外，一些非PCV2的感染性因素及非感染性因素在该病的发生发展中起到了一定的作用。

（三）流行病学

病猪和带毒猪是主要传染源，病毒存在于病猪的呼吸道、肺脏、脾脏和淋巴结等组织中，感染猪可从鼻液、粪便中排出病毒，经呼吸道、消化道和精液及胎盘传播感染各种年龄的猪。断奶、转群等不同的交互行为是该病毒的主要传播途径，被病毒污染的衣服和设备亦是其主要的传播途径。本病无明显的季节性，发病率与病死率变化很大，受内因和外因综合影响，如猪群免疫力和健康状况、饲养管理水平、环境条件、生物安全体系、病毒类型及是否有其他病原微生物混合或继发感染等。

各年龄段的猪均可感染，PCV2感染可使母猪带毒或公猪精液带毒，还可感染胚胎造成胚胎死亡，导致猪繁殖障碍，引发返情、流产、产死胎和木乃伊胎。PCV2感染初生仔猪引起先天性震颤；PCV2感染6周龄前仔猪可引起断奶后多系统衰竭综合征（PMWS）；PCV2感染8周龄以上的保育猪和育肥猪易引起猪皮炎肾病综合征（PDNS）、猪呼吸系统疾病综合征（PRDC）或增生性肺炎（PNP）。

近几年PCV2感染的流行特点还包括：

1.PCV2与其他病原体的共感染 双重感染或多重感染并存。例如，PCV2与猪繁殖与呼吸综合征病毒（PRRSV）的共感染、PCV2与猪瘟病毒（CSFV）的共感染、PCV2与猪细小病毒（PPV）的共感染、PCV2与猪流感病毒（SIV）的共感染，甚至同时感染PCV2、PPV、PRRSV和CSFV等。

2. 不同PCV2毒株的联合感染　在同一猪只体内发现了不同PCV2基因型的同时感染，导致基因型间和基因型内重组，引发更严重的临床症状。

（四）临床症状

1. 断奶仔猪多系统衰竭综合征（PMWS）　PCV2感染5～8周龄仔猪的主要临床表现为体温升高，精神沉郁，食欲减退，被毛粗乱，生长发育不良，渐进性消瘦，皮肤苍白、贫血，呼吸窘迫，部分病猪出现黄疸（图3-32至图3-35）。

图3-32　病猪体温升高、精神沉郁

图3-33　病猪消瘦、皮肤苍白

图3-34　病猪消瘦、呼吸窘迫

图3-35　病猪出现黄疸

2.猪皮炎肾病综合征 (PDNS)

多发于8周龄以上的保育猪和育肥猪，主要症状是发热、消瘦和皮下水肿等；部分患猪排黄色、血色稀粪（图3-36）；部分发病猪的头颈部、背部、腹部、四肢及臀部会出现圆形或不规则的暗红色丘疹，类似皮炎的症状（图3-37至图3-41）。

图3-36　病猪排黄色稀粪

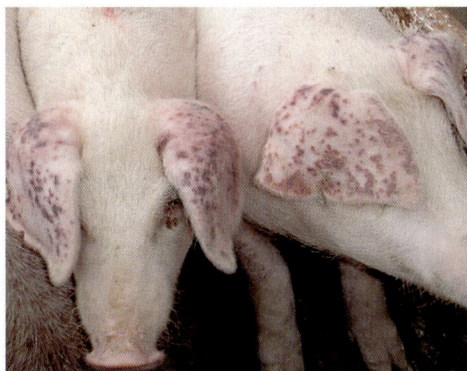

图3-37　耳部皮肤形成红色丘疹

图3-38　耳部皮肤形成丘疹、肿胀

图3-39　背部皮肤形成红色丘疹

图3-40　腹部皮肤形成红色丘疹

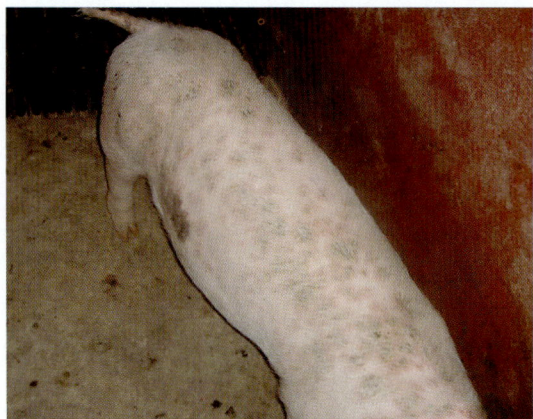

图3-41　丘疹病灶扩散、吸收、结痂

3.先天性震颤（CT）　PCV2感染引起的先天性震颤常见于初生仔猪，主要临床表现为阵挛性收缩，但临床症状会随仔猪日龄的增大而减轻。

猪呼吸道症状多见于保育猪和育肥猪，感染猪的主要临床表现为不同程度的呼吸道症状，该病在临床上常与其他病原混合感染，发生协同作用，导致疾病的严重程度增加。

（五）病理变化

PMWS病猪剖检时可见淋巴结肿大（尤其是腹股沟、肠系膜、肺门等处的淋巴结）（图3-42至图3-44）；肺脏肿胀、变硬、间质增生，形成"橡皮样"肺，肺脏淤血、出血、间质变宽、间质性肺炎（图3-45至图3-47）；脾脏肿大，特别是脾头肿大非常明显（有梗死）（图3-48、图3-49）；肝脏质地坚硬，

图3-42　腹股沟淋巴结肿大

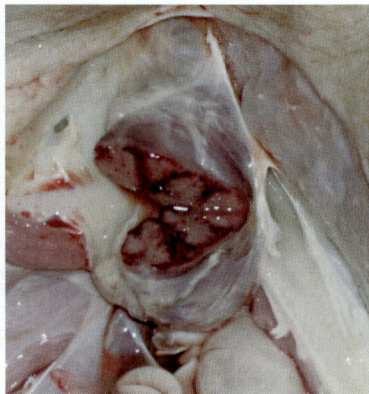

图3-43　腹股沟淋巴结肿大、出血

出现黄染和坏死（图3-50、图3-51）；肾脏肿大、遍布白色坏死灶，出现"白斑肾"，肾髓质周围组织水肿（图3-52、图3-53）；心冠脂肪黄色胶样浸润（图3-54）；胃在靠近食管区有大面积溃疡灶或出血，严重的病例可造成胃黏膜出血、溃疡（图3-55、图3-56）。

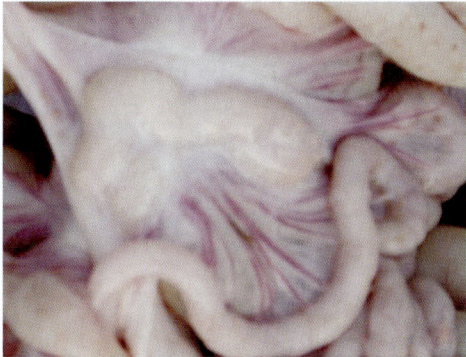

图3-44　肠系膜淋巴结肿大

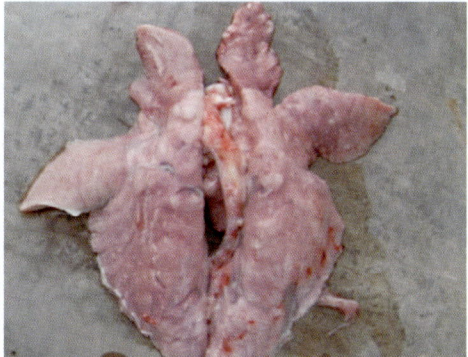

图3-45　肺脏萎缩变形

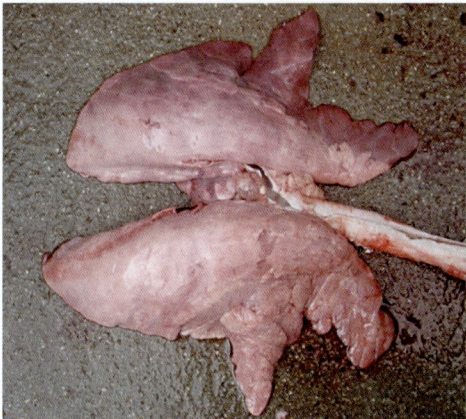

图3-46　大叶性肺炎

图3-47　肺脏淤血、出血、间质变宽

图3-48　脾脏坏死

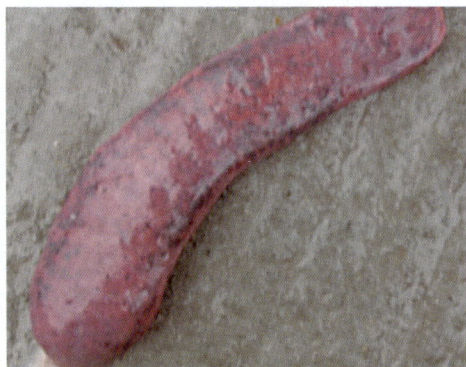

图3-49　脾脏肿大、坏死

图3-50　肝脏变硬、质脆

图3-51　肝脏黄染、坏死

图3-52　肾脏肿大，表面有白色坏死灶

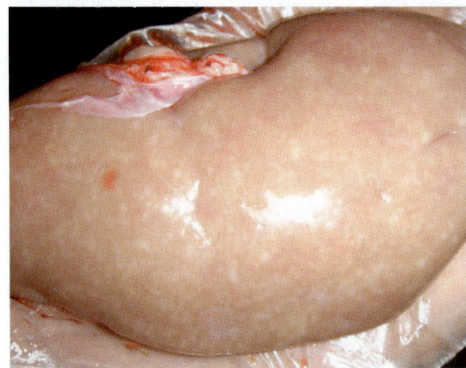

图3-53　肾脏肿大、苍白

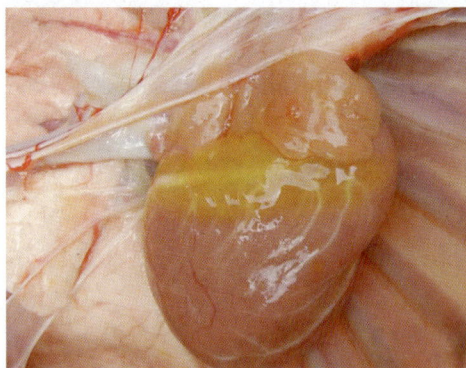

图3-54　心冠脂肪胶样浸润

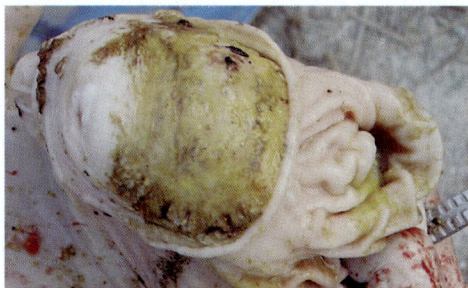

图3-55　胃黏膜出血、溃疡

图3-56　胃黏膜弥散性出血

PDNS发病猪剖检时可见两侧肾脏苍白、肿大，部分发病猪肾脏表面有红色出血点。

（六）鉴别诊断

该病的诊断必须依靠临床症状、病理变化和病毒检测三个方面，符合以下标准的猪或猪群可被诊断为发生PCV2感染。

（1）病猪生长迟缓，消瘦，常伴有呼吸困难和腹股沟淋巴结肿大，偶发黄疸。

（2）淋巴组织中，出现中度到重度的组织病理变化特征。

（3）感染猪病变的淋巴组织和其他组织内有中滴度到高滴度的PCV2。

目前已有多种方法可用于检测PCV2抗原，原位杂交（ISH）、免疫组织化学（IHC）及RT-qPCR是常用的检测技术，但因为环境中PCV2普遍存在，诊断中无临床症状的病例也常常会出现阳性结果，故在个体诊断中也很有必要结合组织病理学观察。

抗体检测常用间接免疫荧光法（IIF）、ELISA等。

（七）防治措施

（1）加强饲养管理，推行全进全出模式；早期隔离断奶，分胎次饲养；降低饲养密度，注意通风换气；加强卫生消毒工作；加强保温工作，减少应激；强化营养，应用营养水平较高且易消化的教槽料、保育料，提高猪体的营养水平，饲料中添加维生素以增强机体抵抗力，提高猪群整体健康度。

55

（2）使用 PCV2 疫苗做好母猪和仔猪的免疫，同时做好其他疫病如猪瘟、猪伪狂犬病等的免疫。

六、猪繁殖与呼吸综合征

猪繁殖与呼吸综合征（Porcine reproductive and respiratory syndrome，PRRS）是猪群发生的以繁殖障碍和呼吸系统症状为特征的一种急性、高度传染的病毒性传染病。

视频 10

（一）病原学

猪繁殖与呼吸综合征病毒（Porcine reproductive and respiratory syndrome virus，PRRSV）属于动脉炎病毒科、动脉炎病毒属，为单股 RNA 病毒。PRRSV 有囊膜包被，是单股、正链、不分节段的 RNA 病毒，在电镜下观察发现该病毒粒子为球形，二面体对称，核衣壳上长有突起，外围是脂质双层膜，呈蜂窝样的表面结构。PRRSV 有 6 种结构蛋白，包括 GP2、GP3、GP4、GP5（囊膜蛋白）、M 蛋白（膜基质蛋白）和 N 蛋白（核衣壳蛋白），其中 GP3、GP4、GP5 是糖基化蛋白，GP2 蛋白和 M 蛋白是非糖基化蛋白。GP2a 与 GP3、GP4、GP2b 蛋白形成的蛋白复合体在病毒吸附过程中有重要作用；N 蛋白为主要结构蛋白，被双层核衣壳包围形成 RNA 基因的骨架，保守性强、特异性高，也是病毒感染后细胞内表达水平最高的蛋白，被广泛用于 PRRSV 抗体的血清学诊断。Nsp1 是病毒入侵机体后最早产生的非结构蛋白；Nsp2 是 PRRSV 基因组中变异最大的区域，常被用于分子流行病学研究；Nsp9 和 Nsp10 与病毒的复制和毒力密切相关。

PRRSV 在 pH 6.5 ～ 7.5 的条件下稳定存在，在 pH < 5 或 pH > 7 时，PRRSV 的感染能力下降。该病毒耐受低温，可在 -70℃ 和 -20℃ 环境中存活数月至数年。但耐热性差，在高温干燥的环境中迅速失活，56℃ 下 45min 病毒失活；37℃ 下仅存活 24h；4℃ 下放置病毒逐渐失去感染性。可被氯仿和乙醚等有机溶剂灭活。

该病毒于 20 世纪 80 年代被发现，分为 2 个亚型，分别为 PRRSV-1 型（也称欧洲型，主要分布于欧洲）和 PRRSV-2 型（也称美洲型，主要分布于北美洲），二者核苷酸同源性仅为 50% ～ 60%。同一基因型的 PRRSV 毒株之间存在着较广泛的变异，有基因突变、缺失和插入及毒株间重组现象，毒株间的交叉保护力很差。相同基因型毒株之间存在多个亚型，欧洲型 PRRSV 可以分为 3 个基因亚型，美洲型 PRRSV 至少分为 9 个基因亚型，这也是该病毒具有较高的遗传多样性的重要原因。因 PRRSV 主要侵害免疫细胞，循环抗体存在于机体内，可造成猪的持续性感染，即病毒在体内长期排毒呈现亚临床感染症状。

（二）流行病学

病猪和带毒猪是主要传染源，猪场内存在垂直传播和水平传播方式，带毒猪可通过口鼻分泌物、粪便、尿液、精液等向外排毒，间接传播途径甚至包括通过物体、气溶胶及节肢动物传播。猪场环境差、气候恶劣、饲养密度过大，可促进本病的流行。当前 PRRS 成为猪场最主要的"常在性"疫病，多年的疫苗免疫，加之病原的高感染率、高发病率和高病死率，导致病情复杂程度加剧，商品猪场普遍阳性，阴性种猪场屈指可数。持续性感染是 PRRSV 最重要的流行病学特征，造成一种"慢性持续性"感染状态及地方性流行。

根据 PRRSV 毒株的演变情况，将该病的流行病学史大致描述如下：

（1）**经典 PRRSV** 1987—1992 年，美国及欧洲陆续报道并分离到病毒。1995—1996 我国报道并分离到病毒 CH-1，2004—2005 年经典毒株弱毒疫苗开始在我国大范围使用。

（2）**高致病性猪繁殖与呼吸综合征**（Highly pathogenic porcine reproductive and respiratory syndrome，HP-PRRSV） 1996 年美国暴发 HP-PRRSV。2006 年我国南方地区猪群出现皮肤潮红、呼吸急促、高热等临床症状，被称为"猪高热病"，因其发病率和死亡率较高，随后几个月内，这种"猪高热病"迅速在河北、河南、山东、陕西等全国大部分地区暴发流行。研究证明，此次疫情主要是由 HP-PRRSV 引起，各种年龄的猪均有发病，发病率达 50% 以上，死亡率达 20%～100%，给我国的养猪业造成巨大的经济损失。随后分离到 HP-PRRSV 毒株 JXA1。之后，以 JXA1 株、HuN 4 -F112 株、TJM-F92 株和 GDr180 株为代表的弱毒疫苗在国内开始大范围使用。

（3）**类 NADC30（或 NADC30-like 族）** 2014—2016 年我国相继出现关于 NADC30-Like、NADC34-like 等毒株的报道，并且感染呈现逐年增高趋势。此类毒株与 2005 年加拿大分离株、2013 年北美 NADC30 毒株属于同一亚群，其 NSP2 基因缺失了 131 个氨基酸，遗传进化分析表明此类毒株很可能为从美国引进的种猪携带的 NADC30 毒株。类 NADC30 毒株属于中等毒力毒株，其毒力介于经典毒株和 HP-PRRSV 之间，但是其传播能力强，且传播途径多样，不仅可以通过唾液、尿液、鼻腔分泌物等常规途径传播，还可通过气溶胶、母猪的乳汁甚至可以穿过多数病毒难以穿过的胎盘屏障，实现垂直传播。NADC30-like 毒株与国内 HP-PRRSV 病毒株、疫苗株存在重组现象，且重组概率显著提升，重组后毒株之间毒力差异较大，导致现有的商品化疫苗不能对其提供有效的免疫保护。

目前我国猪群中主要存在以下5种不同的PRRSV：经典PRRSV、经典PRRSV疫苗株、HP-PRRSV、HP-PRRSV疫苗株和类NADC30。部分猪场存在2种以上的不同毒株，这为病毒的重组提供了条件。动物试验表明，重组后新毒株导致仔猪的死亡率为40%～100%，明显高于类NADC30毒株引起的死亡率；临床调查发现，JXA1-like PRRSV和类NADC30 PRRSV重组后新毒株不仅具有高致病性，而且传播速度比较快，即使经过疫苗免疫的猪场也不能幸免。

（4）**变异毒株**　2020年美国报道了变异毒株PRRSV1-4-4 strain。目前国内临床上HP-PRRSV依然是优势流行毒株，存在基因多样性。PRRSV毒株间重组、变异频繁，如HP-PRRSV MLV演化毒株间的重组，HP-PRRSV与NADC30-like毒株间的重组；HP-PRRSV MLV与NADC30-like毒株间的重组。而PRRSV1-4-4 strain毒株在未来是否参与更多的重组，未来的PRRSV毒株将如何变异，国内的毒株是否有更多的重组变异毒株出现，毒株不断重组的原因，作为从业者如何应对，等等，这些都是值得思考和探究的问题。

PRRSV的流行特点还表现在以下几个方面：①暴发期会导致败血症和/或细菌性支气管肺炎等并发症；②可促进猪圆环病毒2型（PCV2）的复制，导致更严重的肺炎和断奶后多系统衰竭综合征；③暴发期常见与猪瘟病毒、猪伪狂犬病病毒、链球菌、副猪嗜血杆菌及其他病原体共感染；④急性PRRSV感染，通常会造成链球菌性脑膜炎、格拉瑟病、细菌性支气管肺炎等地方流行性疾病的发病率升高。

（三）PRRSV持续性变异及致病分子机制

1.PRRSV持续性变异与准种密切相关　前文已在口蹄疫病毒中提到过"准种"的概念。RNA病毒在基因复制过程中缺乏具备纠错功能的酶，使其产生了基因变异，加之在选择压力（如免疫压力、药物压力和跨物种压力等）存在下，将产生许多突变株，其中有一个或几个占优势的突变株，叫作病毒的准种。准种是一个变异谱系，时刻处于动态变化过程中，当宿主环境（选择压力）发生改变时，在准种中已经存在的或者在基因组复制过程中新产生的，最适宜于新环境的基因群将会被逐渐筛选出来形成新的优势基因群。

由于国内养猪数量和密度大，一般对PRRS施行普遍免疫，加之PRRSV的基因亚型较多，因此在病毒复制的每一个循环中，基因组上都可能有碱基的突变。一个病毒粒子经几十次复制循环后，很容易形成一个几乎由无限个体组成的相互间极为相似但基因组上又有所差别的病毒准种群体，在维持病毒本性的范畴内，PRRSV准种群还将继续演化，持续变异。

2.ADE作用协助PRRSV准种演化和持续感染　猪感染PRRSV不久后产生的大部分抗体不具有中和作用，而是具有抗体依赖性增强（antibody-dependent enhancement，ADE）作用，即抗体与病毒结合形成病毒-抗体复合物，该复合物与细胞表面表达的 FcR 结合，从而介导病毒进入靶细胞，进一步促进病毒的增殖，这是PRRSV维持持续感染的原因之一。同时，作为具有抗体依赖性增强作用的 PRRSV，适量抗体与病毒共存产生的抗体选择压力很可能是导致 PRRSV 基因变异及其准种多样性演化的重要因素之一。

3.准种的形成和演变使PRRSV逃脱宿主的免疫监控　PRRSV 基因组包含 8 个可阅读框（ORFs），其中ORF5所编码的 GP5 蛋白被认为是最重要的抗原性蛋白之一，其编码基因ORF5在各基因中变异较大，一直被研究者作为靶点来研究 PRRSV 的遗传演化及作为展示其准种多样性的重要参考依据。国内对PRRS施行普遍免疫，使得猪体内的抗体增加，据报道抗体的选择压力对 ORF5 影响最大，变异最快，其次为 ORF3。抗体的免疫选择压力是促使PRRSV 快速变异的重要动力之一。同时发现在抗体选择压力下，PRRSV 抗原性也发生了变异，对同一个毒株的传代进行研究，发现40 代毒和 80 代毒的交叉中和反应的同源性分别下降到 62.5% 和 50%，基因组序列的同源性也只有80%，抗原性的变异是PRRSV逃脱宿主的免疫监控的主要原因之一。

PRRSV准种不断演化的结局使得其逃脱宿主的免疫监控，还可能产生对抗病毒药物的耐药性，从而直接影响免疫治疗、疫苗接种和抗病毒药物治疗的效果。此外，已报道的PRRSV还可以通过多种机制突破机体的固有免疫系统，如通过TLRs受体和细胞因子的表达调控、抑制 NK 细胞的活性、干扰 ISGs 的功能等途径抵御机体的抗病毒免疫应答。

4.PRRSV致病的具体分子机制仍在持续更新　PRRSV 主要感染猪肺部的肺泡巨噬细胞（PAM）和单核巨噬细胞，尤其是彻底分化的猪肺泡巨噬细胞。其他组织的巨噬细胞，如淋巴结、脾脏、胎盘、脐带等也可感染。侵害猪PAMs的受体位点包括 CD163、唾液酸黏附素、波形蛋白、硫酸乙酰肝素、非肌肉肌动蛋白 II A 和 Toll 样受体等，病毒与受体结合进入细胞内进行大量繁殖，PAMs 细胞崩解后释放的病毒通过血液循环和淋巴循环系统被运送至富含巨噬细胞的免疫器官内，损伤巨噬细胞，改变 T 细胞亚群及体内细胞因子量，B 细胞功能降低或升高，对机体造成免疫抑制，从而容易引发病毒血症和病原菌的继发感染；PRRSV 能穿过胎盘进而感染仔猪，致使脐带发生病变，组织学观察可见坏死性的脐带动脉炎。

（四）临床症状

猪群中PRRS的临床表现各异，从轻微亚临床表现到毁灭性疾病都可能发生。PRRS的临床症状受毒株毒力、宿主的免疫状态、宿主的易感性、共感染情况、环境和管理因素等共同影响。若为从未暴露过的PRRSV阴性群，发生感染后，临床可出现大范围的流行，且各日龄阶段猪只均易感；但如果发生在已有一定PRRSV免疫力的猪群中，则表现为地方性流行特征，仅在易感的特定日龄阶段出现明显的临床症状，通常是在保育-生长猪母源保护力下降时，和/或替换后备和经产母猪时。由于PRRSV不同变异株之间的抗原变异性非常大，因此当PRRSV感染猪群或者已发生过感染的区域出现一株遗传关系较远的新毒株，往往会引起猪群中PRRS的暴发。不同毒株引发的临床症状详细描述如下：

1. 经典PRRSV　由于年龄、性别和生理状态的不同，感染猪的临床表现也不同。孕猪发病初期，出现食欲不振、发热等症状，尤其妊娠后期较为严重。少数母猪可见耳朵、腹部、腿部发绀。母猪出现早产、产奶量下降，少部分早产猪的四肢末端、尾、乳头、阴户和耳尖发绀，其中以耳尖发绀最为常见（图3-57）。母猪妊娠晚期发生流产，产弱仔、死胎、木乃伊胎（图3-58）。配种前感染的母猪产仔率降低、发情推迟、屡配不孕或不发情。1月龄内仔猪最易感染，病情较重，病猪呼吸急促，少数病猪耳朵发绀，有时表现腹式呼吸、咳嗽、厌食、发热达40℃以上，且生长缓慢；发病后期皮肤青紫发绀，常因继发感染使病情恶化。仔猪断乳前的病死率可达30%～50%。保育猪以30～90日龄最易感。病猪体温升高

图3-57　耳尖皮肤发绀、坏死

至 39.5～42.0℃，呈稽留热；精神沉郁，食欲不振，扎堆；多数猪呼吸困难，有时腹泻或四肢关节肿胀；皮肤发红，后期耳尖、臀部皮肤发紫（图3-59）；出现结膜炎；迅速消瘦，多数死亡或成僵猪，少数康复。育成猪感染初期出现呼吸系统症状，如咳嗽、喷嚏；随后发生眼睑肿胀、结膜炎、腹泻和肺炎等，死亡率高。种公猪除上述表现外，还有性欲减退、精液品质下降、射精量少等症状；公猪无发热现象，极少数出现双耳皮肤发蓝。

图3-58　患病母猪产死胎

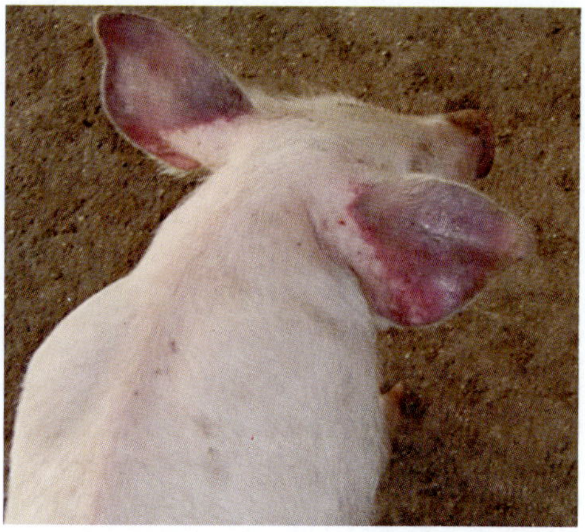

图3-59　保育猪耳朵青紫发绀

2.HP-PRRSV　突然发病，迅速传播。猪场内中大猪先发病，然后感染保育猪，随后全场猪只都会发病。病猪体温明显升高，可达41℃以上；食欲不振、厌食甚至废绝、精神沉郁、喜卧（图3-60、图3-61）；病猪皮肤发红、充血、淤血，呈片状甚至弥散状，随后发白；部分猪濒死期末梢皮肤发红、发绀（耳部蓝紫）（图3-62）；少数病猪皮肤散发数量不等、大小不一的丘疹（图3-63至图3-65）；双眼肿胀，结膜发炎（图3-66至图3-68）；孕猪流产、产死胎，甚至在分娩中死去（图3-69、图3-70）；病猪呼吸困难、咳嗽、气喘，少数病猪流鼻液；有的病猪表现后躯无力、站立困难、共济失调等神经症状（图3-71）。康复猪也有再次发病的情况，具有回潮性。此外，HP-PRRSV还对神经系统、免疫系统、消化系统有较强的致病力。

图3-60　病猪发热，皮肤发红

图3-61　病猪精神沉郁、喜卧

图3-62　病猪虚弱，耳发绀

图3-63　针尖样出血点

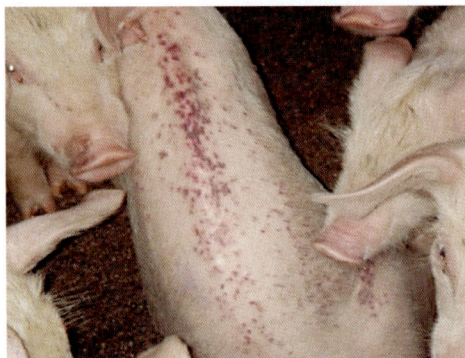

图3-64　背脊出现大小不一的丘疹

图3-65　皮肤散发丘疹（黑点为苍蝇）

图3-66　双眼肿胀，眼部有分泌物

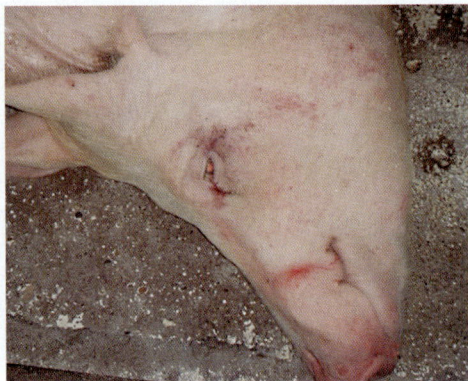

图3-67　结膜炎

图3-68　眼部肿胀，结膜发炎

图3-69　孕猪流产

图3-70　孕猪产死胎

图3-71　生长猪后肢神经麻痹

3. 类NADC30　该类型毒株感染主要引起母猪流产（高达40%）（图3-72）和商品猪呼吸道症状如高热、咳嗽、气喘，病猪厌食，全身发红或发绀（图3-73至图3-76）；也有报道可导致病猪消瘦、腹泻等类似胃肠炎的症状，致死率为30%～50%。

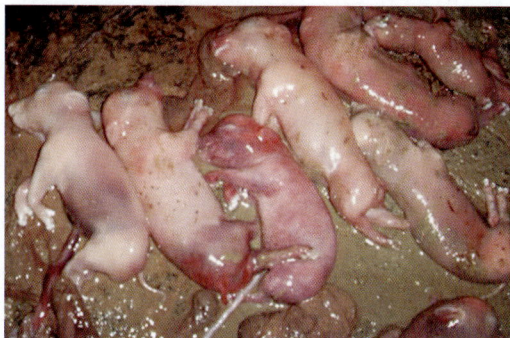

图3-72　母猪流产、产死胎

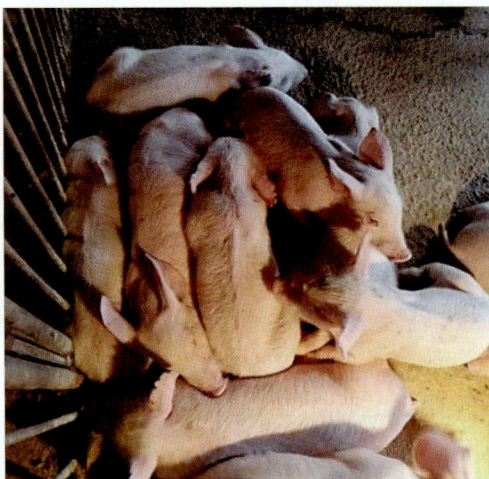

图3-73　病猪消瘦、气喘

图3-74　产房发病猪耳朵发绀

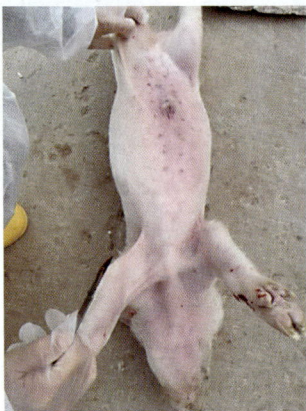

图3-75　死亡仔猪腹部发绀

图3-76　死亡母猪皮肤发绀

（五）病理变化

1. 经典PRRS　病死仔猪主要病变在呼吸系统：肺脏肿大，间质增宽。少数病死猪在肾脏散布数量不等的出血点。病死猪淋巴结肿大，其中腹股沟淋巴结最明显。其他脏器的病变不明显。显微镜下可见肺支气管、细支气管及毛细支气管扩张；各级支气管的管腔内充斥着数量不一的炎症细胞、脱落的黏膜上皮细胞及组织细胞坏死的崩解物；小叶间质和肺泡隔明显增宽，炎性细胞浸润、充血。淋巴结的皮质、髓质有数量不等的红细胞，淋巴小结数量减少；皮质淋巴窦中有多量炎症细胞及组织坏死崩解物。

2.HP-PRRSV　病死猪的剖检病变具有多样性，但仍以呼吸器官最为严重。典型的间质性肺炎表现为：鼻腔、喉头、气管及支气管的黏膜有充血和出血的现象；小支气管和细支气管内充满黏性渗出物（图3-77至图3-79）。肾脏肿大、淤血；有时表面可以看到数量不等、大小呈针尖至小米粒的出血点/斑；膀胱积尿，尿色呈棕黄色。皮肤、扁桃体、心脏、膀胱、肝脏和肠道均可见点状、灶状淤血、出血。肝脏肿大，呈暗红色或土黄色，质脆（图3-80）。胆囊扩张，胆汁浓稠。全身淋巴结充血、水肿，切面外翻；病情严重时，颈部，肺部和肠系膜淋巴结常伴有出血性炎症。心肌表面弥散性出血。脾脏肿大，表面常见米粒大出血性丘疹，有时边缘散布出血性梗死灶。脑膜充血，脑水肿。部分病死猪伴有胸腔积液。

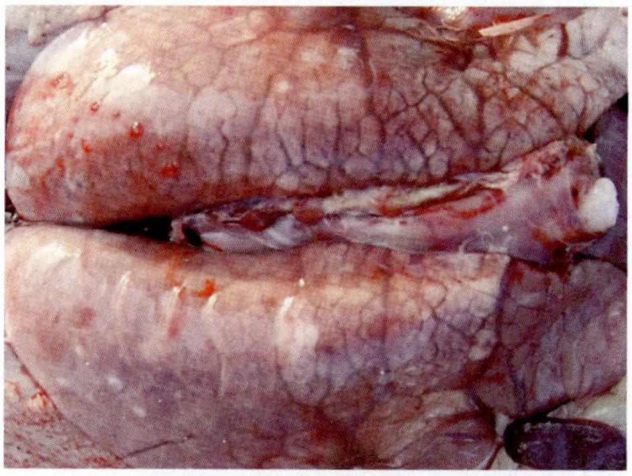

图3-77　间质性肺炎

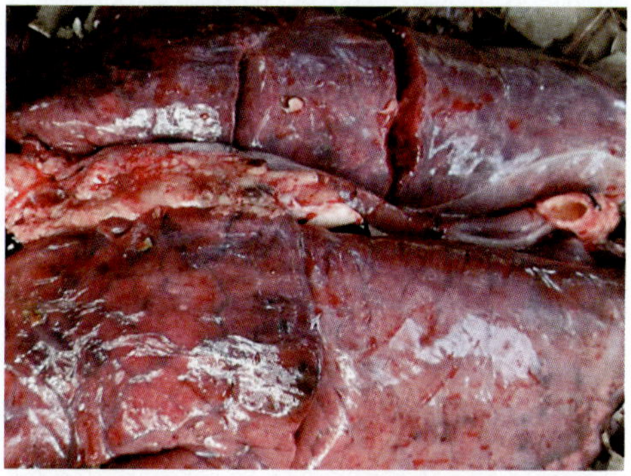

图3-78　间质性肺炎，肺部水肿如玻璃样

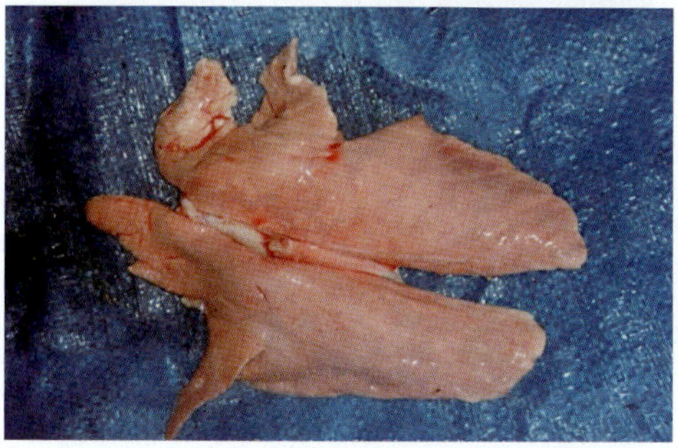

图3-79　肺心叶、尖叶增长、柔软

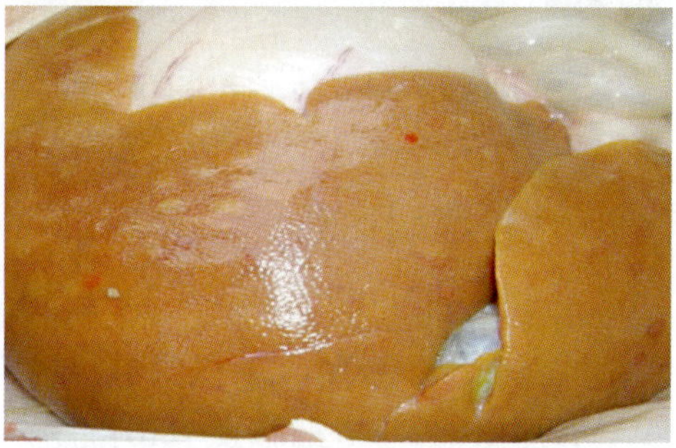

图3-80　肝脏肿大，呈土黄色

3.类NADC30　主要病变位置发生在肺脏和淋巴结，肺脏的病变表现为间质性肺炎或大叶性肺炎，并伴有卡他性肺炎区；剖检可见肺脏呈肉样变，

水肿、充血（图3-81至图3-83）；肝脏肿大、发绀（图3-84）；肠系膜淋巴结水肿。

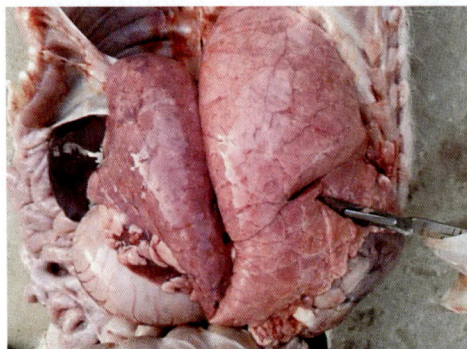

图3-81　肺脏肿大，间质增宽

图3-82　肺脏肉样变

图3-83　间质性肺水肿、充血

图3-84　肝脏肿大、发绀

（六）鉴别诊断

　　临床上难以通过病症准确诊断该病，通常需要结合实验室检测，检测样本可选择肺脏、脾脏、淋巴结等。其中，病毒分离培养应选择猪肺泡巨噬细胞（PAMs）、Marc-145细胞及Vero细胞。

　　检测PRRSV抗原可采用免疫组织化学（IHC）、免疫荧光（FA）染色及病毒核酸检测，其中，基于核酸的PRRSV检测方法包括RT-PCR、序列测定、原位杂交（in situ hybridization，ISH）和环介导等温扩增技术（loop-mediated isothermal amplification，LAMP）。

检测 PRRSV 抗体可采用间接免疫荧光抗体（IFA）和 ELISA。但由于 PRRSV 在猪群中广泛流行，所以检测单一血清样本中的抗体意义不大。

（七）防治措施

PRRS 的防治策略和方案多样。

1. 健全呼吸道门户 加强猪气喘病、猪传染性萎缩性鼻炎的免疫，注意选用应激较小的疫苗，以切断病毒的传播途径。

2. 重视 PRRSV 的变异及阻止病毒的感染

（1）制定净化猪伪狂犬病、猪瘟及非洲猪瘟的目标及方案。

（2）做好猪圆环病毒 2 型和猪伪狂犬病的免疫。

（3）做好猪流感病毒、霉菌毒素等的预防工作。

（4）加强饲养管理，减少应激因素。

3. 加强引种检测和驯化 引种是病原进入猪场的重要途径，所以应尽量减少引种次数和控制引种来源。猪场引入的后备母猪需要经过严格的抗体和抗原检测，抗体和抗原"双阴猪"是最佳的引种对象，其次是抗原阴性、抗体阳性的"单阴猪"，不要引入"双阳猪"。后备母猪进场后要先进行隔离驯化。

4. 科学合理的免疫及免疫净化 阴性场不要接种疫苗，阳性不稳定场进行疫苗免疫。建议只用一种疫苗，母猪免疫 PRRSV 弱毒苗 1 头份（1 年 2 次）；14 日龄仔猪免疫 0.5 头份；重视"双阴场"的培育及维持双阴；转为阳性稳定场 6 个月后使用猪蓝耳病灭活苗，继续维持稳定 6 个月以上；停用疫苗使猪群转为抗原、抗体双阴性；合理使用有效的药物。

5. 加强药物保健 对 PRRS 有预防作用的药物主要有以下三大类：

（1）以黄芪多糖、紫锥菊颗粒、玉屏风颗粒为代表的可以提高猪群免疫力的补中益气类药物。

（2）以板蓝根颗粒、板青颗粒、七清败毒颗粒为代表的清热解毒类药物。

（3）以替米考星、泰万菌素为代表的可以改变肺泡巨噬细胞 pH，从而抑制病毒复制，预防猪群继发感染细菌性疾病的抗菌药物。

6. 完善生物安全体系 加强"四流"（即猪流、人流、车流和物流）及生物媒介等的管控。对于养殖密度较大的猪群可以使用空气过滤或者空气处理系统来预防 PRRSV。保育猪全部清群后对栏舍进行彻底清洗消毒并空置 1 周以上。无害化处理死胎和胎衣，果断处置弱、残、次、僵、病猪等，以降低环境中的病毒载量，避免将阳性环境中的病毒带到阴性环境中。

7. 其他措施 如整体清群、再建群、部分清群，但成本较高。闭群是常用的净化种猪群的措施。此外，需定期监测以评估猪群感染 PRRSV 状态。

七、 猪伪狂犬病

猪伪狂犬病（Porcine psewelorabies，PR）是由疱疹病毒科的伪狂犬病病毒（Pseudorabies virus，PRV）感染家畜和野生动物引起的一种急性传染病。该病在猪群呈暴发性流行，可引起妊娠母猪流产、产死胎，公猪不育，新生仔猪大量死亡，育肥猪呼吸困难、生长停滞等，是危害全球养猪业的重大传染病之一。

视频11

PRV是疱疹病毒科中感染能力较强和感染动物种类较多的一种病毒，在自然条件下，猪、牛、羊、猫、犬、兔、鼠等35种动物均可感染。大量的临床观察表明，PRV为多种动物共患病，临床症状多表现为发热、奇痒和脑脊髓炎等，该病的临床症状与狂犬病相似，所以被称为"伪狂犬病"。由于其强大的危害性及易传染的特点，伪狂犬病被世界动物卫生组织列为法定报告的 B 类多种动物共患病，我国将其列为二类传染病。

（一）病原学

伪狂犬病病毒属于疱疹病毒科、水痘病毒属、甲型疱疹病毒亚科的双股DNA病毒。病毒粒子为圆形或椭圆形，成熟病毒粒子大小为150～180nm，由四部分组成，由内至外依次是：基因组 DNA、核衣壳、被膜层和脂质囊膜。囊膜表面有长为8～10nm、呈放射状排列的纤突。PRV 的基因组包括独特长区（UL）、独特短区（US）、内部重复区（IRS）和末端重复区（TRS），大小约 150 kb，编码超过 70 个蛋白。其中，gE 基因与病毒在细胞间传播和 PRV 增殖后释放有关，甚至可促进 PRV 对中枢神经系统的侵入和扩散；gE 单独缺失或与 gI 和 gC 等蛋白基因一同缺失直接导致病毒毒力的减弱或丧失；几乎所有 PRV 毒株（除 gE 缺失疫苗株外）均能表达 gE 糖蛋白，该特性是 gE 基因在 PRV 野毒感染鉴别诊断中的重要理论依据。

伪狂犬病病毒易受生存环境中温度与pH的影响。PRV 在污染的猪舍能存活1个多月，在肉中可存活1周以上。其最适酸碱度范围是pH 6～8。PRV 在4～30℃条件下储存，感染力会逐渐降低，2周内会降低至10%。PRV 具有一定的耐低温性和耐热性，−70℃下可长期储存，在4℃条件下可以保存超过15周，55～60℃可存活30～50min，70℃可以存活10min，80℃条件下3min可灭活。此外，PRV 对乙醚、氯仿、酒精、酚类等消毒剂及紫外线照射敏感，呈几何级数灭活；3%酚类和0.5%次氯酸钠均可在10min内将PRV 灭活；0.5%～1%氢氧化钠可很快将其灭活；将其置于阳光下照射，也会很快被灭活；一般常用的消毒剂均可以将其杀灭。猪场发生 PR 疫情时可用氢氧化钠、福尔马林等对猪场环境进行消毒。

因为 PRV 的宿主广泛，可以在许多细胞系上进行不同毒株的初始培养。较常使用的细胞系有猪肾细胞（PK-15）、仓鼠肾细胞（BHK-21）、牛肾细胞系（MDBK）或者非洲绿猴肾细胞（Vero）。

（二）流行病学

1. 传染源　猪是 PRV 的天然宿主，处于感染期、隐性感染期、潜伏期的猪是 PRV 的主要传染源，鼻咽分泌物中病毒滴度最高。感染的猪只一般排毒时间持续 2～5d，最长可持续排毒 17d。此外，猪场内部感染 PRV 的鼠类也是本病传播的风险点。由于感染此病的猪有一定的自愈能力，一些病愈后的后备母猪、育肥猪常常被忽视，它们长期排毒、散毒导致猪场出现持续感染现象。

2. 传播途径　PRV 可通过消化道、呼吸道、皮肤黏膜伤口及生殖道等进行传播。仔猪日龄越小，发病率和病死率越高。本病还可以通过胎盘垂直传播，母猪妊娠后期感染伪狂犬病病毒，可通过胎盘屏障感染胎儿。本病容易发生大规模流行：由于伪狂犬病病毒感染性强，可形成气溶胶随空气流动感染健康猪只，在 5～7d 内可致全群感染，且容易出现混合感染或继发感染其他疾病，使猪群免疫力长期处于受损状态。PRV 的另一个特征是以潜伏状态终身存在于宿主中，潜伏感染的猪对疫病防控是一大威胁，在应激（运输、管理、温度）和激素（妊娠、产仔）刺激下潜伏感染的病原能被激活。

3. 易感动物　PRV 可以感染除高等灵长类动物外所有的哺乳动物，但猪是 PRV 唯一的贮存宿主，而且发病症状根据感染阶段的不同会有很大的差异。妊娠期母猪感染一般会引发繁殖障碍；若是在哺乳期或者保育期感染发病，病猪多表现为呼吸道及神经症状；PR 的发病率和致死率会随着感染日龄的增大而降低。感染后耐过的猪可获得对 PRV 的免疫力并成为主要的传染源。其他动物与病死猪接触会引发感染甚至死亡。

4. 流行情况及流行特征　1813 年美国牛群中发现了 PR 的存在，1902 年首次分离到了 PRV。在 20 世纪 30 年代后，世界主要养猪国家相继报道了 PR 疫情。美国、丹麦、英国、德国、日本等国家在 20 世纪中后期的 PR 疫情均呈暴发态势，这些国家实施伪狂犬病净化的一系列措施后，成功完成了该病的净化。

1947 年我国首次报道了 PR 的存在，SC 株、闽 A 株和粤 A 株是我国具代表性的PR经典毒株。20世纪90年代从匈牙利引进经典PRV弱毒苗Bartha-K61株，经过大量的推广和应用，我国的PR疫情得到有效的控制，甚至有的猪场已经完成了净化。

然而2011年底，多个养猪场发生严重PR疫情，主要特征为母猪流产，仔猪和保育猪出现发热、呼吸症状和神经症状，并迅速蔓延到中国北方大部分地区，2012—2013年我国南方的许多养猪场暴发PR疫情。2011年以来我国出现的PRV变异毒株较经典毒株在许多基因上发生突变、插入和缺失，以变异PRV-TJ株为例，其全基因序列与GenBank中的可用数据相比，显示广泛的变异性和丰富的多态性，鉴定的69种病毒蛋白中有62种变异体。在PRV众多毒力基因中，gE基因是区分PRV经典毒株与变异毒株的关键基因，PRV变异毒株的gE基因全长1 740bp，比PRV经典毒株长3 ~ 6bp。

目前PR已传播到包含台湾在内的31个省份和香港特别行政区，给我国的养猪业带来巨大经济损失，出现的一些新的流行动态如下：

(1) 混合感染 根据对不同地区规模化猪场发病和死亡猪只的病例检测发现，PRV、PRRSV及PCV2三者普遍发生二重或者三重混合感染。除此之外，PRV还容易发生双重或多重感染，如弓形虫、猪支原体、副猪嗜血杆菌、链球菌、志贺氏菌和大肠杆菌等。

(2) PRV流行株发生变异 我国的PRV分离株和国外的分离株分别处于进化树的不同分支上，因此，形成了两个不同的基因型毒株(基因Ⅰ型和基因Ⅱ型)，进一步研究发现，我国PRV经典毒株与变异毒株均在基因Ⅱ型的分支上，但又在其不同的小分支上，形成基因2.1亚型与基因2.2亚型。然而，疫苗毒株Bartha株属于基因Ⅰ型，所以如果疫苗中病毒效价不是足够高，就会因为免疫交叉保护不足而失去保护效力。

(3) PRV流行毒株的毒力变化 研究发现，变异毒株(基因Ⅱ型)的毒力明显强于经典毒株(基因Ⅰ型)。临床上发现，很多PRV阴性猪群和很多免疫PRV疫苗合格的阴性猪场在短时间内快速转阳，特别注意的是，种猪群的转阳率很高。猪群转阳多数发生在育肥猪阶段，首先发病的是育肥猪，随后母猪出现流产、产死胎、产弱仔，同时哺乳仔猪和保育仔猪有可能出现腹泻、呼吸道症状、神经症状等，有的猪场母猪群流产率高达10%以上，哺乳仔猪的死亡率在10% ~ 40%，育肥猪的死亡率可高达50%以上。

(三) 临床症状

PRV感染的临床症状及其严重程度取决于猪的年龄、感染途径、免疫状态和不同的毒株差异。

1.PRV 经典毒株（基因 I 型） 该毒株的致病力也有强弱之分。天然弱毒株 F971 和人工培育的弱毒株闽 A 株，都对猪、牛、羊等家畜无致病性。SC 株、Fa 株、Y 株是我国具有代表性的 PRV 经典强毒株，感染 0 ～ 2 周龄哺乳仔猪的症状为发热、呕吐、下痢、呼吸困难，常伴有神经症状如发抖、抽搐、共济失调、倒地做划水状运动等（图 3-85、图 3-86），死亡率几乎能达到 100%；感染 3 ～ 4 周龄仔猪症状基本同上，但病程略长，死亡率略有降低，但有幸存活的猪只易成为"僵猪"，后期生产性能大大减弱；感染 2 月龄以上的育肥猪常常呈现轻微症状或者隐性感染，一般能够耐过。妊娠母猪感染该毒株常表现为繁殖障碍，产木乃伊胎、死胎、弱仔（图 3-87、图 3-88）；公猪的主要症状是睾丸萎缩、肿胀，生育能力下降甚至丧失生育能力。

图 3-85　新生仔猪出现划水状神经症状

图 3-86　新生仔猪站立不稳、行动摇摆、转圈

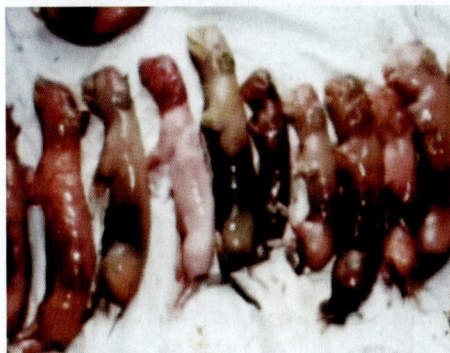

图 3-87　妊娠母猪产木乃伊胎

图 3-88　妊娠母猪产死胎

2.PRV 变异毒株（基因Ⅱ型） 该毒株对在不同年龄段的猪群都具有高致病性。感染 PRV 变异毒株后，哺乳仔猪、保育猪、生长育肥猪都有较典型伪狂犬病临床特征，猪群整体的发病率高、死亡率高。新生仔猪感染该毒株后常见口吐白沫，2 周龄内仔猪发病主要表现为发热、呕吐、排黄色水样稀粪，腹式呼吸并伴有神经症状，病猪倒地做划水状，有时有奇痒现象，病死率可达 100 %（图3-89至图3-94）；保育仔猪主要表现为排黄色水样稀粪，有时表现腹式呼吸，病死率达40%～60%；生长猪和肥育猪主要是呼吸道症状，呼吸急促、打喷嚏、咳嗽，生长速度缓慢，抗应激能力降低；妊娠母猪主要表现为流产（图3-95）、产死胎、木乃伊胎及弱仔，产仔数下降。PR的另一个发病特点是种猪不育症：母猪屡配不孕，返情率高达90%；公猪表现出睾丸肿胀、萎缩，丧失种用能力。

图3-89　新生仔猪口吐白沫

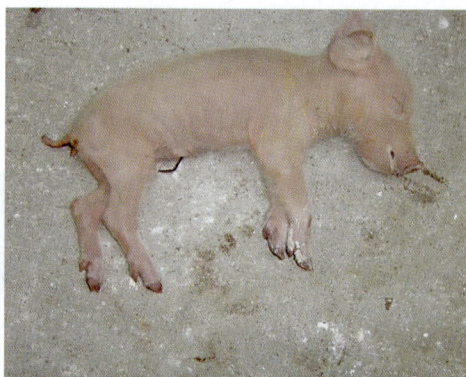

图3-90　新生仔猪呼吸急促

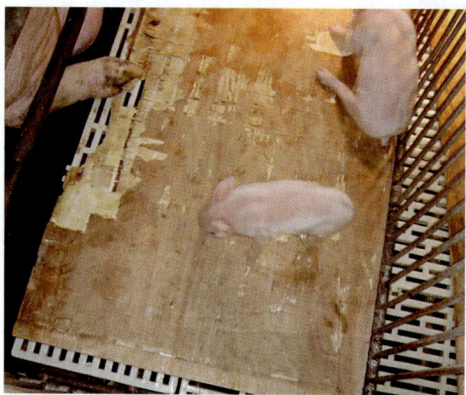

图3-91　新生仔猪后肢不能站立（"八字脚"）

图3-92　新生仔猪倒地做划水状运动

图3-93　新生仔猪角弓反张

图3-94　新生仔猪有奇痒表现

图3-95　妊娠母猪流产

（四）病理变化

1.PRV 经典毒株（基因Ⅰ型）　剖检病猪可见脑膜充血、出血和水肿，扁桃体、肝脏和脾脏散在白色坏死点，肺水肿，肾脏布满针尖样出血点，流产胎儿脑组织可见出血点，肝脏和脾脏散在白色坏死点（图3-96至图3-102）。

图3-96　脑液化

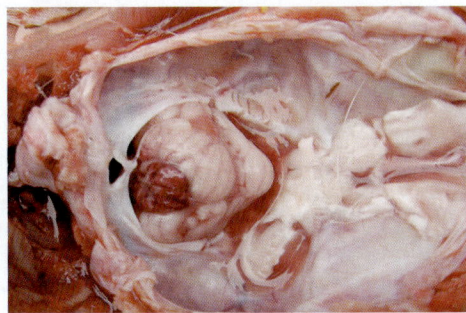

图3-97　小脑出血

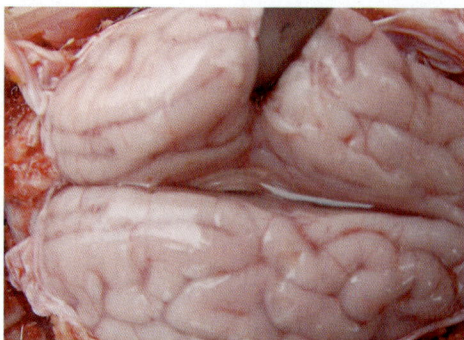

图 3-98　脑脊液增多，脑水肿

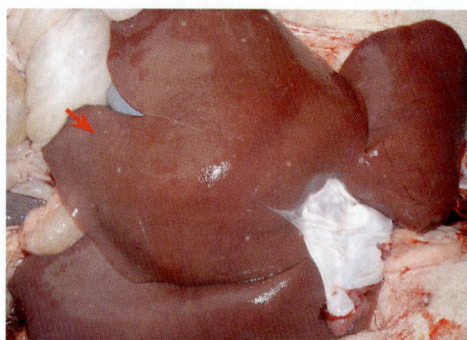

图 3-99　肝脏表面有白色坏死点

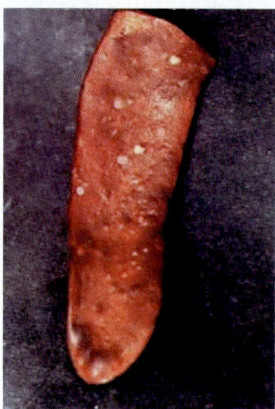

图 3-100　脾脏表面有黄色坏死结节

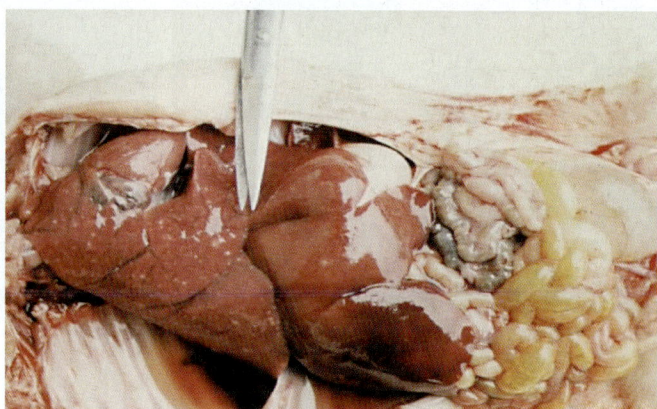

图 3-101　肺脏有白色坏死灶

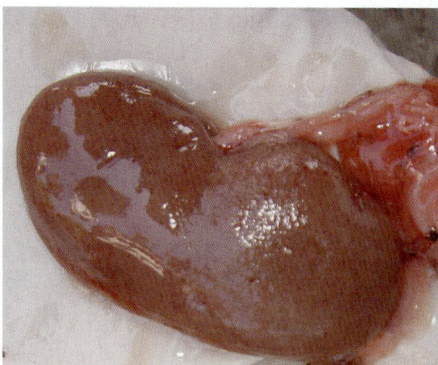

图 3-102　肾脏表面有针尖大出血点

2.PRV变异毒株（基因Ⅱ型）　剖检病猪可见扁桃体水肿、化脓、溃疡（图3-103），气管内附着白色黏液；淋巴结肿大、出血（图3-104）；肺脏出血、淤血、水肿，呈现大叶性肺炎（图3-105至图3-107）；肝脏、脾脏有黄白色坏死点或坏死结节（图3-108、图3-109）；肾脏出血，肾上腺坏死；脑出血、水肿；心包肿胀，心肌松软，特别是发生心肌坏死（经典毒株无此病变），心内膜表面有许多出血点。

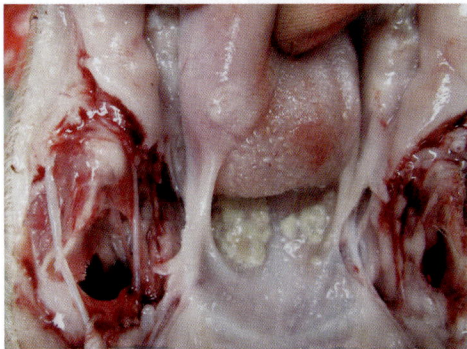

图3-103　扁桃体水肿、化脓

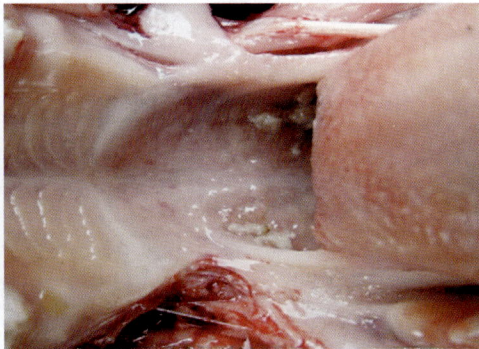

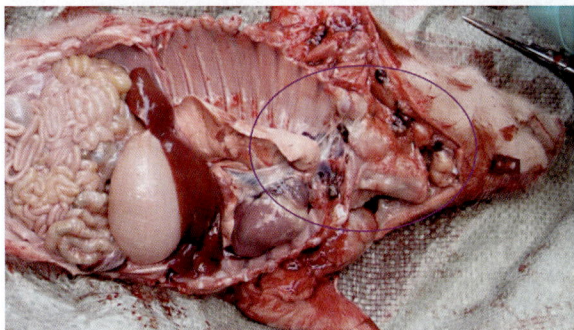

图3-104　淋巴结出血

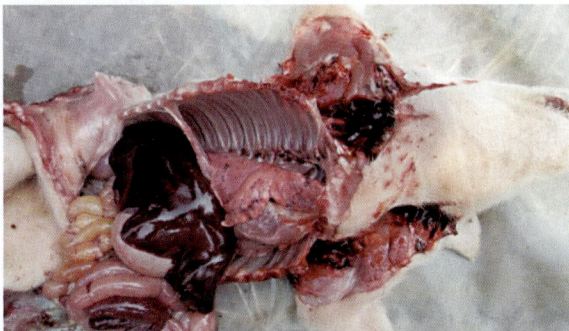

图3-105　肺脏有淤血块

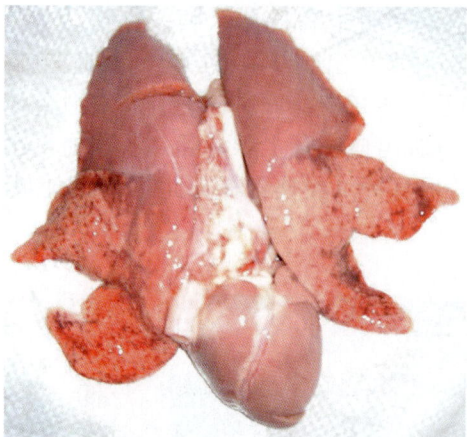

图3-106　仔猪肺脏有出血斑点

图3-107　肺脏水肿，形成出血斑

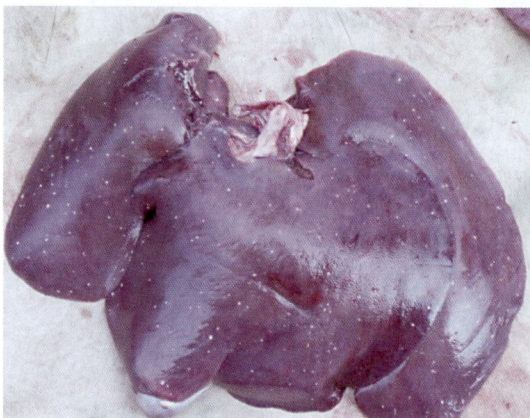

图3-108　肝脏表面有白色结节

图3-109　脾脏表面有白色坏死结节

（五）鉴别诊断

1. 临床鉴别诊断　多种猪的传染性和非传染性疾病可产生与猪伪狂犬病相似的临床症状，包括狂犬病、猪脊髓灰质炎（捷申病毒和肠病毒感染）、猪星状病毒3型感染、猪瘟、非洲猪瘟、乙型脑炎、猪圆环病毒2型（PCV2）感染、高致病性PRRSV株感染、细菌性脑膜炎（如猪链球菌感染）、猪流感、盐中毒、低血糖、有机汞中毒、仔猪先天痉挛症和其他致流产疾病。在猪以外的动物中，PRV显示出相当严格的神经侵袭性，因此，需要排除如狂犬病、痒病（绵羊）、牛海绵状脑病（BSE）引起的中枢神经系统疾病及引起持续性瘙痒的其他疾病或因素。由于临床症状相似，确诊该病需结合实验室诊断。

2. **实验室确诊**　在病理学检查中，猪体中的三叉神经节、嗅球神经节和扁桃体等部位是分离或检测PRV的首选组织。也能从其他器官分离出PRV，如肺脏、脾脏、肝脏、肾脏、淋巴结和咽黏膜。在潜伏感染的猪中，从家猪的三叉神经节和野猪的骶神经节分离该病毒最易成功。

PRV抗原检测通过免疫荧光染色法、细胞分离培养（选三叉神经节、扁桃体、肺脏等部位的组织）、PCR进行确诊。

检测PRV抗体常用间接或竞争ELISA法检测全PRV抗体或特定的病毒蛋白抗体。同时ELISA法可以通过检测gE（或gC）抗体来区分野毒感染和疫苗免疫。

（六）防治措施

猪伪狂犬病无特效治疗药物，必须采取综合性的防治措施。

（1）加强饲养管理，做好卫生和消毒，以及灭蚊、灭蝇、灭鼠等工作，禁止在猪场内饲养其他动物。控制传染源，切断传播途径。用2%氢氧化钠、过氧乙酸、复合酚、次氯酸盐、季铵盐等消毒药对地面、墙壁、用具消毒。病死猪和流产物、流产胎儿进行无害化处理。

（2）目前猪伪狂犬病疫苗主要是基因缺失苗，免疫也是当前猪场根除、净化伪狂犬病的主要手段，选择疫苗的种毒及抗原量很重要，应根据疫苗的性能制定科学的免疫程序，定期监测gB抗体确保免疫质量（确保较高的gB抗体水平），定期监测gE抗体。母猪免疫猪伪狂犬病疫苗1头份（3～4次）；公猪每年免疫3～4次；后备猪衔接生长期的免疫程序；仔猪出生后24～48h内滴鼻免疫1头份，40和70日龄的猪分别免疫1头份。

（3）严把引种关，加强免疫，定期检疫，淘汰阳性种公猪，逐渐净化猪场。控制和净化新型PRV。

①阴性场的维持　阴性场通过有效的疫苗免疫方案，定期检测保持野毒阴性。

②阳性场净化　选择有效的净化疫苗，通过免疫检测制定科学的免疫程序，确保阳性母猪产出野毒阴性仔猪，培育出野毒阴性后备猪，逐步达到净化。

③淘汰阳性公猪　野毒阳性率低于5%的猪场在有效免疫的前提下，可采用每年4次的普检淘汰阳性猪，快速净化。

八、 副猪嗜血杆菌病

副猪嗜血杆菌病是由副猪嗜血杆菌（*Hacmophilus parasuis*，HP，又称格拉菌）感染猪引起，又称格氏病（Glasser's disease）。本病临床上以病猪体温升高、关节肿胀、呼吸困难、多发性浆膜炎、关节炎和高死亡率为特征，严重危害仔猪和青年猪的健康。副猪嗜血杆菌病已经在全球范围影响着养猪业的发展，给养猪业带来巨大的经济损失。

视频12

（一）病原学

副猪嗜血杆菌属革兰氏阴性短小杆菌，形态多变，有15个以上血清型，其中血清型5、4、13最为常见（占70%以上），各血清型无交叉保护作用，基因型和血清之间没有直接联系。该菌生长时严格需要烟酰胺腺嘌呤二核苷酸（NAD或V因子），不需要X因子（血红蛋白或其他卟啉类物质），在血液培养基和巧克力培养基上生长，菌落小而透明，在血液培养基上无溶血现象；在葡萄球菌菌苔周围生长良好，形成卫星现象。该菌一般条件下难以分离和培养。

（二）流行病学

病猪和带菌猪是主要的传染源，HP常通过呼吸道和伤口进行传播。当猪群中存在猪繁殖与呼吸综合征、猪圆环病毒、猪流感和猪呼吸道冠状病毒时，容易继发副猪嗜血杆菌感染。

受长途运输、饲料更换、断奶、饲养密度过大、圈舍污染等应激因素刺激，病原菌侵入鼻腔和气管，在外界诱因的作用下侵入肺部而引发副猪嗜血杆菌病。自然耐过康复或治疗康复的仔猪，生长发育均受到影响。该病的发生与饲养管理不良、猪舍卫生条件差也有很大关系，阴雨、潮湿、天气骤变等都会诱发该病。特别在规模仔猪繁殖场中，若有病猪传入，不及时采取措施会很快传播全场。

副猪嗜血杆菌只感染猪，可以影响2周龄到4月龄的猪，主要在断奶前后和保育阶段发病，通常见于5～8周龄的猪，发病率一般在10%～15%，严重时死亡率可达50%。急性病例往往首先发生于膘情良好的猪，病猪发热（40.5～42.0℃），精神沉郁，食欲下降，呼吸困难，腹式呼吸，皮肤发红或苍白，耳梢发紫，眼睑皮下水肿，行走缓慢或不愿站立，腕关节、跗关节肿大，共济失调，临死前侧卧或四肢呈划水状，有时会无明显症状突然死亡；慢性病例多见于保育猪，主要是食欲下降，咳嗽，呼吸困难，被毛粗乱，四肢无力或跛行，生长不良，直至衰竭而死亡。

（三）临床症状

由于炎症发生部位的差异，导致该病的主要临床症状也有所差异，据此可将该病分为急性型和慢性型两大类。

1. **急性型**　一般多发生于膘情和体况良好的猪，首次感染时发病急，发病猪体温上升至42～43℃，出现食欲不佳、精神萎靡等症状，以及呼吸困难、咳嗽、眼部水肿等呼吸道病症，也可能会在没有出现明显症状的情况下突然死亡。

2. **慢性型**　主要发生于断奶后至保育结束前的仔猪，病程较长，病死率高病猪的体温一般不会发生变化，也不会出现无症状死亡，而会表现消瘦、反应迟缓、共济失调、呼吸不畅等症状。病猪关节肿胀（图3-110、图3-111），四肢无力，以腕、跗关节最为明显；被毛粗乱（图3-112），可视黏膜发绀，皮肤表层有块状脱落；头部皮下水肿，耳梢发紫，鼻腔流出大量脓性液体；严重者腹式呼吸，生长不良，死前瘫痪、站立困难，四肢呈划水状，最后会因心肺等器官衰竭而死亡。

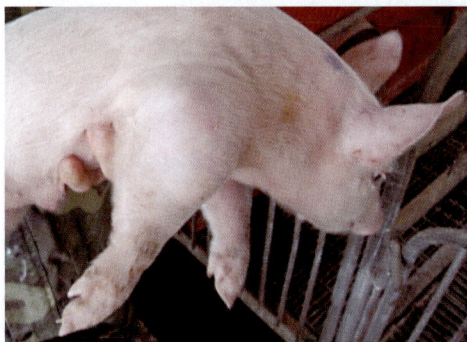

图3-110　肩关节肿大

图3-111　后肢关节肿大

图3-112　病猪被毛粗乱

（四）病理变化

病猪剖检主要表现为多发性浆膜炎和多发性关节炎。关节肿大，尤其是腕关节和跗关节，含有清亮透明液体或黄色胶样浸润（图3-113至图3-119）；心包膜、胸膜、腹膜、肺脏有纤维素性渗出物（图3-120至图3-123）。

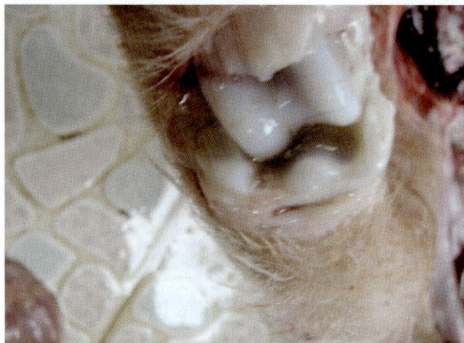

图3-113　后肢关节胶样渗出

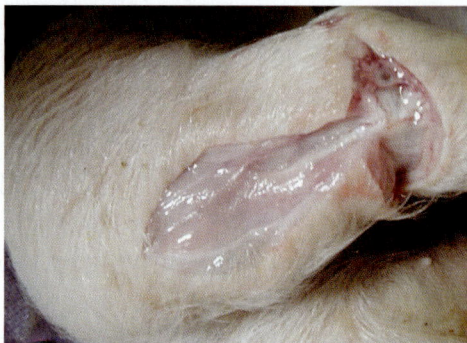

图3-114　关节腔积液

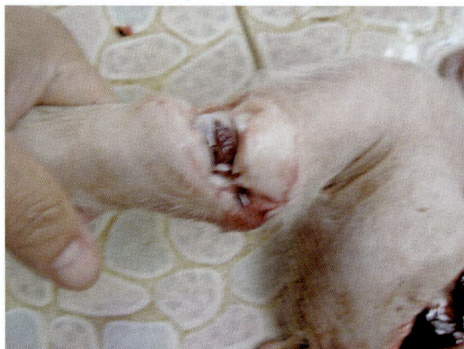

图3-115　关节腔出血

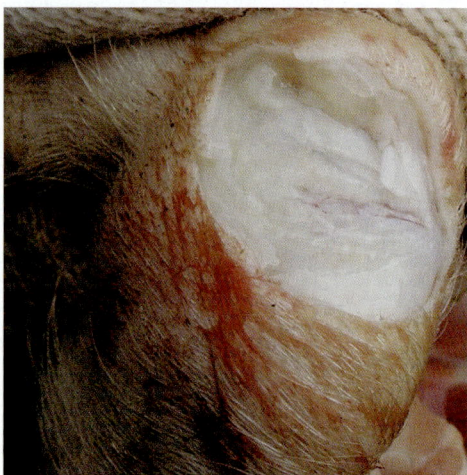

图3-116　关节肿大，皮下胶样渗出

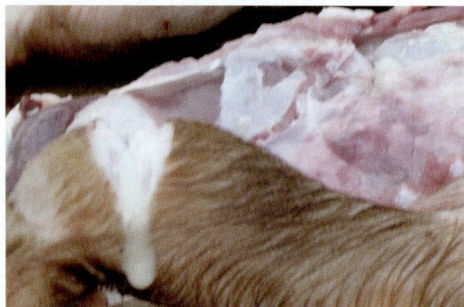

图3-117　关节流出乳白色渗出物

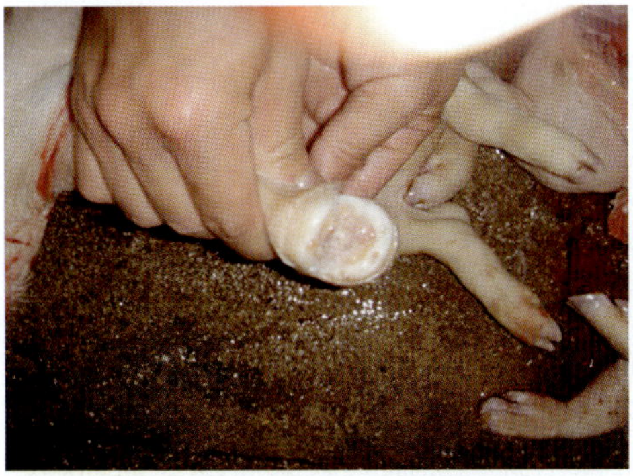

图3-118　关节内干酪样变化

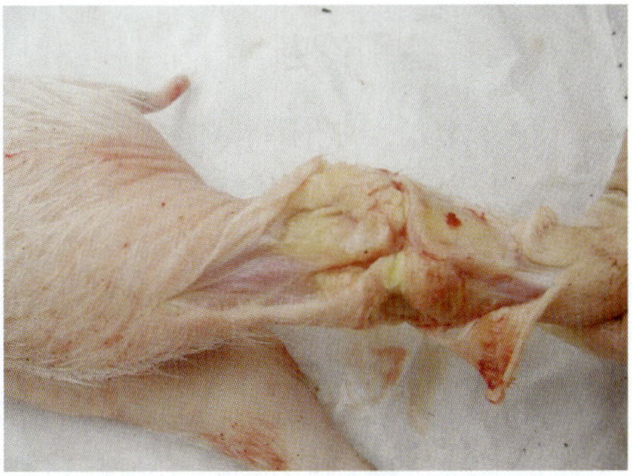

图3-119　关节内渗出物钙化

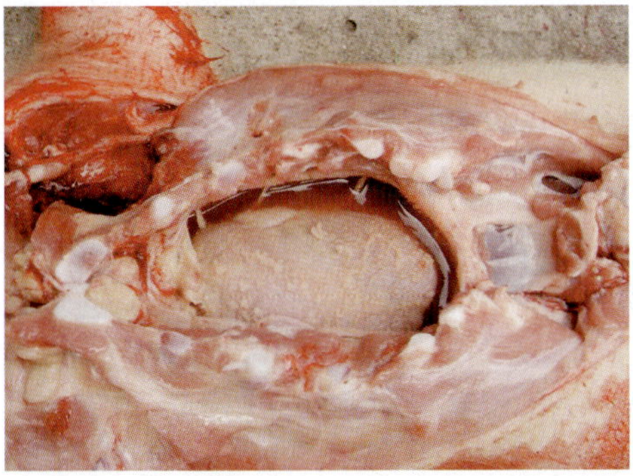

图3-120　心腔积液，心外膜纤维素性渗出

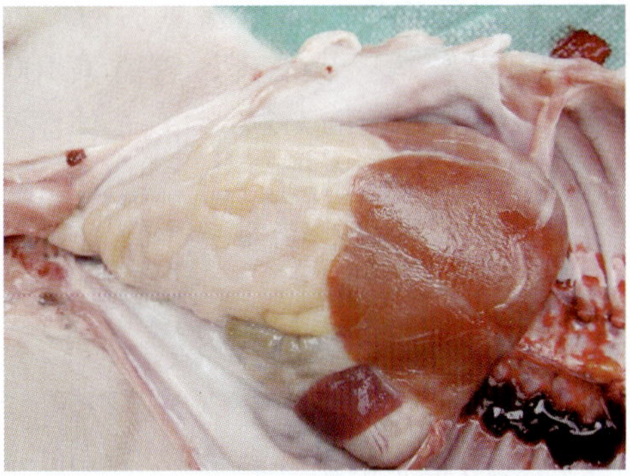

图3-121　腹腔和肝脏表面纤维素性渗出

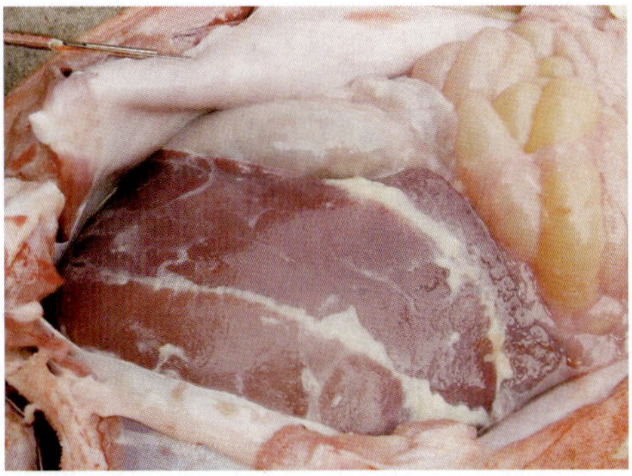

图3-122　肝脏和肠浆膜表面纤维素性渗出

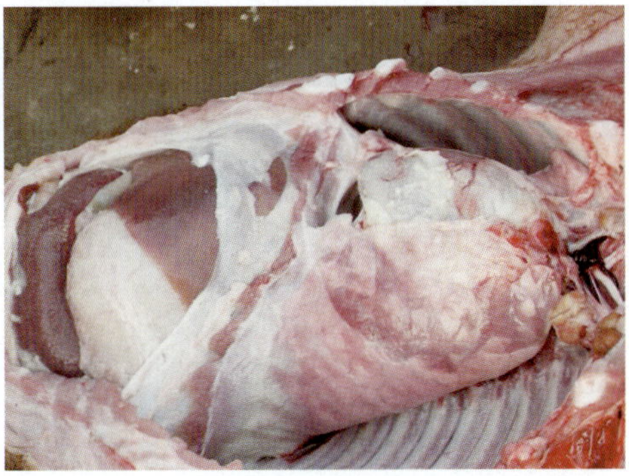

图3-123　肺脏边缘纤维素性渗出

（五）鉴别诊断

有许多革兰氏阴性菌能引起纤维素性多发性浆膜炎，如非溶血性大肠杆菌，但多为散发且哺乳仔猪更易发。猪鼻支原体也能引起纤维素性多发性浆膜炎，且经常与副猪嗜血杆菌共同感染猪只，需通过实验室诊断鉴别。此外，还要与引起猪跛行和关节炎的相关病原体区分，如猪丹毒丝菌和猪滑液支原体，这两种病原体多引起育肥猪的慢性非化脓性关节炎。

实验室诊断副猪嗜血杆菌可使用免疫组化法、PCR法及酶联免疫吸附试验等检测方法。检测样本可以选择纤维素性渗出物、内脏器官实质部分和肺脏病灶组织。

（六）防治措施

1. 治疗措施　本病发生后治疗效果不佳，治愈率低，重在预防。治疗时可试用青霉素、链霉素，青霉素100万～200万U、链霉素50万～100万U，联合肌内注射，每天2次，直至体温正常后24h停药。

2. 综合防控措施

（1）加强饲养管理，推行全进全出的饲养模式，早期隔离（断奶）减少应激，保持猪舍卫生、干燥、通风。做好平时的卫生消毒工作，降低空气中有毒有害气体的含量和猪群饲养密度。

（2）做好PRRSV、PCV、PRV、SIV、AR和支原体肺炎的预防工作，对HP的控制也非常重要。

（3）目前美国、西班牙、荷兰等国已有副猪嗜血杆菌灭活苗。因该菌血清型多，疫苗对血清型1、4、5、6有较好的保护作用，对其他血清型的免疫效果很差。

九、猪链球菌病

猪链球菌病（Swme streptococcsis）是由猪链球菌（*Streptococcus suis*）感染猪引起的败血性和出现神经症状的疾病。

（一）病原学

视频13

猪链球菌是有荚膜包裹的革兰氏阳性球菌，病料抹片镜检呈单个、两个或短链球形，培养物抹片镜检呈长链状。根据链球菌荚膜多糖的抗原性，报道了35个血清型，即1～34型和1/2型。从发病猪中分离得到的大多数血清型为1～9型，血清型2型是流行在欧亚国家的主要强毒血清型；而在北美地区存在的低毒力菌株较多。猪链球菌血清型之间存在遗传多样性。

（二）流行病学

猪链球菌病流行范围广，以感染猪为主。该菌对任何品种的猪均具有感染性，尤其对新生仔猪及妊娠期母猪感染概率最高。由于成年猪抵抗力较强，因此不易出现感染。该病的感染概率随猪的日龄增大而下降。猪链球菌病在仔猪断奶期及混群饲养时发病率较高。猪链球菌除感染猪外，还可感染人、犬、猫、牛、马、羊等，对该菌进行防控具有公共卫生意义。

猪链球菌病的主要传染源为病猪和携带致病菌的猪。病菌从口腔或鼻腔进入机体，随后寄居在扁桃体内。患病猪的尿液、唾液、关节、内脏、血液内存在大量病原体。病原菌主要通过直接接触进行传播，也可通过呼吸道、消化道和生殖道进行传播；另外，养殖场内的苍蝇、蚊虫、鸟类等也可携带该菌进行传播。猪链球菌病全年均可发生，其中以5—11月发生概率最高，且具有一定的地方性流行特点，多发生于炎热潮湿地区。该病潜伏期通常为1周左右，传播迅速，传播范围广。外界环境刺激可造成该病的发生；另外，饲养密度过大、气候变化、通风不良、室内空气质量差、未及时进行免疫接种等也可造成该病的发生。在集约化养猪场内，病猪和带菌猪是主要传染源，主要通过呼吸道和受损皮肤黏膜传播。该病易发生于密集饲养、通风不良的猪场，特别是在气温骤变的季节。

（三）临床症状

根据猪链球菌病在临床上的表现，可将其分为4个类型：

1.急性败血型　急性败血型猪链球菌病发病急、传播快，病猪突然发病，体温升高至41～43℃，此前无任何其他明显的症状，随后伴发菌血症或败血症，病情将进一步加重，可发生时低时高的发热和不同程度的食欲不振、精神沉郁、嗜睡、流鼻液、咳嗽、眼结膜潮红、流泪、呼吸加快。多数病猪往往发病当晚未见任何症状，次日早晨死亡。少数病猪在病的后期，于耳尖、四肢下端、背部和腹下皮肤出现广泛性充血、潮红（图3-124）。

2.脑膜炎型　多见于70～90日

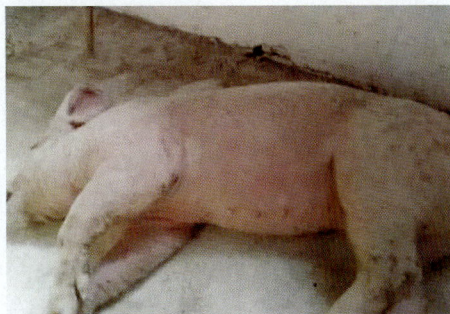

图3-124　皮肤广泛性充血、潮红

龄的小猪，脑膜炎是最典型的症状，是早期诊断的基础。病初体温40～42.5℃，不食，便秘，继而出现神经症状，包括运动失调、姿态反常、磨牙、转圈、四肢不协调呈划水状（图3-125），很快发展到不能站立（图3-126），角弓反张及抽搐，突然倒地，口吐白沫（图3-127），惊厥，眼球震颤，双眼通常直视，结膜充血。有的病猪后期出现呼吸困难，如治疗不及时往往死亡率很高。

3.亚急性型 病猪表现为多发性关节炎（图3-128），公猪皮肤脓肿（图3-129）。亚急性型由前两型发展而成，或者从发病起即呈现关节炎症状。病猪表现一肢或几肢关节肿胀、疼痛、跛行，甚至不能起立。病程2～3周。死后剖检，见关节周围肿胀、充血，滑液混浊，重者关节软骨坏死，关节周围组织有多发性化脓灶。

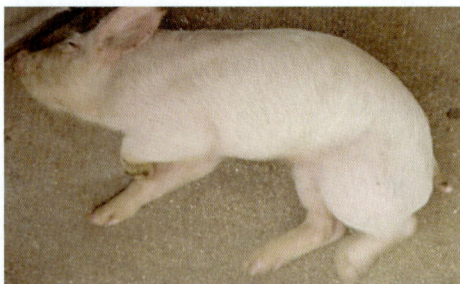

图3-125 病猪出现神经症状四肢呈划水状

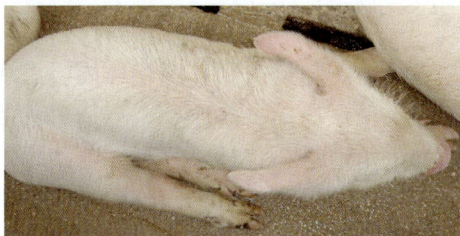

图3-126 后肢神经麻痹，不能站立

图3-127 病猪口吐白沫

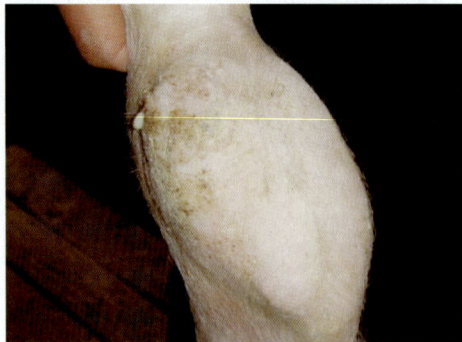

图3-128 后肢关节肿大、流脓

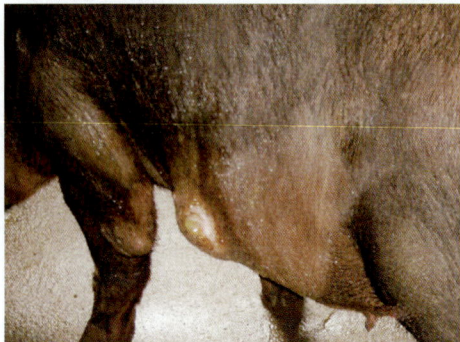

图3-129 公猪体表皮肤脓肿

4. 淋巴结脓肿型　多见于下颌淋巴结，其次是咽部和颈部淋巴结。受侵害淋巴结肿胀、坚硬、有热痛，可影响采食、咀嚼、吞咽和呼吸，伴有咳嗽、流鼻液。病灶化脓成熟，肿胀中央变软，皮肤坏死，自行破溃流脓，以后全身症状好转，局部逐渐痊愈。病程一般为 3～5 周。

此外，2 型猪链球菌也可引起仔猪的支气管肺炎，或由心内膜炎和心包炎引起仔猪散发性突然死亡及母猪的生殖疾病，包括流产。

（四）病理变化

主要病理变化为皮肤发绀（图3-130），淋巴结肿大（图3-131、图3-132）；胸腔和腹腔有大量的纤维素性渗出物，肺脏水肿、胸腔积液、腹腔积液增多；心包积液，心肌柔软、色淡、形成出血斑点，心外膜点状出血、有纤维素性渗出物（图3-133、图3-134），心外膜与心包膜粘连；脾脏肿大明显，色暗红；肝脏肿大、质脆、易碎（图3-135）；肾脏肿大；胃肠黏膜；浆膜有散在出血点。

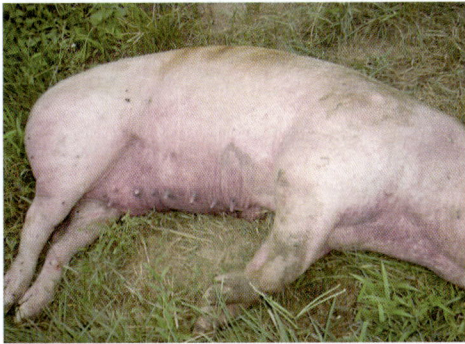

图3-130　病死猪皮肤发绀

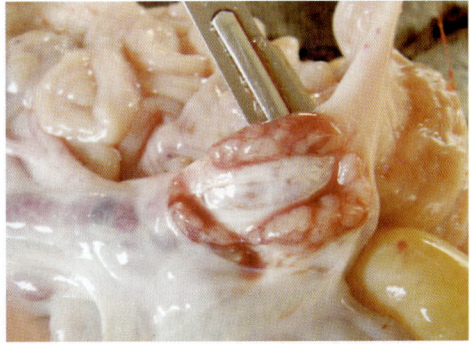

图3-131　肠系膜淋巴结肿大、出血

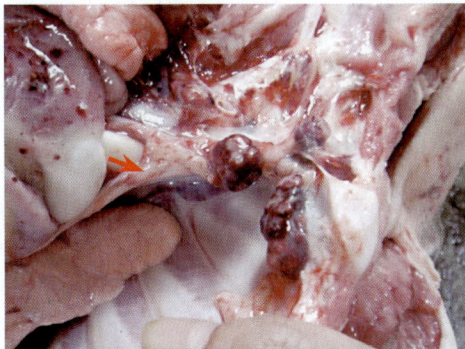

图3-132　淋巴结呈大理石样变化

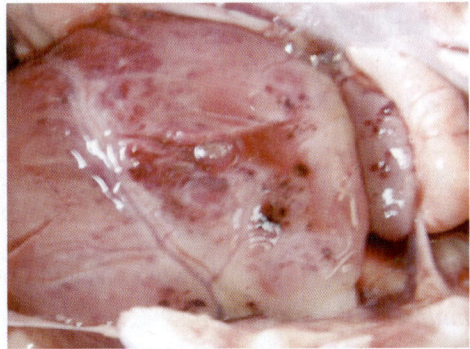

图3-133　心外膜斑点状出血

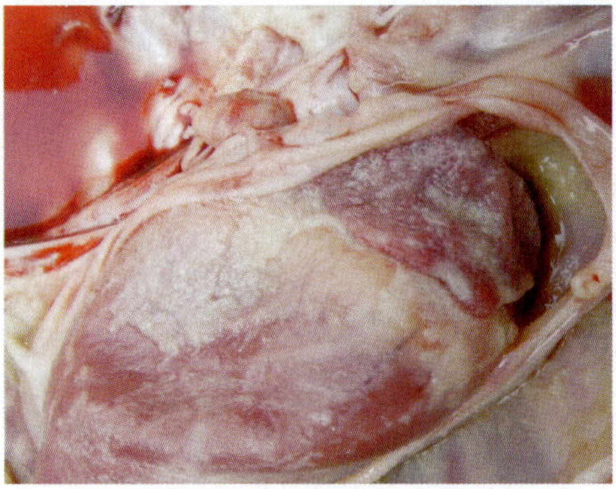

图3-134　心外膜纤维素性渗出

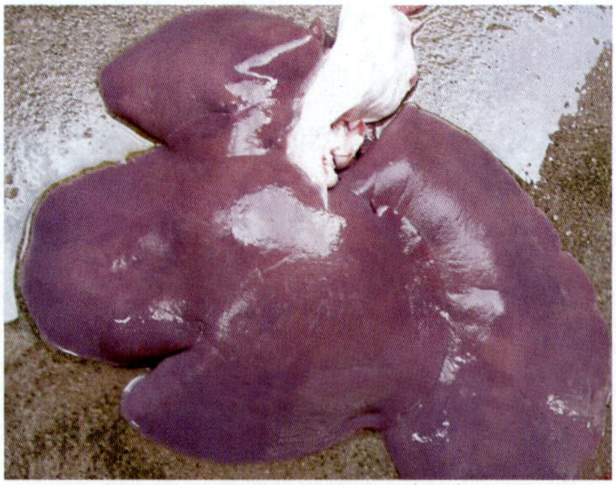

图3-135　肝脏呈蓝紫色，质脆、易碎

（五）鉴别诊断

一般根据临床症状、发病猪的年龄和组织病变即可做出猪链球菌感染的推测性诊断。猪链球菌感染有时很难与副猪嗜血杆菌感染区分，若要确诊，需要分离病原菌，并观察典型的病变。针对分离的菌落，可以根据毒力相关基因，采用多重PCR进行检测，以做出快速诊断。

（六）防治措施

（1）做好消毒工作，清除传染源，病猪隔离治疗。污染的用具和环境用3%来苏儿等消毒液彻底消毒。养殖过程中加强饲养管理，采用全进全出模式，保持猪舍卫生、干燥、通风，做好平时的卫生消毒工作。在高温季节做好猪舍防暑降温工作，降低猪群饲养密度，加强营养，减少应激。

（2）做好药物预防保健工作，在发病日龄到来前在饲料或饮水中添加敏感药物。常用的药物及其添加剂量为：复方阿莫西林60mg/kg（以饲料计）。如果出现链球菌感染，可采用青霉素肌内注射，每天2次，连用2～3d。

（3）由于猪链球菌血清型较多，不同菌苗对不同血清型猪链球菌感染尤交叉保护力或交叉保护力较小。

十、猪肺疫

猪巴氏杆菌病（Swine pasteurellosis）是由多杀性巴氏杆菌（*Pasteurella multocida*）感染猪引起的急性流行性或散发性和继发性传染病，又称猪肺疫，俗称"锁喉风"或"肿脖子瘟"。急性病例为出血性败血症、咽喉炎和肺炎的症状；慢性病例主要为慢性肺炎症状，散发性发生。

（一）病原学

多杀性巴氏杆菌为两端钝圆、中央微凸的短杆菌，宽0.25 ～ 0.4μm，长0.5 ～ 1.5μm。单个存在，有时成双排列。革兰氏染色为阴性。无鞭毛，不形成芽孢，无运动性。根据巴氏杆菌特异性荚膜（K）抗原血凝试验的结果不同，分为A、B、D、E、F 5个血清群，我国对该菌的血清学鉴定表明，目前只存在A、B、D 3个血清群。在猪群中以A型及B型为最常见。该菌对外界环境的抵抗力不强，阳光直射经10 ～ 15min死亡；在表层土壤中存活7 ～ 8d；在疏松的粪便中经14d死亡，如堆积发酵则2d死亡，说明腐败易使该菌致死；在60℃加热10min死亡，加热到100℃立即死亡；一般常用的消毒药，都可在数分钟杀死该菌。

（二）流行病学

多杀性巴氏杆菌能感染多种动物，猪是其中一种，各种年龄的猪都可感染发病，无明显季节性，但以冷热交替、气候剧变、潮湿、多雨天发生较多，属于一种条件性病原菌。当猪处在不良的环境中，如寒冷、闷热、拥挤、通风不良、营养缺乏、疲劳、长途运输等，致使猪的抵抗力下降，这时病原菌大量增殖并引起发病。

病猪通过分泌物、排泄物等排菌，经消化道传染（如被污染的饮水、饲料），也可经呼吸道传染（如咳嗽、喷嚏）；此外，带菌的吸血昆虫叮咬皮肤及黏膜伤口也可传染。

（三）临床症状

根据病程长短和临床表现分为最急性型、急性型和慢性型。

1. **最急性型**　病猪未出现任何症状，突然发病，迅速死亡。病程稍长者表现体温升高到41 ～ 42℃，食欲废绝，呼吸困难，心跳急速，可视黏膜发绀，皮肤出现紫红斑；咽喉部和颈部发热、红肿、坚硬，严重者延至耳根、胸前；病猪呼吸极度困难，常呈犬坐姿势（图3-136），伸长头颈，

图3-136　呼吸极度困难，呈犬坐姿势

有时可发出喘鸣声，口鼻流出白色泡沫，有时泡沫带有血色。病猪一旦出现严重的呼吸困难，病情往往迅速恶化，很快死亡。死亡率常高达100%，自然康复者少见。

2. **急性型** 本型最常见。病猪体温升高至40～41℃，初期为痉挛性干咳，呼吸困难，口鼻流出白色泡沫，有时混有血液，后变为湿咳。随病程发展，呼吸更加困难，常呈犬坐姿势，胸部触诊有痛感；精神不振，食欲不振或废绝，皮肤出现红斑，后期衰弱无力，卧地不起，多因窒息死亡。病程5～8d，不死者转为慢性型。

3. **慢性型** 病猪主要表现为肺炎和慢性胃肠炎；时有持续性咳嗽和呼吸困难，流少许液性或脓性鼻液；关节肿胀，伴有腹泻、食欲不振、营养不良，有痂样湿疹，发育停止，极度消瘦。病程2周以上，多数病猪死亡。

（四）病理变化

1. **最急性型** 全身黏膜、浆膜和皮下组织有出血点，尤以喉头及其周围组织的出血性水肿为特征；切开颈部皮肤，有大量胶冻样淡黄或灰青色纤维素性浆液；全身淋巴结肿胀、出血；心外膜及心包膜上有出血点；肺脏急性水肿；脾脏出血但不肿大；皮肤有出血斑；胃肠黏膜有出血性炎症。

2. **急性型** 除具有最急性型的病变外，其特征性的病变是肺脏充血、水肿及纤维素性肺炎（图3-137、图3-138）。主要表现为气管、支气管内有多量泡沫状黏液；肺脏有不同程度肝变区，伴有气肿和水肿，病程长的肝变区内常有坏死灶；肺小叶间浆液性浸润，肺切面呈大理石样外观；胸膜有纤维素性附着物，胸膜与病肺粘连；胸腔及心包积液（图3-139至图3-142）。

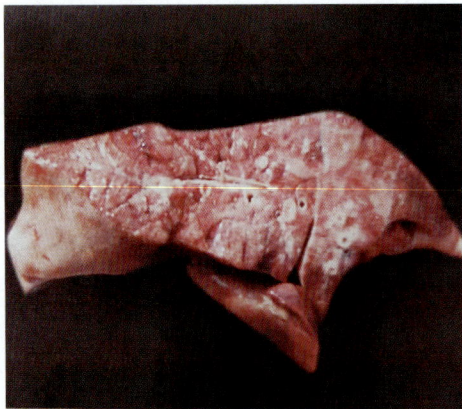

图3-137　肺部充血、水肿

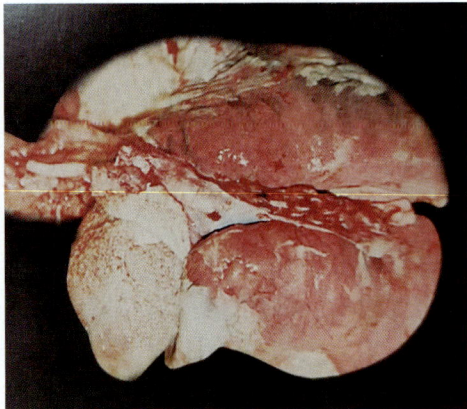

图3-138　心包与肺脏的纤维素性炎症

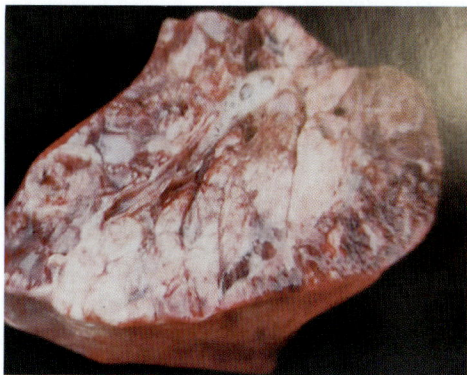
图3-139 气管内有多量泡沫状液体

图3-140 肺膈叶有纤维素性炎症，呈大理石样外观

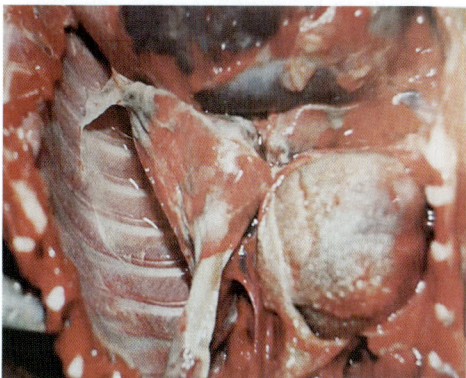
图3-141 心外膜有纤维素性炎，肋膜与胸膜粘连

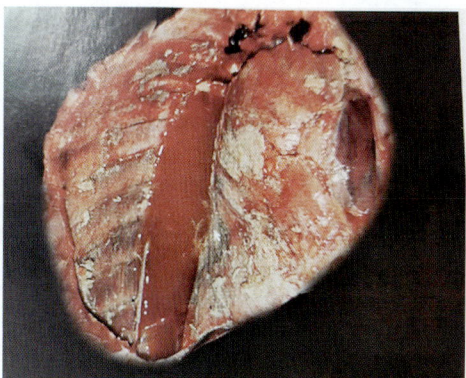
图3-142 肺脏有纤维素性坏死性炎症，胸腔内有红色混浊液体

3. 慢性型 病猪尸体极度消瘦、贫血；肺脏有肝变区，并有黄色或灰色坏死灶，外面有结缔组织，内含干酪样物质，有的形成空洞，与支气管相通；心包与胸腔积液，胸腔有纤维素性渗出物沉着，肋膜肥厚，常常与病肺粘连；有时在肋间肌、支气管周围淋巴结、纵隔淋巴结、扁桃体、关节和皮下组织见有坏死灶。

（五）鉴别诊断

鉴别诊断注意与猪瘟、猪丹毒相区别。最急性型病例，病猪咽喉部的肿胀和炎症及剖检时的胶冻样浸润都与败血型炭疽相似，但猪急性炭疽很少发生，且不形成流行。剖检时炭疽病猪的脾脏肿大与猪肺疫不同，如取局部病料进行细菌学检查，两者病原形态明显不同，易于区别。

本病的最急性型病例常突然死亡，而慢性病例的症状、病变都不典型，并常与其他疾病混合感染，通过流行病学、临床症状、病理变化难以确诊。

实验室检查可取静脉血（活体），或取各种渗出液和各实质脏器组织涂片染色镜检。

（六）防治措施

1.治疗措施 最急性型病例由于发病急，常来不及治疗病猪已死亡。广谱抗菌药物与磺胺类药合用，如四环素+磺胺二甲嘧啶或泰乐菌素+磺胺二甲嘧啶，对猪肺疫都有一定疗效。

2.综合防控措施

（1）根据本病的传播特点，首先应增强机体的抗病力，提高猪群健康度；其次应加强饲养管理，对圈舍、环境定期消毒；同时应消除可能降低猪抗病能力的因素，如热应激、圈舍拥挤、通风采光差、潮湿、受寒等。

（2）防止禽源巴氏杆菌的传播。新引进的猪隔离观察1个月后确定健康方可合群。

（3）疫苗免疫。猪肺疫菌苗有猪肺疫灭活菌苗、猪肺疫内蒙古系弱毒菌苗、猪肺疫eo-630活菌苗、猪肺疫ta53活菌苗、猪肺疫c20活菌苗5种，此外还有猪丹毒、猪肺疫氢氧化铝二联苗，猪瘟、猪丹毒、猪肺疫弱毒三联苗。临床上需谨慎评估各种菌苗，接种疫苗前数天和接种后7d内，禁用抗菌药物。

十一、 猪附红细胞体病

猪附红细胞体病（Swine eperythrozoonosis）是猪及牛、羊、犬、猫共患的一种热性溶血性传染病。

视频14

（一）病原学

猪附红细胞体病是由猪支原体（旧称附红细胞体、嗜血支原体）寄生于猪的红细胞表面或游离于血浆、组织液及脑脊液中引起的一种人兽共患病，病原大小为0.1～2.6μm。无细胞壁，无明显的细胞核、细胞器，无鞭毛，属原核生物，2 800倍显微镜下可见分布不均的类核糖体。猪支原体对消毒剂抵抗力较弱，0.5%石炭酸溶液、0.1%碘液等都可以将其杀死。

（二）流行病学

该病一般情况下呈阴性感染，不同动物之间的猪支原体也存在交叉感染。病猪和带虫猪是主要的传染源。各年龄段的猪都易感，感染率可达80%～90%，常发于哺乳仔猪、妊娠母猪和受应激的育肥猪中。当猪群密度过高，卫生较差，皮肤病较严重，或应激过强时，都可诱发本病。夏季雨水较多，昆虫滋生，发病率较高。

传播途径主要有四种：①接触性传播，即带毒病猪与健康猪直接接触会导致发病；②血源性传播，即通过血液进行传播，如果带毒病猪与健康猪使用同一个注射器也会感染；③媒介传播，通过蚊、虱、蜱、螨或针头、剪刀、手术刀等媒介间接传播；④垂直传播，母猪可经子宫感染胎儿。

（三）临床症状

病猪体温升高，有的高达42℃，皮肤发红、苍白，毛色干枯，缺少光泽（图3-143），呼吸困难，采食量减少。病初便秘，粪便呈羊粪状（图3-144），之后腹泻，排黄色水样稀粪，皮肤充血、有针尖大出血点（图3-145至图3-147），皮肤黏膜严重黄染（图3-148）。妊娠母猪流产，产死胎、弱仔，哺乳母猪泌乳量下降，断奶母猪不发情，反复发情比例提高。经常继发其他细菌感染。

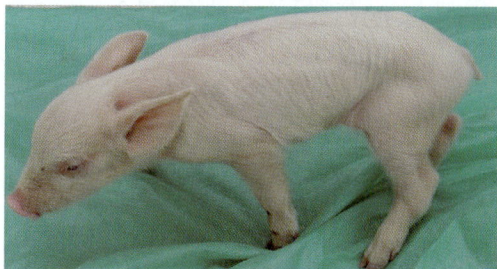

图3-143　病猪皮肤苍白，消瘦

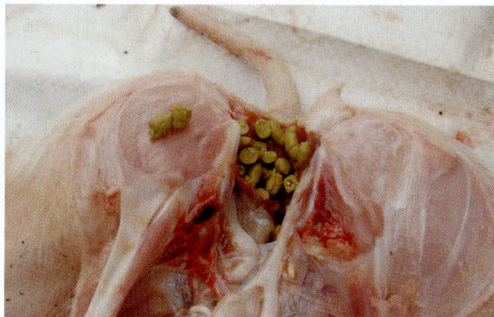

图3-144　病猪排羊粪状粪便

图 3-145　病猪皮肤充血

图 3-146　背部弥散性出血

图 3-147　腹部皮肤毛孔处弥散性出血

图 3-148　全身皮肤黄染

（四）病理变化

病死猪肺脏衰竭、黄染、弹性降低（图3-149），肝脏、脾脏肿大，肝脏黄染（图3-150），胆汁浓稠（图3-151），肾脏切面黄疸（图3-152），严重

图 3-149　肺脏弹性降低、黄染

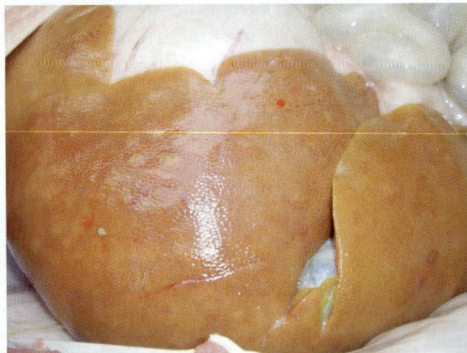

图 3-150　肝脏肿大、黄染、质脆

者全身黏膜、浆膜黄染（图3-153），心肌衰竭，心包积液，新冠脂肪黄染（图3-154），全身淋巴结肿大、出血（图3-155），肠黏膜出血。

图3-151　胆汁浓稠

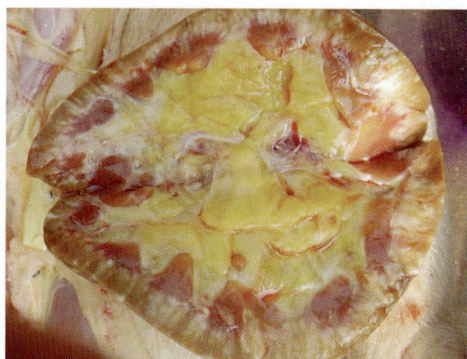

图3-152　肾脏切面黄疸

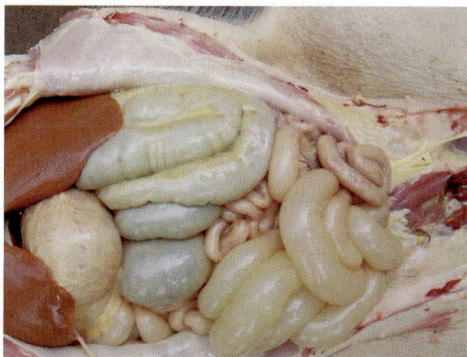

图3-153　肠浆膜黄染

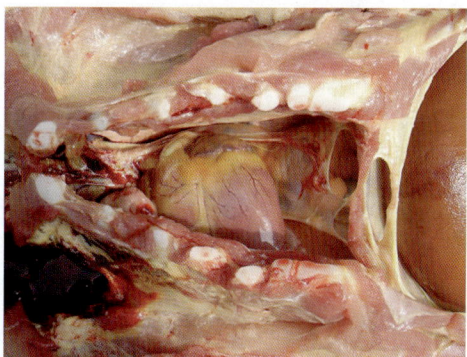

图3-154　肌肉黄染，心冠脂肪黄染

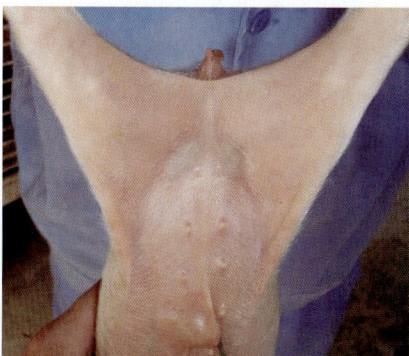

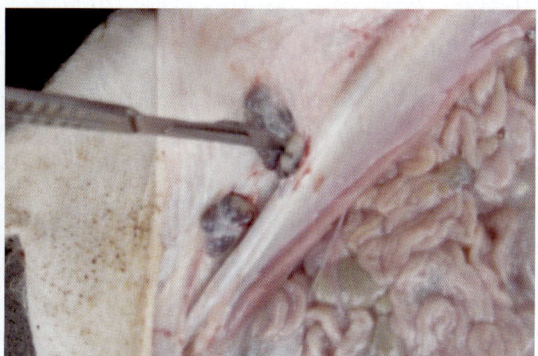

图3-155　腹股沟淋巴结肿大、出血

（五）鉴别诊断

猪患病之后会出现明显的临床症状，主要表现为体温升高，达到40℃，患病猪的采食量下降，甚至废绝，随着病情发展，患病猪精神不振，并且有便秘和腹泻轮流出现的症状，呼吸困难。病情恶化之后病猪皮肤会出现明显的紫斑，且呈现不规则分布的特征，手按压之后能够褪色。根据临床症状可以进行初步诊断。

进一步确诊可以通过直接镜检。主要包括涂片染色镜检和鲜血压片镜检。其中涂片染色镜检需要提取血液涂片，然后进行吉姆萨染色，通过镜检能够发现紫红色或者粉红色的不规则的环形虫体。鲜血压片镜检需要采集患病猪的静脉血液，加入适量的生理盐水，然后在显微镜下观察，能够看见红细胞呈现不规则的形态，虫体能够收缩和伸展。

（六）防治措施

防治原则是增强机体的抗病力，提高猪群健康度。一方面，加强饲养管理，降低饲养密度，减少应激，圈舍、环境定期消毒，驱除动物体内外寄生虫，灭蝇、灭螨、灭虫；另一方面，增强日粮营养，严禁饲喂发霉变质的饲料。

猪群发生感染后，肌内注射或饲料中添加抗菌药物，可选用广谱抗菌药物与磺胺类药物合用，如四环素类药物+磺胺类药物。

十二、猪呼吸道疾病综合征

猪呼吸道疾病综合征（Porcine respiratory disease complex，PRDC）是由多种病毒、细菌等微生物混合感染，引起猪呼吸道症状和病变为主的高致死性传染病。PRDC的临床症状与感染的主要病原有关，若以流感病毒感染为主，全群突然发病，出现呼吸极度困难、发热的症状；如果感染以肺炎支原体为主，则主要的症状为长时间的咳嗽；而以PRRSV为主的感染则引起以病猪呼吸加快、呼吸困难为主的症状。但目前的呼吸道疾病一般是混合感染，有时很难区分以哪一种病原为主。

（一）病原学

在不同场所引起猪发病的病原不尽相同，原发性感染可能包括PRRSV、PCV、PRV、SIV等，继发性感染可能包括链球菌、巴氏杆菌、猪胸膜肺炎放线杆菌、副猪嗜血杆菌、猪支原体、沙门氏菌等。另外，猪传染性萎缩性鼻炎的病原及支原体的参与可加重PRDC的病情。

（二）流行病学

猪呼吸道疫病综合征多发于气候多变的秋冬与早春季节，呈地方性流行。病猪和带菌猪是主要的传染源。病原主要通过呼吸道传播，可以通过咳嗽、气溶胶等直接传播，也可以通过被污染的食物、水、器具、唾液、精液、尿液等水平传播。此外，交配也是一个重要的传播途径。哺乳仔猪、保育仔猪、妊娠母猪最易感。断奶仔猪失去了母源抗体的保护，加之自身免疫系统机能不健全，当受到断奶应激、营养应激、环境应激、特别是温度应激时，易诱发该病，而且发病率与死亡率都很高；育肥猪与生产母猪也可发病，相对病死率要低一些；生长猪多呈隐性感染。该病的发病率和病死率在不同猪场表现各有差异。该病的发生与气温突变、寒冷、猪舍温度偏低、空气严重污染、管理不当、饲养密度过大、营养缺乏等多种因素密切相关。临床上主要表现为多病原混合感染与继发感染，单一病原引发的病例几乎没有。

（三）临床症状

病猪主要表现呼吸道症状，病死率很高。病猪咳嗽、气喘、腹式呼吸明显（图3-156），眼睛肿胀，眼分泌物增多，眼角有泪斑。整个猪群生长速度缓慢。生长育肥阶段的猪群个体差异非常明显（图3-157）。患病母猪产弱仔、死仔（图3-158）。个别生长猪皮肤出血，形成红色疹块（图3-159）。有的病猪死前口鼻流出黏脓性分泌物或泡沫。患病仔猪毛松、眼肿（图3-160）。

图3-156 保育仔猪消瘦、呼吸困难

图3-157 患病的保育仔猪严重营养不良

图3-158 患病母猪产下的弱仔、死仔

图3-159 生长猪皮肤出血，形成红色疹块

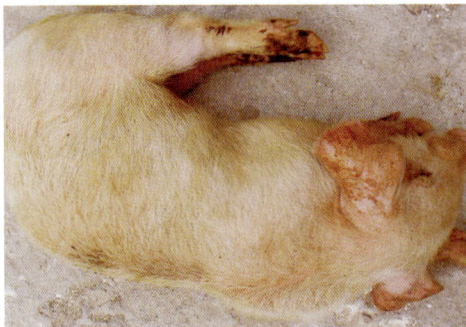

图3-160 患病仔猪毛松、眼肿

（四）病理变化

病死猪全身淋巴结和脾脏肿大（图3-161），机体其他内脏器官均有病变。肺脏表现为弥散性间质性肺炎，肺脏出血、水肿、气肿、实变（图3-162），肺脏表面有纤维素性渗出物，间质性肺水肿，肺脏表面出血（图3-163、图3-164），使胸壁和肺脏粘连。胃溃疡、出血（图3-165）。混合感染的情况不同，病变也相应发生变化。

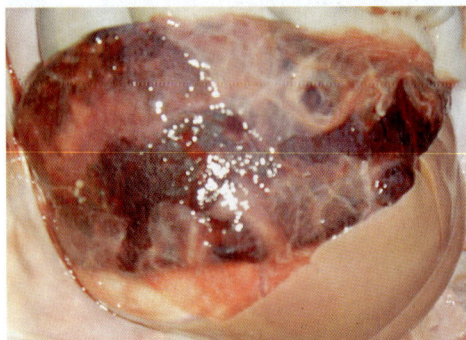

图3-161 脾肿大、坏死

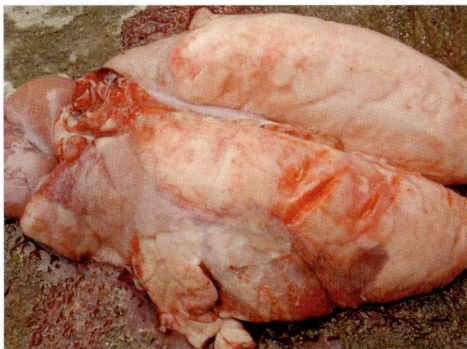

图3-162 肺脏胰变、肉样变、气肿、纤维素性渗出

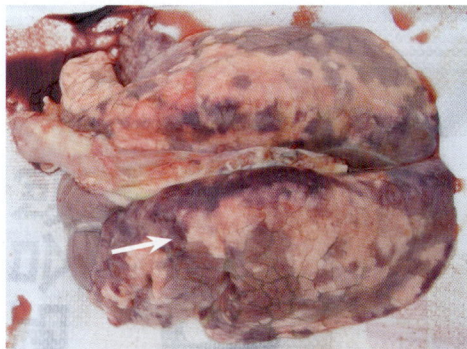

图3-163 间质性肺水肿，肺脏表面出血

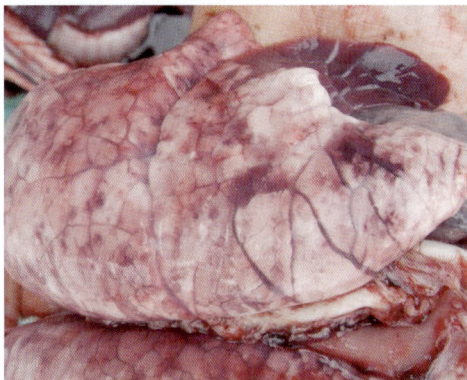

图3-164 间质性肺水肿，膈叶肝变

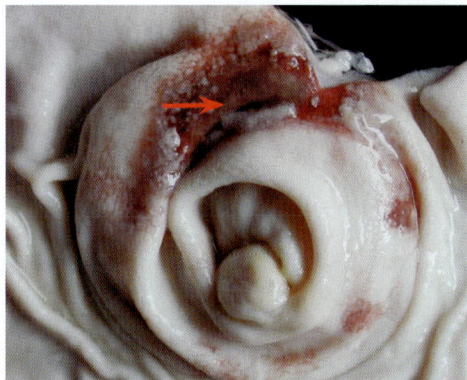

图3-165 胃溃疡、出血

（五）防控措施

1. 做好饲养管理工作 坚持自繁自养，推行全进全出的饲养模式；降低饲养密度和减少应激，做好保温、通风、干燥工作；加强卫生消毒，常用的消毒剂有蓝光、复合碘、复合醛、复合酚等，定期消毒；加强营养，选择营养水平较高的饲料，提高猪群免疫力和健康度。

2. 做好基础免疫工作 猪瘟兔化疫苗于母猪产后30d免疫注射5头份，仔猪超前免疫；母猪产前28d免疫注射伪狂犬病疫苗2mL，或1年免疫注射3次，仔猪60日龄首免2mL。

PART 4

猪场常见的繁殖障碍疾病及其防控

临床上很多因素都可以引起种猪的繁殖障碍，如环境或季节变化、疫苗免疫、霉菌毒素中毒、维生素和微量元素不足及感染传染病等。其中，感染传染病导致的繁殖障碍疾病的发病率达20%～40%。

一些病毒是猪发生繁殖障碍疾病的主要原因，如伪狂犬病病毒、猪繁殖与呼吸综合征病毒、流行性乙型脑炎病毒、猪细小病毒、猪圆环病毒2型、猪流感病毒等；而由细菌引起的猪繁殖障碍疾病较少，如布鲁氏菌、李氏杆菌、链球菌、衣原体等，常为混合感染或继发感染；寄生虫如弓形虫和有齿冠尾线虫引起的猪繁殖障碍疾病很少。

因某些疾病如猪伪狂犬病、猪繁殖与呼吸综合征和猪圆环病毒病除导致猪繁殖障碍外，还可以引起呼吸系统症状，此类疾病已经在本书第四章中详细阐述，在此不再赘述，请参阅前文。

一、猪细小病毒病

猪细小病毒病（Porcine parvovirus infection，PPI）又称猪繁殖障碍病，属二类传染病，是由猪细小病毒（Porcine parvovirus，PPV）引起的一种猪的繁殖障碍病，以妊娠母猪流产及产死胎、木乃伊胎为特征。

视频15

（一）病原学

猪细小病毒（PPV）属于细小病毒科、细小病毒属单股DNA病毒。PPV与密切相关的食肉动物细小病毒、犬细小病毒和猫泛白细胞减少症病毒相似，其病毒粒子直径约为28nm，基因组长约5.2kb。

PPV对外界理化因素有很强的抵抗力，可耐90℃干热，对70%酒精、0.05%季铵盐、低浓度次氯酸钠和0.2%过氧乙酸具有抵抗力，但可被醛类消毒剂、高浓度次氯酸钠或7.5%过氧乙酸灭活。

（二）流行病学

PPV在全世界大部分地区的猪群中流行，血清学调查显示，70%～100%的猪群存在PPV抗体。猪是易感动物，最常发生于头胎母猪，病猪和带毒猪是主要传染源，病毒可通过黏附猪的粪便、其他分泌物（流产物及子宫内分泌物）、皮肤伤口及设备、衣物等进行传播。病毒可垂直传播给胎儿，公猪感染后，其精液带毒并散毒。PPV流行特征是由病毒在环境中的生存能力决定的，如果在被污染的环境中保持数月，有可能成为持续存在的感染源。该病在国内多发于4—10月，猪群中一旦出现病毒感染，会在短时间内蔓延至全场。

（三）临床症状

母猪繁殖障碍是PPV感染主要的也是唯一已确定的临床症状。在同一窝猪中，同时存在正常猪和死于不同发育阶段的木乃伊胎是PPV感染的重要临床症状。在接种疫苗的猪群中，繁殖障碍通常较少出现，但在未接种疫苗的猪群或在疫苗接种不当的情况下，PPV可引起大量母猪流产。该病临床表现为经产母猪发情不正常或屡配不孕，母猪流产及产死胎、木乃伊胎，所产的木乃伊胎大小不一（图4-1至图4-3）。这些症状与PPV感染时期不同有关，大致如下：

（1）头胎母猪感染细小病毒，在以后所有的妊娠期内都可能流产。

（2）母猪妊娠早期（6～35d）感染病毒，腹中仔猪死亡率达80%～100%，母猪吸收已死胎儿，表现为不孕或持续发情。

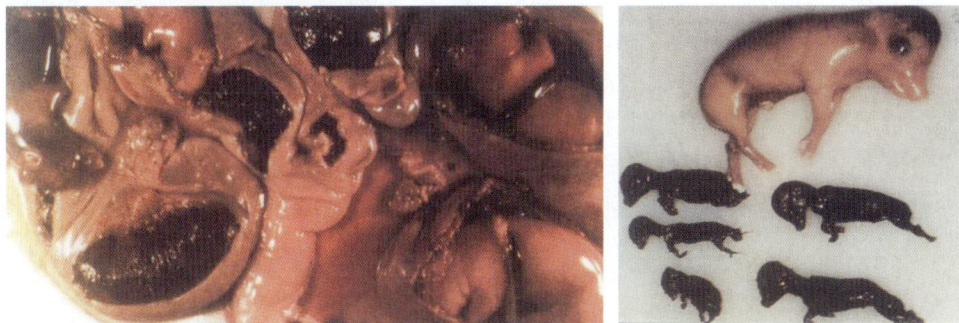

图4-1　木乃伊胎和死胎
（引自Karl-Otto Eich）

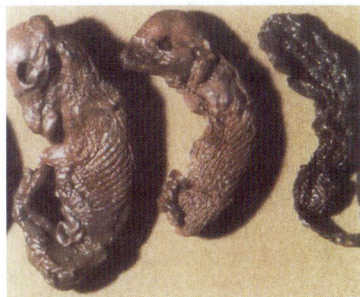

图4-2　木乃伊胎
（引自Karl-Otto Eich）

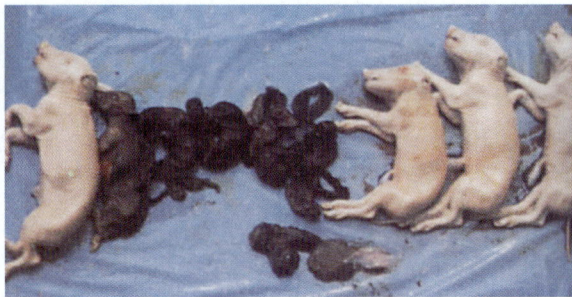

图4-3　大小不一的死胎
（引自Karl-Otto Eich）

（3）母猪妊娠中期（35～70d）感染病毒，腹中胎儿成为木乃伊胎，在分娩期正常产出，分娩时产程过长。

（4）母猪妊娠晚期（70～114d）感染病毒，腹中胎儿会被正常产出，但所产胎儿长期带毒。

公猪感染该病毒，日常行为表现及受精能力都不会受到影响，但会长期带毒，将病毒传播给母猪。

此外，患病动物体温通常保持正常，有些病猪会出现腹泻和皮肤病变。

（四）病理变化

病猪的主要病变为子宫内膜有轻微炎症，在子宫内膜和固有层有大量的单核细胞聚集，胎盘有部分钙化（图4-4）。感染胎儿主要表现为发育器官的细胞坏死。同时，皮下组织和肌肉肿块中有出血现象。脾脏、肾脏和骨骼肌中常见有坏死和矿化现象，且矿化现象在肝脏和心脏中尤为严重。此外，胎儿的大脑及软脑膜灰质和白质的血管周围出现以外膜细胞、组织细胞和少量浆细胞增生为特征的脑膜脑炎。

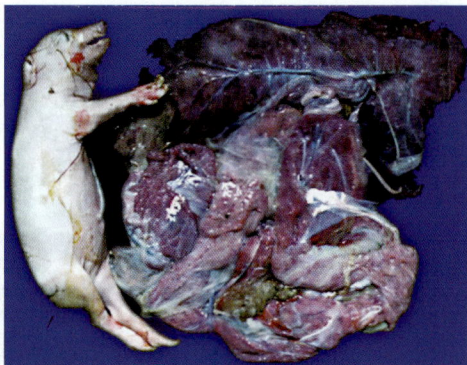

图4-4　部分胎盘钙化

（五）鉴别诊断

当母猪（特别是初产或二胎母猪）出现返情比例增加或分娩延迟，并伴随产木乃伊胎或所产仔猪数量减少等繁殖问题时，可初步诊断为PPV感染。PPV的鉴别诊断还应考虑其他疾病，如猪伪狂犬病、猪布鲁氏菌病、钩端螺旋体病、猪繁殖与呼吸综合征、猪弓形虫病和非特异性细菌性子宫感染等。

实验室确诊PPV的方法：①免疫荧光试验检测胎儿组织中的病毒抗原；②PCR检测胎儿组织中的PPV；③血凝抑制试验检测血清中的PPV特异性抗体；④ELISA检测NS蛋白抗体（可区分疫苗免疫和野毒感染）。

（六）防治措施

加强猪场的卫生消毒工作，对流产的胎衣、胎儿等要进行无害化处理。特别对已污染的猪舍要严格清扫消毒，空栏4个月以上方可将猪引入。酸碱消毒剂效果较差，可选用醛类消毒剂、高浓度次氯酸钠或7.5%过氧乙酸。

PPV在猪群中流行，并且在环境中高度稳定。因此，很难建立和维持无病毒污染繁殖种群。在商品化猪群中，更实际的目标是保持对PPV的群体免疫力。可定期为育龄母猪进行PPV疫苗接种，保持母猪免疫力。

二、猪流行性乙型脑炎

流行性乙型脑炎（Epidemic encephalitis B）又称日本乙型脑炎（Japanese encephalitis，JE），是由日本乙型脑炎病毒（Japanese encephalitis virus，JEV）引起的一种急性人兽共患传染病。

（一）病原学

日本乙型脑炎病毒（JEV）属于黄病毒科、黄病毒属单股RNA病毒，病毒粒子直径约35nm，呈球形，二十面体对称。JEV具有血凝活性，但不同毒株的血凝特性有明显差异。只有一个血清型。该病毒在血液内的存留时间很短，主要在中枢神经系统中聚集。动物感染后，可以产生补体结合抗体、中和抗体和血凝抑制抗体。

通过多种血清学方法可将JEV分为单一的血清型和两种主要的免疫型。JEV有5种基因型，基因1型包含来自柬埔寨、中国、韩国、泰国（北部）、越南、日本、印度、澳大利亚的毒株；基因2型由来自印度尼西亚、马来西亚、泰国南部、巴布亚新几内亚和澳大利亚的毒株组成；基因3型包含从除澳大利亚以外的已知的JEV地理分布区域中分离得到的毒株；基因4型的分离株仅见于印度尼西亚；在马来西亚、中国西藏和韩国已发现基因5型毒株。在过去的20年中，基因1型毒株已在很多区域取代了曾广泛流行的基因2型和基因3型毒株。

JEV抵抗力不强，常用消毒药均可将其迅速灭活，如3%～8%的多聚甲醛、2%的戊二醛、1%的次氯酸盐、乙醇和异丙醇等。

（二）流行病学

该病是自然疫源性传染病，猪是主要的病毒增殖宿主和传染源，在猪群中感染率高，发病率低。猪感染后出现病毒血症的时间较长，血液中的病毒滴度也较高，对病毒的传播起重要的作用。

该病主要通过带病毒的蚊虫叮咬而传播。三带喙库蚊为该病的主要传播媒介，病毒能在其体内快速扩增和越冬，并且能经卵传至后代，导致次年的疫病流行，因此三带喙库蚊还是JEV的储存宿主。除蚊外，多种蝙蝠、野生鸟类都可能在疾病流行中起到放大作用。

该病在蚊虫滋生的季节多发。我国华南地区多发于6—7月，华北地区7—8月多发。气温和降水量与本病的流行有密切关系，夏季连续阴雨后易发生该病的流行。

黄病毒感染是在被蚊或蜱叮咬后开始的。病毒最初在皮肤的角质细胞中复制，然后转移到淋巴结内的树突状细胞中，最终转移至循环系统中。病毒血症导致病毒在大范围的实质组织内扩散。组织学分析表明，病毒可在哺乳动物的神经细胞体（大脑和神经节）、结缔组织及骨骼、心脏和平滑肌中复制，在淋巴样组织特别是扁桃体中会发生复制。在免疫功能不全的宿主中，病毒的细胞和组织嗜性范围及复制量会显著增加。对于75%的患者而言，病毒的潜伏期（从接触到出现首次临床症状的时间）为2～9d。病毒血症通常在感染后1～5d内可检测到，并持续4～5d，但随着循环系统中抗体含量的升高，病毒含量会下降。病毒最早可在感染后3d到达中枢神经系统（CNS）。目前，尚不清楚病毒是如何进入大脑的，但有人认为病毒既可以通过没有血脑屏障的嗅觉器官黏膜，也可以直接破坏血脑屏障或通过跨神经元传播的方式进入大脑。疾病的严重程度部分取决于宿主的免疫力，因为免疫力低下会导致病毒在各组织中大量扩散。新生动物和幼龄动物似乎比成年动物更容易发生严重的中枢神经系统感染。

（三）临床症状

成年猪感染通常没有明显症状。感染的妊娠母猪或后备母猪最常表现为繁殖障碍，导致流产和产死胎、木乃伊胎或弱仔。在妊娠70d之前，母猪感染JEV会发生流产（图4-5、图4-6），妊娠后期感染则不会影响仔猪。在母猪流

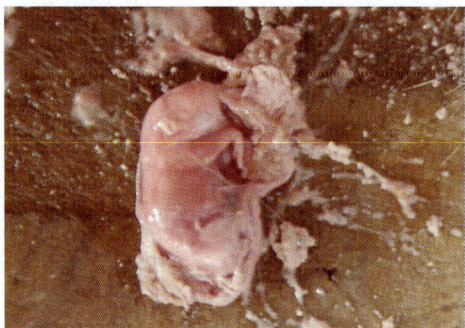

图4-5　流产胎儿
（引自甄辑铭）

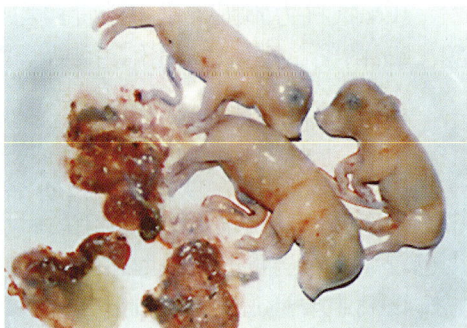

图4-6　流产胎儿和木乃伊胎
（引自甄辑铭）

产前症状轻微，除有轻度减食外无明显症状，流产后临床症状减轻，且对母猪后续繁殖无影响。流产的胎儿多为死胎或木乃伊胎，即使有存活仔猪也为弱仔，无法正常发育。

JEV还与公猪的不育症有关。公猪感染可导致睾丸水肿、充血，引起睾丸炎，一侧睾丸明显肿大（图4-7），具有示病意义，导致有活力的精子数量减少和精子异常。这些影响通常是暂时的，在大多数情况下可以完全恢复。

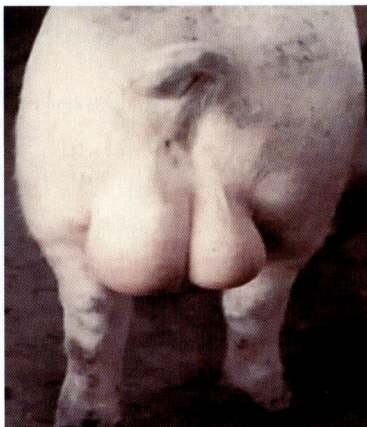
图4-7　公猪睾丸炎，一侧睾丸明显肿大

（四）病理变化

根据流行病学及同场公、母猪的临床表现和妊娠母猪分娩后所产仔猪情况，结合病理剖检等资料可建立初步诊断。但是该病常常与猪瘟、猪伪狂犬病、蓝耳病等混合感染或者继发感染，因此，需要通过病毒分离与分子生物学鉴定方法、血凝抑制试验或者免疫细胞化学法等进行确诊。

（五）防治措施

（1）在3—5月选用高效杀虫剂如溴氰菊酯、氯氰菊酯和双硫磷等杀虫剂对猪舍进行灭蚊驱虫，以切断传播途径。注意引种时要加强检疫，同时加强卫生消毒。

（2）本病无治疗方法，一旦确诊则应淘汰病猪。对病猪要早发现、早隔离，死胎、胎盘和阴道分泌物都要进行无害化处理，并彻底对污染场所和器具进行消毒。该病流行地区，对猪群定期注射猪乙型脑炎疫苗，提高猪的抗病能力。一般对后备公、母猪在该病流行期前1个月注射猪乙型脑炎弱毒疫苗免疫。

三、猪布鲁氏菌病

猪布鲁氏菌病（Swine brucellosis）是人兽共患的一种慢性传染病。其特征是侵害动物生殖系统，母畜发生流产和不孕，公畜可引起睾丸炎。

（一）病原学

布鲁氏菌为球杆状小杆菌，呈革兰氏染色阴性，病原体有6个生物型，即羊布鲁氏菌、猪布鲁氏菌、牛布鲁氏菌、犬布鲁氏菌、沙林鼠布鲁氏菌和绵羊布鲁氏菌，各生物型的毒力和致病力不同。猪布鲁氏菌主要感染猪，也能感染人和鹿、牛、羊。猪感染布鲁氏菌后，可发生全身性感染，并引起繁殖障碍。其他物种布鲁氏菌一般只侵害局部淋巴结，无临床表现。布鲁氏菌的抵抗力比较强，在土壤、水中和皮毛上能生存较长时间。该菌对消毒药的抵抗力较弱，一般的消毒药能在数分钟内将其杀死。

（二）流行病学

布鲁氏菌病的感染范围很广，除人和羊、牛、猪最易感外，其他动物如鹿、骆驼、马、犬、猫、狼、兔、猴、鸡、鸭及一些啮齿类动物都可自然感染。被感染的人或动物，病猪及其流产胎儿、胎衣、羊水和阴道分泌物等都能成为传染源；主要通过被污染的饲料和饮水经消化道感染，其次是通过皮肤、黏膜和交配感染；猪不分品种和年龄都有易感性，生殖期的猪发病较多，性成熟猪较幼龄猪易感。

（三）临床症状

感染猪大部分呈隐性经过，少数猪呈现典型症状，母猪感染后多发生流产（图4-8、图4-9），主要发生在妊娠后4～12周。母猪流产前常表现精神沉郁、阴唇和乳房肿胀，有时阴道流出黏性或黏脓性分泌物；流产后很少发生胎衣滞留，阴道流出黏性红色分泌物，8～10d可自愈，但排菌时间较长，需经

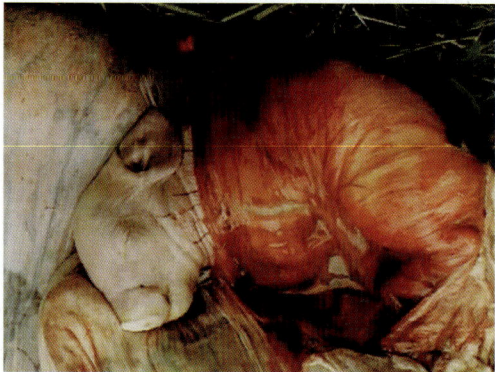

图4-8　母猪流产

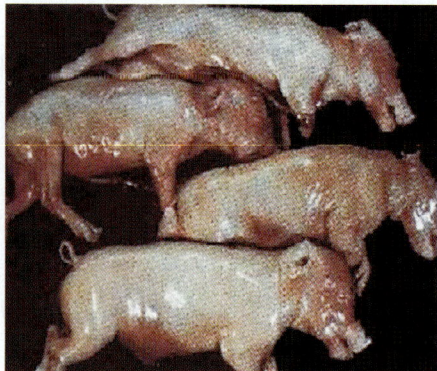

图4-9　死胎表面潮湿、发红

30d以上才能停止。公猪发生睾丸炎时，呈一侧性或两侧性睾丸肿胀、硬固，有热痛，病程长，后期睾丸萎缩，失去配种能力（图4-10、图4-11）。

图4-10　公猪一侧睾丸肿胀

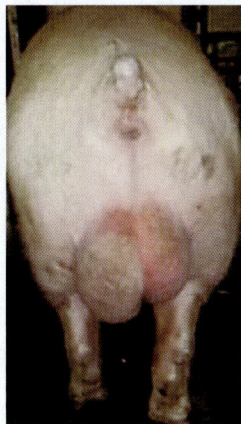

图4-11　公猪睾丸萎缩

（四）病理变化

母猪子宫黏膜、胎盘散在质地硬实、呈淡黄色的小结节，切开有干酪样物质（布鲁氏菌病结节，或称"珍珠化脓颗粒"）（图4-12、图4-13）。肝脏、脾脏、肾脏等器官也可出现布鲁氏菌病结节病变。病猪流产、产死胎，胎膜上散在出血点，少数胎儿的皮下有出血性液体（图4-14、图4-15），腹腔液增多，有自溶性变化。

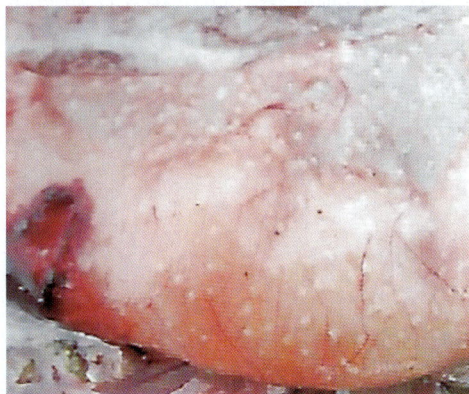

图4-12　胎盘"珍珠化脓颗粒"

图4-13　子宫内膜干酪样物质

图4-14　流产胎膜上散在出血点

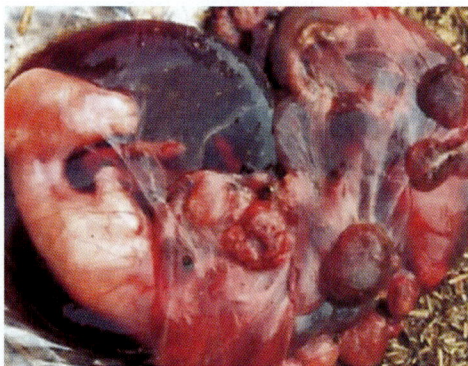

图4-15　胎儿皮下有出血性液体

（五）鉴别诊断

本病的流行情况、临床症状和病理变化均无明显特征，同时隐性感染动物较多。因此，应以实验室检查为依据，结合流行情况和临床症状进行综合诊断。

布鲁氏菌病的实验室检查方法很多，而最简单实用的方法是布鲁氏菌病虎红平板凝集试验。

（六）防治措施

1. 预防措施　定期对猪只进行检查，及时发现和治疗可能存在的疾病；用布鲁氏菌猪型二号冻干苗（S2）进行预防接种。

2. 治疗措施　发现有猪只感染布鲁氏菌，应该立即进行隔离，避免病原体的传播和扩散。布鲁氏菌病的治疗目标是尽快控制病情，防止并发症和疾病复发。早期治疗可以采用抗生素联合用药，应保证剂量和疗程。

猪群规模不大，而发病率或感染率很高时，最好全部淘汰。并对流产胎儿、胎衣、羊水及阴道分泌物进行无害化处理，被污染的场所及用具用3%～5%来苏儿消毒。

四、猪衣原体病

猪衣原体病（Swine chlamydiosis）是由鹦鹉热亲衣原体（旧称鹦鹉热衣原体）的某些菌株引起的一种慢性接触性传染病，又称流行性流产、猪衣原体性流产。

（一）病原学

衣原体是一类具有滤过性、严格细胞内寄生、大小介于细菌和病毒之间、类似于立克次氏体的微生物，呈球状，大小为0.2～1.5μm，革兰氏染色阴性。其不能在人工培养基上生长，只能在活细胞胞浆内繁殖，依赖于宿主细胞的代谢，可在鸡胚、部分单层细胞及小鼠等实验动物中生长繁殖。较重要的衣原体有4种，即沙眼衣原体、鹦鹉热亲衣原体、肺炎亲衣原体和牛羊亲衣原体。其中，鹦鹉热亲衣原体在兽医上有较重要的意义，可致畜禽肺炎、流产、关节炎等多种疾病，是猪衣原体病的病原。

紫外线、0.1%的福尔马林、1%盐酸及75%的酒精溶液对衣原体有很强的杀灭作用。其对四环素族、泰乐菌素、强力霉素、红霉素、螺旋霉素敏感，对庆大霉素、卡那霉素、新霉素、链霉素、磺胺嘧啶钠均不敏感。

（二）流行病学

猪衣原体病的潜伏期一般为3～11d，不同品种及年龄的猪群都可感染，但以妊娠母猪和幼龄仔猪最易感。病猪和隐性带菌猪是该病的主要传染源。几乎所有的鸟类都可能携带衣原体。绵羊、牛和啮齿类动物携带病原菌都可能成为猪感染衣原体的疫源。衣原体通过粪便、尿、乳汁、胎衣、羊水等污染水源和饲料，经消化道感染，也可由飞沫和污染的尘埃经呼吸道感染，交配也能传播该病；蝇、蜱可起到传播媒介的作用。

该病无明显的季节性，常呈地方流行性。猪场可因引入病猪后暴发该病，康复猪可长期带菌。该病的发生和流行与一些诱发因素有关。

（三）临床症状

猪衣原体病的潜伏期长短不一，短则几天，长则可达数周乃至数月。依据临诊表现，可分为流产型、关节炎型、支气管肺炎型和肠炎型，表现为妊娠母猪流产、产死胎和产弱仔，新生仔猪肺炎、肠炎、胸膜炎、心包炎、关节炎，种公猪睾丸炎等。

1. **母猪**　妊娠母猪感染后引起早产、产死胎、流产、胎衣不下、不孕及产弱仔或木乃伊胎（图4-16至图4-18）。初产母猪发病率高，一般可达40%～90%，经产妊娠母猪则无异常，只是在发病后期忽然发生流产、早产、产死胎和弱仔。产出仔猪部分或全部死亡，活仔多体弱、初生重轻、拱奶无力（图4-19），多数在出生后数小时至1～2d死亡，死亡率有时高达70%。

图4-16　弱　仔

图4-17　死　胎

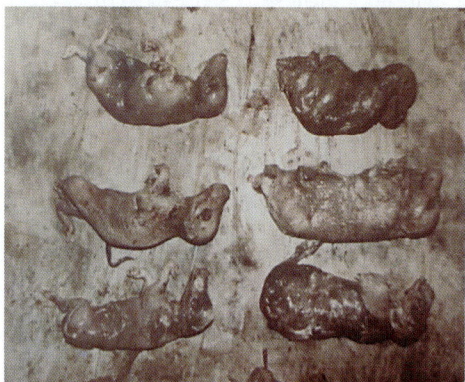

图4-18　木乃伊胎

图4-19　2～6周龄发病仔猪消瘦

2.公猪　生殖系统感染，可出现睾丸炎、附睾炎、尿道炎等生殖道疾病，精液品质下降，受配母猪受胎率下降，有时伴有慢性肺炎。

3.断奶前后的仔猪　体温升高、精神不振、颤抖、干咳、呼吸迫促，并从鼻孔中流出浆液性分泌物；结膜发炎、充血，流泪，角膜混浊，眼角有分泌物；厌食，发育不良；腹泻，脱水，吮乳无力，死亡率高。

4.2～4月龄的猪　此阶段的猪感染本病后临床上常出现一种或几种疾病类型：

（1）肺炎型　常呈慢性肺炎经过。病猪体温升高，精神不振，呼吸困难，干咳，鼻流清涕，后出现神经症状如兴奋、尖叫、忽然倒地、四肢呈划水状。

（2）肠炎型　患猪腹泻，脱水，全身出现中毒症状。

（3）角膜结膜炎型　患猪结膜潮红，角膜混浊，畏光，流泪，精神萎靡，厌食。

（4）**多关节炎和多浆膜炎型**　多关节炎型病猪表现关节肿胀，疼痛，跛行；多浆膜炎型病猪则表现胸膜、腹膜、心包膜发炎，精神沉郁，不食，喜卧，发热，体腔内有渗出性炎症，病死率高。

（四）病理变化

鹦鹉热亲衣原体引起猪的疾病种类较多，除单一感染外，常与其他疾病发生并发感染，因而病理变化也较为复杂。

1. **流产型**　母猪子宫内膜出血、水肿，并伴有 1 ～ 1.5cm 的坏死灶，流产胎儿和新生仔猪的头、胸及肩胛等部位的皮下结缔组织水肿，心脏、肺脏和肾脏常有浆膜下点状出血（图4-20至图4-25），肺脏常有卡他性炎症。患病公猪睾丸颜色和硬度发生变化，腹股沟淋巴结肿大1.5 ～ 2 倍，输精管有出血性炎症，尿道上皮脱落、坏死。

图4-20　胎衣充血

图4-21　流产胎儿皮肤有淤血

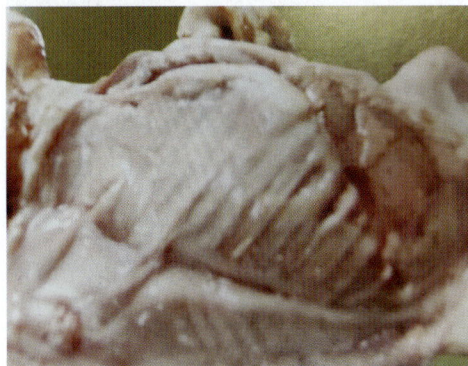

图4-22　流产胎儿皮下水肿

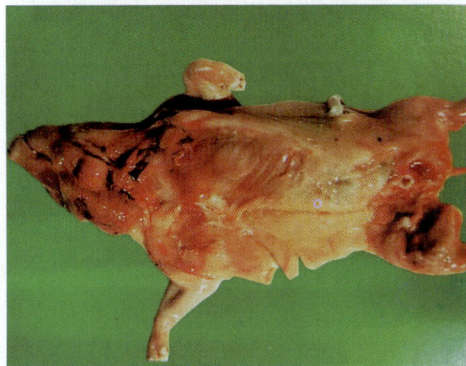

图4-23　新生仔猪头、胸及肩胛部皮下水肿

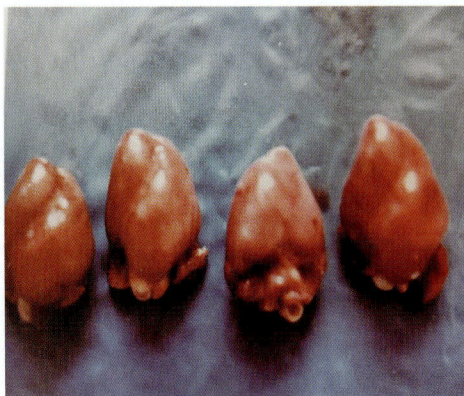

图4-24　新生仔猪心肌表面出血

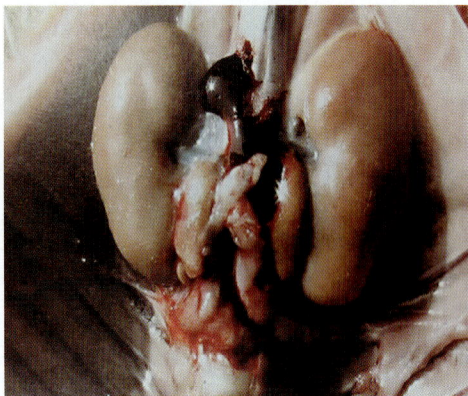

图4-25　新生仔猪肾脏点状出血

2. 关节炎型　病死猪关节肿大，关节周围充血和水肿，关节腔内充满纤维素性渗出液，用针刺时流出灰黄色混浊液体，混杂有灰黄色絮片。

3. 支气管肺炎型　病变表现为肺水肿，表面有大量的小出血点和出血斑，肺门周围有分散的黑红色斑点，尖叶和心叶呈灰色、坚实僵硬，肺泡膨胀不全，并有大量渗出液，中性粒细胞慢性浸润（图4-26、图4-27）。纵隔淋巴结水肿，细支气管有大量的出血点，有时可见坏死区。

图4-26　胸腔内积有多量淡红色渗出液

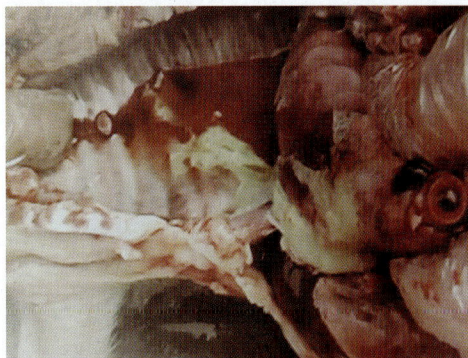

图4-27　心外膜、胸壁发生纤维素性粘连

4. 肠炎型　多见于流产胎儿和新生仔猪，胃肠道有急性局灶性卡他性炎症，回肠有出血性变化。肠黏膜发炎而潮红，小肠黏膜充血、水肿，内容物稀薄，混有黏液及血液，小肠和结膜浆膜面有灰白色浆液性纤维素性覆盖物，肠系膜淋巴结肿胀；脾脏有出血点，轻度肿大；肝脏质脆，表面有灰白色斑点（图4-28至图4-33）。

图4-28　腹腔内脏器发生纤维素性粘连

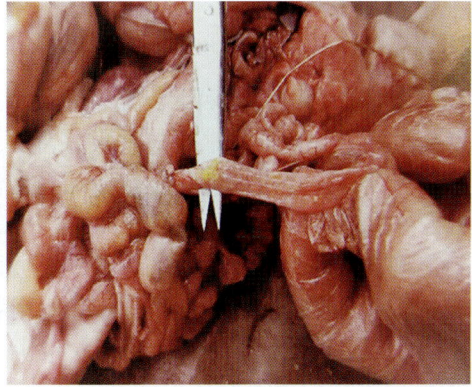

图4-29　小肠充血、水肿，内容物混有黏液及血液

图4-30　肠系膜淋巴结肿胀

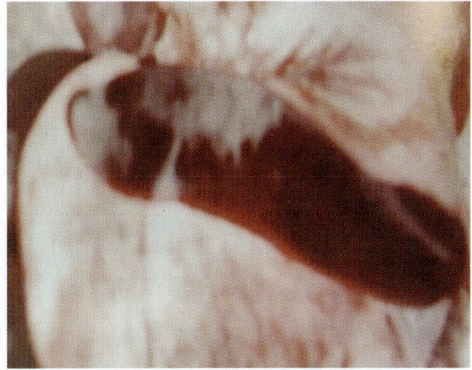

图4-31　脾脏轻度肿胀

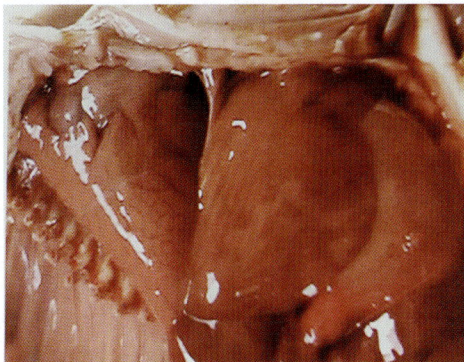

图4-32　新生仔猪肝脏肿大、质脆

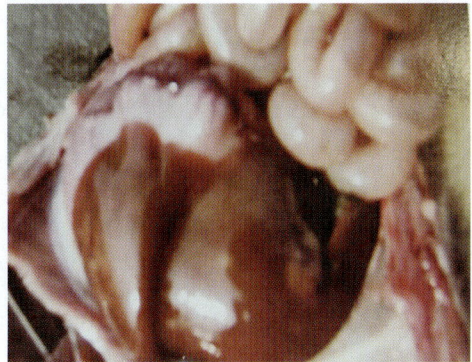

图4-33　肝脏表面有灰白色斑点

（五）鉴别诊断

根据该病的流行病学、临床症状特点和病理变化等可做出初步诊断。应与猪伪狂犬病、猪瘟、猪繁殖与呼吸综合征、猪细小病毒病、猪流行性乙型脑炎、猪布鲁氏菌病、猪弓形虫病、猪钩端螺旋体病等引起繁殖障碍的疾病进行区别。病猪发生关节炎时，应与猪链球菌、猪丹毒丝菌、副猪嗜血杆菌等感染进行区别。

确诊需要进行实验室诊断：吉姆萨染色和 Koster 染色后，涂片和组织样本中可观察到衣原体；也可以使用特异性免疫荧光试验或免疫过氧化物酶试验；或用商品化 ELISA 试剂盒检测组织提取物中的衣原体抗原；还可以用 PCR 检测特异性衣原体。

（六）防治措施

1. 治疗措施

（1）猪群发病时，应将病猪隔离饲养，清除流产死胎、胎盘及其他病料并进行无害化处理。对猪舍和产房用石炭酸、福尔马林喷雾消毒。

（2）衣原体对于四环素、土霉素、泰乐菌素非常敏感，可选这些药物进行治疗。仔猪发病时，可肌内注射1%土霉素，每天1次，连用5次。

2. 预防措施

（1）引进种猪时要严格检疫和监测，阳性种猪场应限制及禁止输出种猪。

（2）做好猪场的环境消毒工作。

（3）避免健康猪与病猪、带菌猪及其他易感染的哺乳动物接触。

（4）用猪衣原体灭活疫苗对母猪进行免疫接种，初产母猪配种前免疫接种2次，间隔1个月；经产母猪配种前免疫接种1次。

五、猪弓形虫病

弓形虫病（Toxoplasmosis）又称弓形体病，是由刚地弓形虫引起的人兽共患寄生虫病。

（一）病原学

该病病原为刚地弓形虫（*Toxoplasma gondii*），猫科动物是唯一最终宿主。

（二）流行病学

该病病原的中间宿主包括45种哺乳动物和70种鸟类和5种冷血动物。当人弓形虫被终末宿主猫吃后，便在肠壁细胞内开始裂殖生殖，其中有一部分虫体经肠系膜淋巴结到达全身，并发育为滋养体和包囊体。另一部分虫体在小肠内进行大量繁殖，最后成为大配子体和小配子体，大配子体产生雌配子，小配子体产生雄配子，雌配子和雄配子结合为合子，合子再发育为卵囊。随猫粪便排出的卵囊数量很大。被排出的卵囊污染饲料、用具，经口、皮肤黏膜伤口、胎盘、器械、蜱传播。当猪或其他动物吃入这些卵囊后，就可引起弓形虫病。

（三）临床症状

猪弓形虫病的主要特征是妊娠母猪早产或产出发育不全的仔猪或死胎。此外，3月龄左右的猪多见高热稽留（体温40～42℃）、呼吸困难（图4-34）、咳嗽、腹式呼吸；病猪精神沉郁，结膜发绀，皮肤出现紫红色瘀斑，体表淋巴结特别是腹股沟淋巴结明显肿大，身体及耳部出现瘀斑，或有较大面积发绀；有时出现肠炎及神经症状。

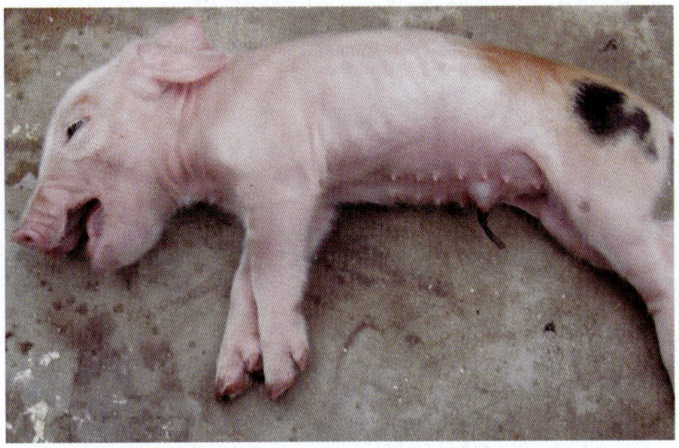

图4-34　仔猪张口呼吸

（四）病理变化

剖检可见病死猪全身淋巴结和脾脏肿大，肺脏肿大、间质增宽（图4-35），胃弥散性出血（图4-36），肝脏和淋巴结有坏死点（图4-37），肠系膜淋巴结成束状肿胀（图4-38）。

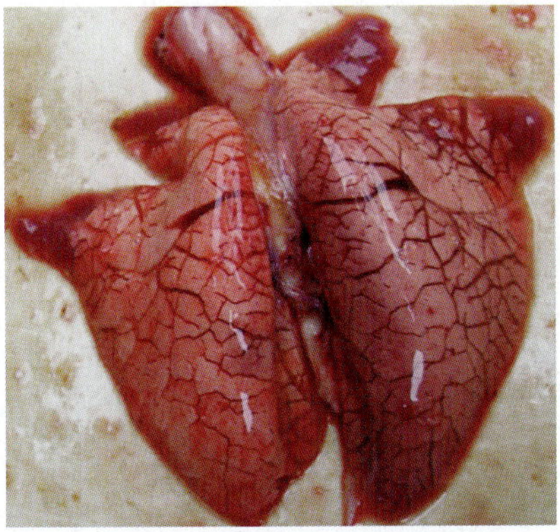

图4-35　肺脏肿大、间质增宽

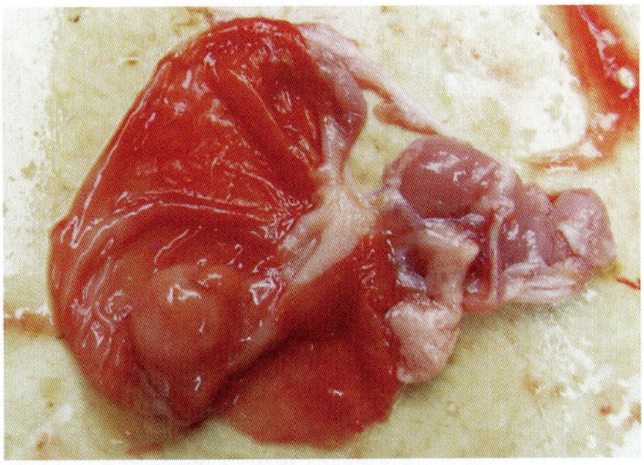

图4-36　胃底弥散性出血

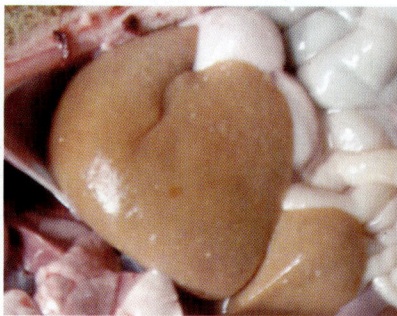

图 4-37　肝脏表面有白色坏死点

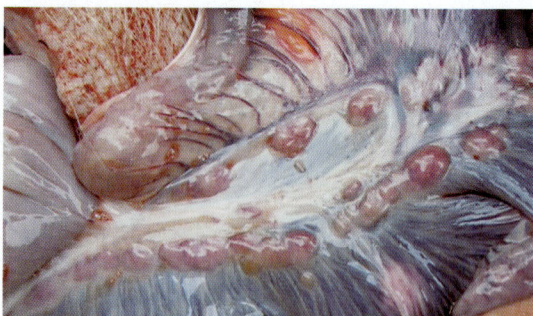

图 4-38　肠系膜淋巴结肿大、出血

（五）鉴别诊断

可采集病猪肺脏、淋巴结或腹水等组织制片，瑞氏或吉姆萨染色镜检，可检出弓形虫（滋养体）；同时采集病猪肺脏、淋巴结或腹水等，按1∶10稀释，腹腔接种小鼠，10～20d后，取小鼠腹水抹片镜检，可发现大量滋养体；在猪只发病初期的高温期，有时在血液中也可发现滋养体。

（六）防治措施

（1）病情较轻或有治疗价值的病猪要及时隔离，进行对症治疗，可选用磺胺类药物（如增效磺胺-5-甲氧嘧啶、磺胺-6-甲氧嘧啶钠或磺胺甲基异噁唑），首次用药剂量加倍。注意一般在3d内治疗效果比较明显，一旦猪发病超过5d，则治愈效果较差，即便采取治疗措施，症状消失后弓形虫也会进入组织而形成包囊，并会使病猪成为带虫者。

（2）病情严重或无治疗价值的病猪要进行深埋等无害化处理，并对猪舍内外环境进行消毒。

（3）严禁猫进入猪场和存放饲料的仓库，加强灭鼠。

猪场常见的消化系统疾病及其防控

猪消化系统疾病是猪群的高发性疾病，在养猪业中引起猪腹泻的原因多种多样，主要有食源性及营养性腹泻、应激性腹泻、细菌性腹泻、病毒性腹泻及寄生虫引起的腹泻。

食源性及营养性腹泻：如母乳因素、换料、饮水不洁、饲养霉变及饲料品质不良等导致的猪腹泻。

应激性腹泻：环境突然变化如温度骤变引起冷热应激，以及药物刺激等引起的猪腹泻。

细菌性腹泻：主要包括痢疾、大肠杆菌病、产气荚膜梭菌性肠炎、沙门氏菌引起的仔猪副伤寒等多种疾病，尤其在秋冬季节。日常管理中应根据流行病学和临床症状综合鉴别。主要的预防措施是在防寒保暖、加强日常管理的基础上，提高机体抵抗力和做好预防保健。

病毒性腹泻：常见的有猪流行性腹泻、猪传染性胃肠炎、猪轮状病毒病、猪瘟、腺病毒感染及疱疹病毒感染等，确诊需要实验室检测。

寄生虫引起的腹泻：肠道感染的寄生虫如球虫、蛔虫及鞭虫等引起的猪腹泻。

一、猪流行性腹泻

猪流行性腹泻（Porcine epidemic diarrhea，PED）是由猪流行性腹泻病毒（Porcine epidemic diarrhea virus，PEDV）引起的一种急性、高度接触性肠道传染病，以严重腹泻、呕吐、脱水死亡为主要特点。

视频16

（一）病原学

猪流行性腹泻病毒属于冠状病毒科、Alpha冠状病毒属，病毒粒子成球状，平均长度约130nm，核酸是具有侵染性的单股正链RNA，完整基因组总长度约为28kb。该病毒对乙醚、氯仿敏感；对热和光照敏感；在低温下可长期保存，液氮中存放3年毒力无明显下降。根据全基因组系统发育分析，全球PEDV毒株分为两个群：一个群是20世纪70年代在欧洲首次出现的经典PEDV毒株；另一个群是2010年以后出现的新型PEDV毒株。其中，新型PEDV毒株进一步分为non-S INDEL亚群（主要为高致病性）和S INDEL亚群（温和型）。PEDV只有一个血清型，和猪传染性胃肠类病毒（TGEV）、猪德尔塔冠状病毒（PDCoV）之间不存在交叉中和反应。

（二）流行病学

猪流行性腹泻于1971年在英国被首次报道。2010年后毒株发生变异，在我国广泛传播，可发生于任何年龄的猪，且年龄越小，症状越重，死亡率越高。2012—2014年在亚洲、美洲、欧洲和大洋洲大流行，导致很多养猪国家的大量仔猪死亡，引起了全球养猪业的关注，被认为是世界养猪行业的威胁之一。该病只发生于猪，各种年龄的猪都能感染发病，尤以哺乳猪受害最为严重，1～7日龄哺乳仔猪的发病率和死亡率可达80%～100%。病猪是主要传染源，直接或间接经粪-口途径传播，受污染的环境、饲料、饮水、交通工具及用具等可作为传播媒介。2010年以前，我国春季和冬季的严寒天气（每年11月至次年3月）为PED的发病高峰期，从2010年出现高致病性变异毒株开始，该病的发展情况就出现了显著变化，一年四季均可发病，没有明确的季节性，且常呈现暴发或地方性流行。

（三）临床症状

目前引起猪腹泻的病原微生物以PEDV为主，且出现了以PEDV感染为主的混合感染。PEDV的主要临床症状为水样腹泻（图5-1），或者在腹泻之间有呕吐，呕吐多发生于进食后。症状的轻重随病猪年龄的大小而有差异，年龄小，症状越重。1周龄内新生仔猪发生腹泻后3～4d，呈现严重脱水而死亡（图5-2），死亡率可高达80%～100%。病猪体温正常或稍高，精神沉郁，食欲减退或废绝（图5-3）。断奶仔猪、母猪常精神委顿、厌食，并持续性腹泻约1周，之

图5-1　仔猪水样腹泻

图5-2　仔猪脱水而死亡

图5-3　仔猪精神沉郁，食欲减退

后逐渐恢复正常，少数猪恢复后生长发育不良。育肥猪在同圈饲养感染后均发生腹泻，1周后康复，死亡率1%～3%。成年猪症状较轻，有的仅表现呕吐，重者水样腹泻3～4d后可自愈。

（四）病理变化

3日龄仔猪感染PEDV的病变主要发生在小肠中，尤其是空肠和回肠。小肠扩张、肿胀，充满黄色液体（图5-4、图5-5），肠系膜充血，肠系膜淋巴结水肿，小肠绒毛缩短。组织学变化见空肠段上皮细胞的空泡形成和表皮脱落，肠绒毛显著萎缩（图5-6、图5-7）。大肠中大肠腺结构不清晰，细胞崩解、脱落（图5-8），黏膜下层有少量淋巴细胞。心脏、肺脏、肾脏未见明显的病理变化。

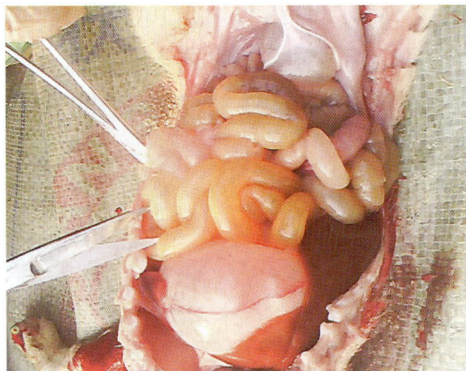

图5-4　小肠肿胀

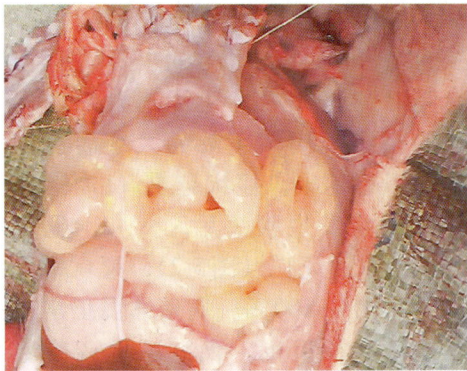

图5-5　肠内充满黄色液体

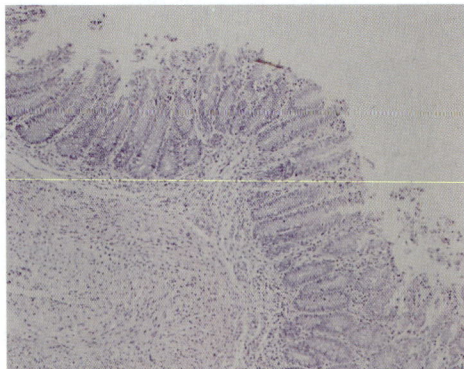

图5-6　空肠绒毛显著萎缩，上皮细胞形成空泡和表皮脱落

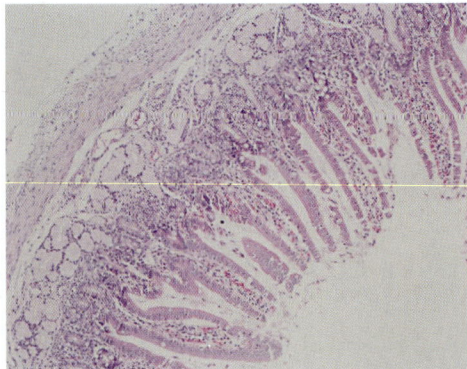

图5-7　十二指肠肠绒毛缩短

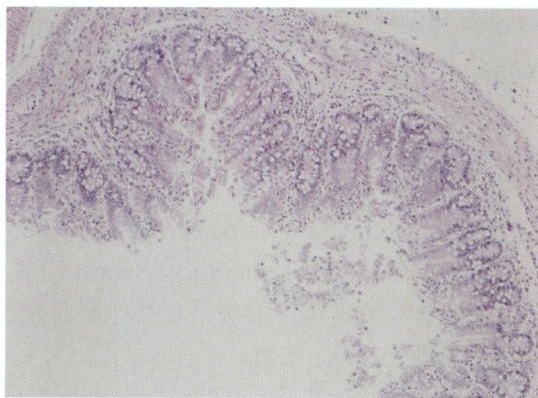
图5-8 结肠上皮细胞形成空泡和表皮脱落

（五）鉴别诊断

该病在临床上与猪传染性胃肠炎症状相似，不易区分，需要通过实验室检测进行鉴别。

PEDV难以进行细胞培养，实验室常用的检测方法主要是RT-PCR和荧光定量qPCR，两者均可以准确检测病料中所含的病原。抗体检测主要采用ELISA。

（六）防治措施

该病无特效治疗药物。PED的防控措施主要集中在四个方面：生物安全措施、保温、疫苗免疫和返饲。

1. 生物安全措施 严格有效的生物措施是预防控制PED的基本原则，也是最有效的安全措施之一，主要是指减少和限制与PEDV有潜在接触可能的人、物、料等。

2. 保温 初生仔猪采用保温箱、调整保温灯的悬挂高度等措施来避免冷刺激。

3. 疫苗免疫 目前市场上有基于PEDV经典毒株的各种灭活或减毒的二价或三价疫苗，也有基于新型non-S INDEL的二价灭活疫苗。首先了解本猪场或本地区主要流行的毒株亚型，然后采用一定的免疫程序：妊娠母猪在产前45d和15d可用猪传染性胃肠炎、猪流行性腹泻二联弱毒苗和灭活苗免疫2次，这样出生后的哺乳仔猪便能获得被动免疫。也可对初生乳猪用弱毒苗进行主动免疫。

4. 返饲 是指用发病仔猪的粪便及肠道返饲妊娠母猪，很多猪场采用返饲的办法有效遏制疫病，但返饲时需要结合实验室检查，以确认返饲的病料中并无其他传染性病原。

二、猪传染性胃肠炎

猪传染性胃肠炎（Transmissible gastroenteritis of swine，TGE）是由猪传染性胃肠炎病毒（Transmissible gastroenteritis of swine virus，TGEV）感染猪引起的一种急性、高度接触性消化道传染病，以排水样稀便、呕吐和脱水为特征，WOAH将其列为B类动物疫病。

（一）病原学

TGEV属于冠状病毒科、Alpha冠状病毒属，病毒粒子呈圆形、椭圆形或多边形，核酸为单股RNA，由三种主要结构蛋白构成。TGEV只有一个血清型，和猪流行性腹泻病毒（PEDV）无抗原相关性，但与猪呼吸道冠状病毒（PRCV）有交叉保护。对乙醚、氯仿、氢氧化钠、甲醛、碘以及季铵盐类化合物等敏感；耐酸，弱毒株在pH 3时活力不减，强毒在pH 2时仍然相当稳定；对热和光照敏感，56℃下30min能很快灭活，37℃下4d丧失毒力，但在低温下可长期保存，液氮中存放3年毒力无明显下降。

（二）流行病学

病猪和带毒猪是主要传染源，可通过粪便、呕吐物或乳汁、鼻分泌物以及呼出的气体排出病毒。根据不同年龄猪的易感性，TGE可呈三种流行特征：①各种年龄的猪都可感染，易感猪通过消化道或呼吸道感染。TGE多发生于冬春季节，发病高峰为12月至次年2月。哺乳仔猪感染后病死率很高，可达100％。②呈地方性流行，TGE 流行发生于TGEV/PRCV血清阴性占多数并且易感的猪群中。该病毒一旦侵入猪场，迅速蔓延到所有年龄的猪，地方性TGE是疫情暴发的常见后果，经常发生在分娩的血清阳性猪群中，通常因规模扩大或将易感猪混群引起。地方性感染的猪群中，TGEV在成年猪中缓慢传播。母猪通常是免疫的和无症状的，并可将不同程度的被动乳源性免疫转移给后代。这些猪群会发生轻度的TGEV腹泻，从大约6d到断奶后约2周，猪的死亡率通常在10％～20％。年龄相关效应受管理制度和母猪被动免疫程度的影响。③呈周期性流行，常发生于TGEV重新侵入有免疫母猪的猪场。

（三）临床症状

一般2周龄以内的仔猪感染后12～24h会出现呕吐，继而出现严重的水样腹泻（图5-9、图5-10），粪便呈黄色、绿色或白色，带有乳凝块或脱落的肠黏膜碎片（图5-11、图5-12）。病猪严重脱水、消瘦（图5-13、图5-14），10d内仔猪病死率高达100%，随着仔猪日龄增加病死率降低。病愈仔猪易成为僵猪。生长肥育猪刚开始食欲不振或废绝，其后排灰褐色水样腹泻，粪便呈直线状排出，经过5～8d腹泻停止。妊娠母猪发病后可导致泌乳量减少而加重仔猪的病情。有些母猪因与患病仔猪密切接触而反复感染，症状较重，体温高，泌乳停止，同时出现呕吐、食欲不振和腹泻，也有些哺乳母猪不表现临诊症状。

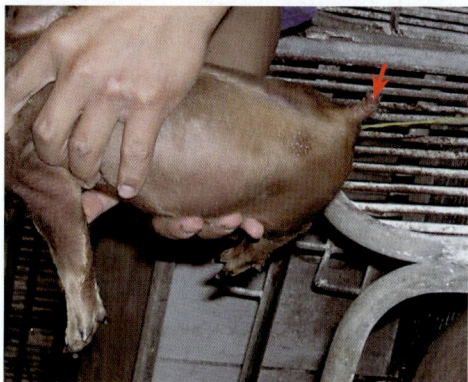

图5-9　新生仔猪水样腹泻

图5-10　公猪水样腹泻

图5-11　母猪排出黄绿色水样稀粪

图5-12　生长猪排黄色水样稀粪

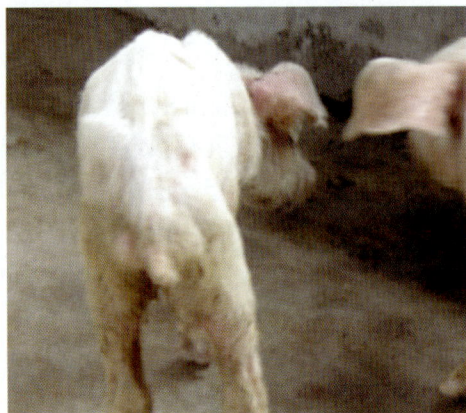

图5-13 生长猪脱水、消瘦

图5-14 保育猪脱水、消瘦

（四）病理变化

病猪的主要病变为异常消瘦，脱水明显，胃内充满乳凝块，胃底黏膜充血、出血（图5-15）；肠内充满水样粪便，肠壁薄，呈半透明状（图5-16），肠系膜充血，淋巴结肿胀、出血（图5-17）；心脏、肺脏、肾脏未见明显的病理变化。

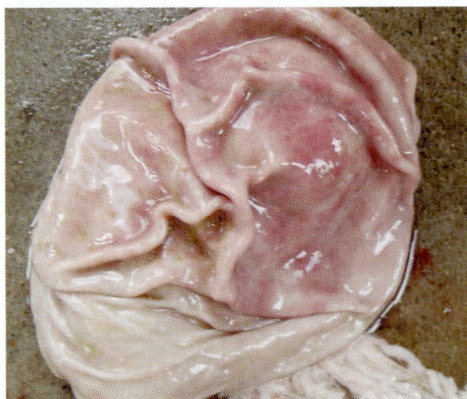

图5-15 胃黏膜弥散性出血

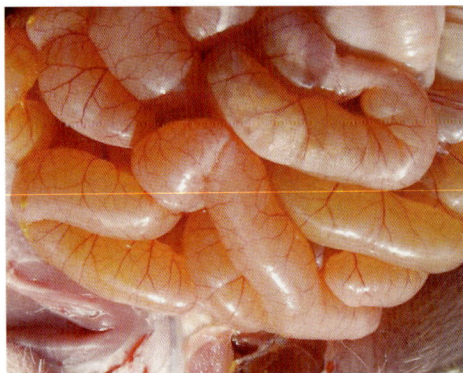

图5-16 肠壁薄、透明，肠腔内充满水样稀粪

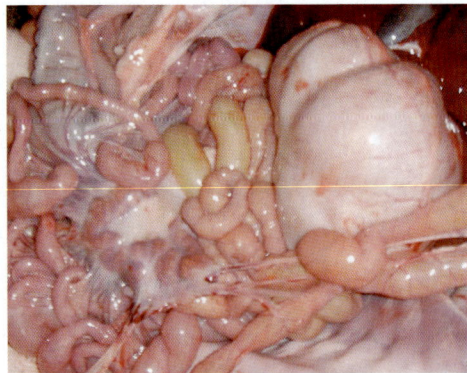

图5-17 肠系膜淋巴结肿大、出血

（五）鉴别诊断

该病的临床症状和其他肠道疾病（PEDV、PRV、PDCoV和球虫病）相似，确诊可以用RT-PCR或荧光定量RT-PCR检测粪便或病变组织中的病毒抗原或核酸，也可以用ELISA检测TGEV抗体。

（六）防治措施

（1）目前已有商品化的TGEV疫苗，包括灭活苗和减毒活疫苗，已用于妊娠母猪或新生仔猪，免疫前需要评估PRCV和TGEV抗体水平。参考免疫程序：每年冬季妊娠母猪于产前30～20d接种，每头猪接种1头份；公猪普免，每头猪接种1头份；后海穴注射。当前疫苗研发方向为既能够刺激母猪肠道产生sIgA，又不会引起新生仔猪疾病的弱毒疫苗。

（2）严禁从疫区或病猪场引进猪只；加强猪舍卫生消毒工作，外来人员如与猪群接触要更换鞋帽；加强保温工作，发病群减少饲喂，并选用优质饲料；用复合酚、复合醛、蓝光（ClO_2）等消毒药对粪便、猪栏、环境进行消毒。

三、猪轮状病毒病

猪轮状病毒病是由轮状病毒感染仔猪引起的消化道功能紊乱的一种急性肠道传染病，成年猪多呈隐性感染。

（一）病原学

轮状病毒主要存在于病猪的肠道内，随粪便排到外界环境中，污染饲料、饮水、垫草和土壤，经消化道传染而感染其他猪。病原体除猪轮状病毒外，从儿童、犊牛、羔羊、马驹分离的轮状病毒也可感染仔猪并引起不同程度的症状。轮状毒对外界环境的抵抗力较强，在18～20℃的粪便和乳汁中能存活7～9个月。

（二）流行病学

猪轮状病毒病潜伏期一般为12～24h，常呈地方性流行。8周龄以下的仔猪易感染，10～20日龄仔猪症状较轻。仔猪日龄越小，发病率越高，一般为50%～80%，病死率一般为10%以内。当环境温度下降和继发大肠杆菌病时常使症状加重，死亡率增高。

（三）临床症状

病猪精神不振，食欲减少，不愿走动，仔猪吃奶后迅速发生呕吐及腹泻，粪便呈黄色、灰色或黑色，为水样或糊状，脱水明显（图5-18）。通常10～21日龄仔猪的症状较轻，腹泻仔猪数日即可康复；成年猪为隐性感染，基本没有症状。

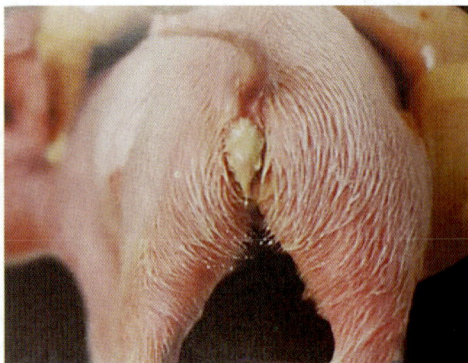

图5-18　仔猪腹泻

（四）病理变化

病变主要在消化道。病猪胃壁弛缓，充满乳凝块和乳汁，肠管薄，小肠壁薄且呈半透明状，内容物为液状且呈灰黄色或灰黑色，小肠绒毛萎缩（图5-19），有时小肠出血，肠系膜淋巴结肿大。

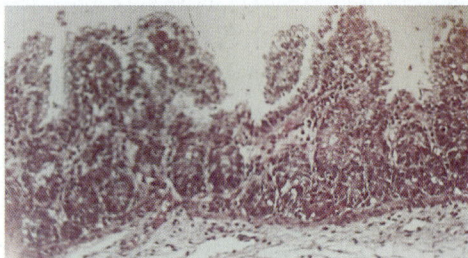

图5-19　小肠绒毛萎缩

（五）鉴别诊断

本病多发生在寒冷季节，仔猪易感，主要症状为腹泻。但是引起病猪腹泻的原因很多，常发现轮状病毒与冠状病毒或大肠杆菌的混合感染，使诊断复杂化。实验室确诊可以用RT-PCR或荧光定量RT-PCR检测粪便或病变组织中的病毒抗原或核酸，也可以用电镜或荧光电镜观察。

（六）防治措施

1. 疫苗免疫　用猪轮状病毒油佐剂灭活苗或猪轮状病毒弱毒双价苗对母猪或仔猪进行预防注射。油佐剂灭活苗于妊娠母猪临产前30d肌内注射2mL；仔猪于7日龄和21日龄各注射1次，注射部位在后海穴（尾根和肛门之间凹窝处），每次每头猪注射0.5mL。弱毒苗于母猪临产前5周和2周分别肌内注射1次，每次每头猪注射1mL。

2. 加强管理　保持圈舍清洁卫生，勤打扫、勤冲洗。仔猪要注意防寒保暖，增强母猪和仔猪的抵抗力。

3. 早吃初乳　在疫区要使新生仔猪及早吃到初乳，因初乳中含有一定量的保护性抗体，可使仔猪获得一定的抵抗力。

4. 消毒 猪舍及用具经常进行消毒，可减少环境中病毒含量，也可防止一些细菌的继发感染，减少发病的机会。

5. 隔离病猪 发现病猪立即隔离到清洁、卫生、干燥和温暖的猪舍中，加强护理，提供易消化的饲料，及时清除病猪粪便及被粪便污染的垫草，消毒被污染的环境和器具。

四、猪瘟

猪瘟（Classical swine fever，CSF）又称"烂肠瘟"，因病猪表现烂肠、腹泻、粪恶臭而得名。该病是由猪瘟病毒（Classical swine fever virus，CSFV）感染猪引起的一种急性、发热、接触性传染病。

视频17

（一）病原学

猪瘟病毒（CSFV）是黄病毒科、瘟病毒属单股RNA病毒。通过基因组片段测序、构建系统进化树的算法以及遗传群体的分类，已将CSFV新分离株的遗传学鉴定程序标准化。通常用病毒基因组的3个区域来评估：聚合酶基因（$NS5B$）的3′端、5′非翻译区（NTR）中的150个核苷酸和$E2$基因中的190个核苷酸。由于$E2$糖蛋白序列数据丰富，常根据其序列进行基因分型。CSFV分为3个主要基因型，每个基因型包括3个或4个亚型（1.1、1.2和1.3；2.1、2.2和2.3；3.1、3.2、3.3和3.4）。进化树分析发现了基因型和地理起源之间的关系。基因1型分离株分布于南美洲和俄罗斯。大部分病毒属于基因2型，它们来源于西欧、中欧或东欧以及部分亚洲国家，在南美洲的哥伦比亚也分离到基因2型CSFV。基因3型CSFV仅分布于亚洲。CSFV只有一个血清型，但有毒力强弱之分。强毒型感染引起死亡率高的急性猪瘟，中等毒力型感染引起亚急性和慢性猪瘟，低毒力型感染引起亚临床感染猪瘟，无毒力型感染可引起病毒血症，导致持续感染。病毒对2% NaOH、氯制剂和复合醛等消毒药敏感。

（二）流行病学

近年来，一些无CSF地区出现了CSFV的入侵。病猪和带毒猪是主要的传染源，通过口、鼻、泪腺分泌物、尿液、精液、粪便排毒。在自然情况下，CSFV主要通过口、鼻直接或间接接触发病野猪或家猪而感染，或通过摄入病毒污染的食物而感染。当生物安全防护不足时，CSFV可通过人进行间接传播。早期主要在扁桃体复制，然后CSFV从扁桃体扩散到局部淋巴结，再通过外周血扩散到骨髓、内脏淋巴结以及与小肠和脾脏相关的淋巴结。病毒通常会在

6d内扩散至猪体全身。猪体内，CSFV在单核巨噬细胞和血管内皮细胞中复制。猪感染该病毒后会产生免疫抑制现象，且中和抗体在感染后2～3周才会出现。

　　CSFV低毒力毒株感染妊娠母猪时，造成产死胎或产弱仔。另外，感染母猪在分娩过程中排出大量的CSFV。本病一年四季均可发生，一般在春秋季较为严重。病猪表现明显症状时，病死率很高，可达60%～80%。

（三）临床症状

　　在急性CSF中，临床症状包括初期的厌食、嗜睡、结膜炎、呼吸道症状、便秘和后期的腹泻。病猪体温高达41～42℃，弓背垂尾，进食减少甚至废绝，扎堆明显（图5-20）。病初感染猪便秘后腹泻，排出黄绿色水样稀粪；眼红，眼屎多，眼睑粘连（图5-21）；腹下、鼻端、耳根、四肢内侧形成出血斑点（图5-22至图5-25）；随着病程的延长往往会形成后肢麻痹。公猪包皮发炎，有尿潴留。妊娠母猪感染可导致流产，产死胎、木乃伊胎、弱仔，如产下貌似正常仔猪也会出现免疫耐受现象。

图5-20　病猪发热、扎堆

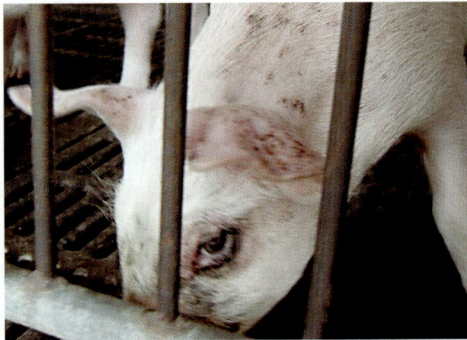

图5-21　病猪眼发红，眼分泌物增多

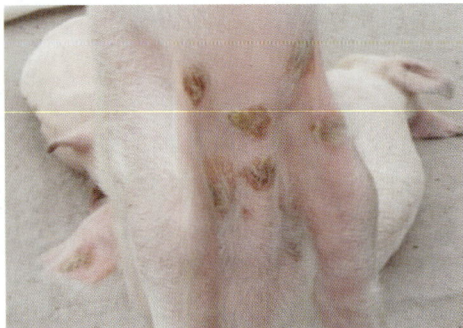

图5-22　胸部皮肤的出血斑

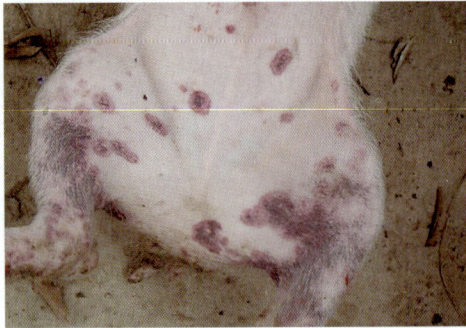

图5-23　后肢皮肤的出血斑

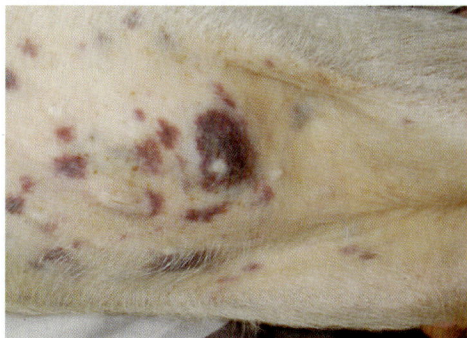

图5-24　腹部皮肤的出血斑

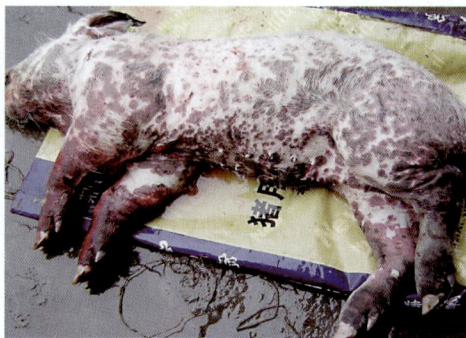

图5-25　全身皮肤的出血斑

经过急性过程未死者，则转为慢性病猪。慢性感染与急性CSF的临床症状相似，体温时高时低，食欲时好时坏，便秘与腹泻交替发生，病猪明显消瘦，精神萎靡，行走不稳或不能站立。一般病程可达20d以上，最后衰竭死亡者居多，也有耐过者，但成为僵猪。

（四）病理变化

该病以出血性败血性病变为特征。病猪淋巴结肿大、出血，呈大理石样外观（图5-26至图5-28）；肾脏呈雀斑肾（图5-29至图5-31）；脾脏边缘有紫黑色的梗死（图5-32）；扁桃体、胆囊发生出血、梗死（图5-33、图5-34）；口腔黏膜、心脏、

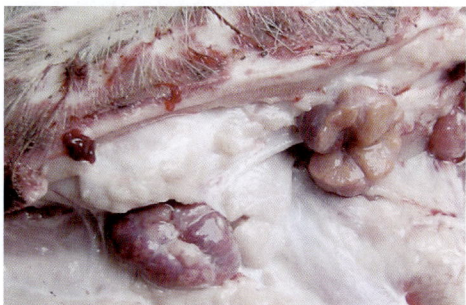

图5-26　下颌淋巴结肿大、出血

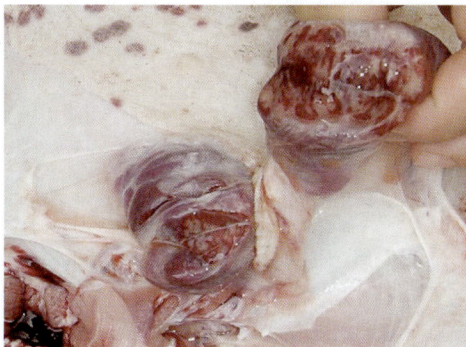

图5-27　腹股沟淋巴结肿大、出血

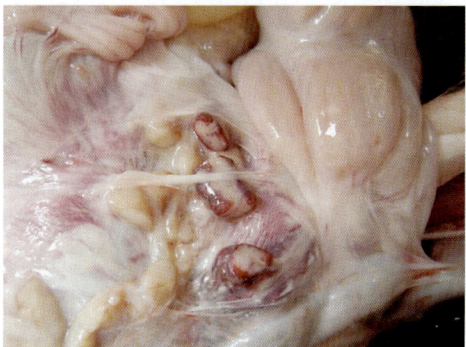

图5-28　肠系膜淋巴结肿大、出血

129

肺脏、胃、肠、膀胱有出血点或出血斑，甚至形成溃疡（图5-35至图5-45）；回盲口有纽扣状溃疡灶（图5-46、图5-47）；脑水肿，脑积液增多（图5-48）；肋软骨联合处到肋骨近端形成明显的骨骺线。

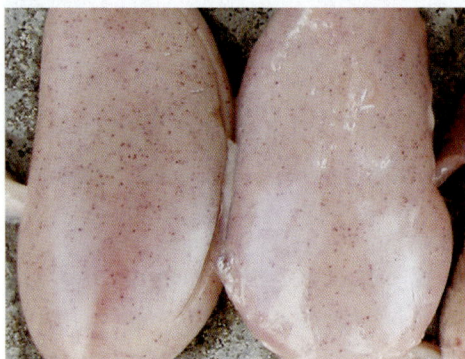
图5-29　肾脏点状出血

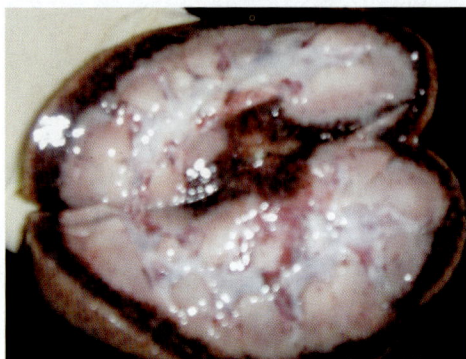
图5-30　肾脏皮质出血，肾髓质水肿

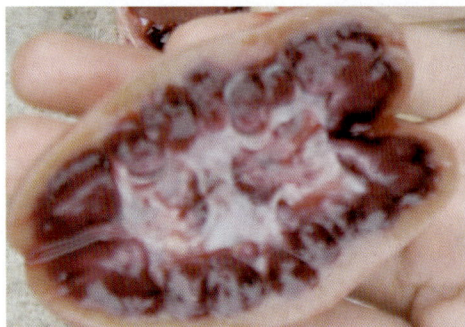
图5-31　肾髓质出血

图5-32　脾脏边缘梗死

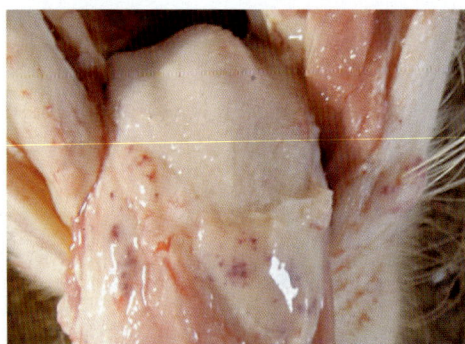
图5-33　扁桃体出血

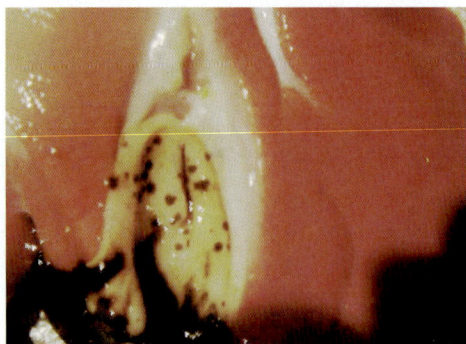
图5-34　胆囊壁出血

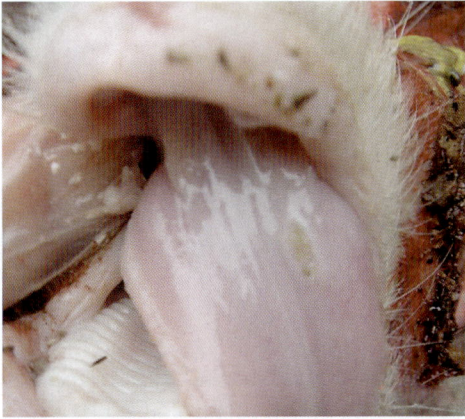

图 5-35　舌根部溃疡

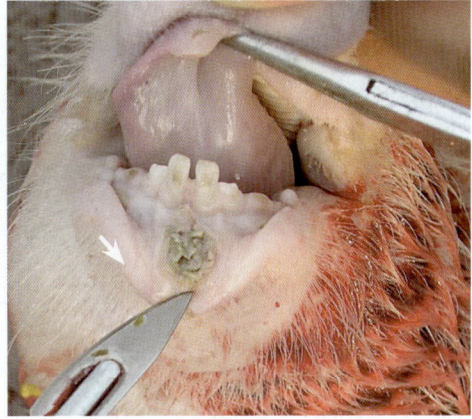

图 5-36　下唇面溃疡

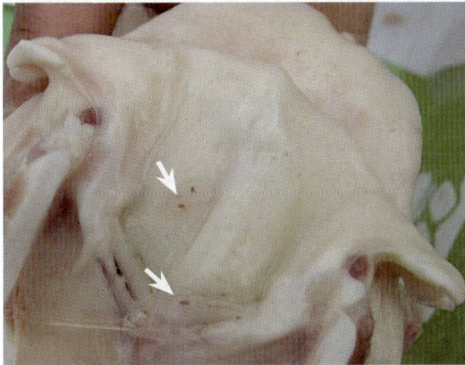

图 5-37　喉头、会厌软骨点状出血

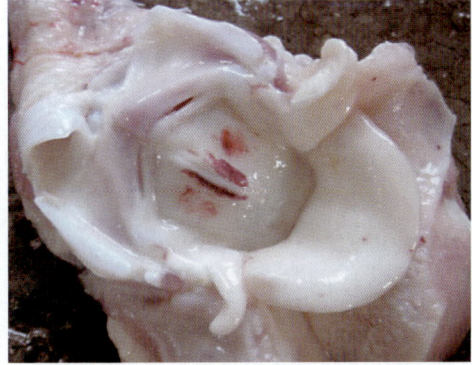

图 5-38　喉头有出血斑

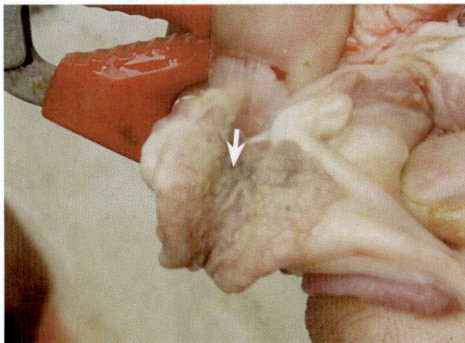

图 5-39　喉头坏死

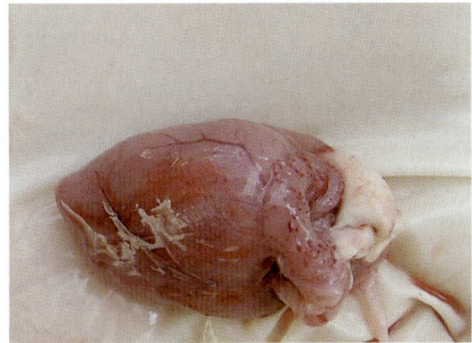

图 5-40　心外膜出血

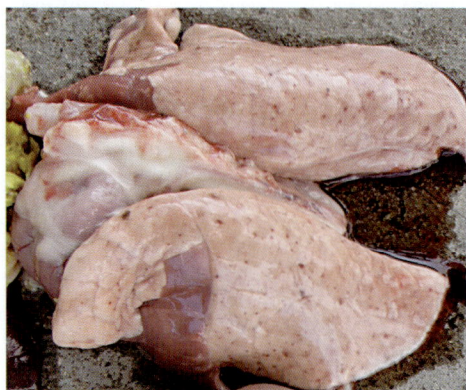
图5-41　肺脏斑点状出血

图5-42　胃黏膜斑点状出血

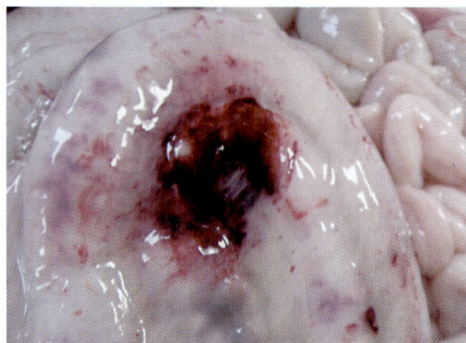
图5-43　结肠浆膜斑点状出血和胶样渗出

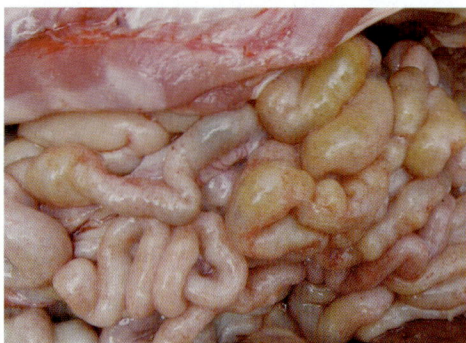
图5-44　肠浆膜点状出血

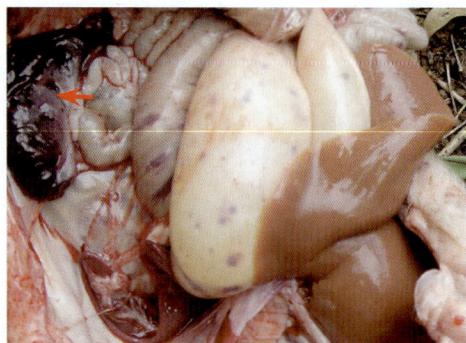
图5-45　膀胱出血

图5-46　回盲口纽扣状溃疡

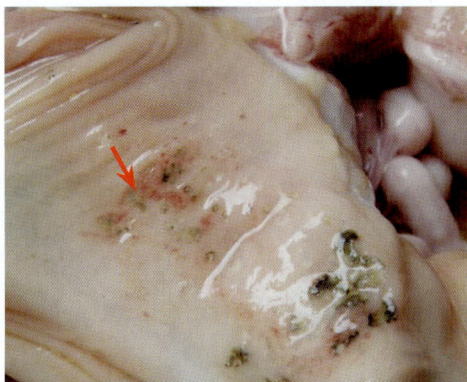

图5-47　胃黏膜出血、溃疡

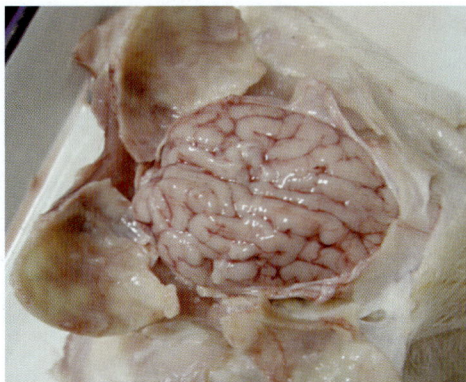

图5-48　脑水肿，脑积液增多

（五）鉴别诊断

欧洲对CSF疫情的应对措施表明，早期诊断并及时消灭CSFV感染动物是防控的关键。CSF确诊地越晚，病毒扩散的风险越大。但仅仅根据临床症状诊断CSF是不可靠的，常会导致对CSF暴发的识别迟缓。包括CSF在内的多种疾病的临床表现均为高热、出血、发绀和非特异性临床症状。尤其是当低毒力的CSFV感染时，很难与非洲猪瘟（ASF）、猪繁殖与呼吸综合征（PRRS）、猪皮炎肾病综合征（PDNS）、沙门氏菌感染和香豆素中毒进行区分，因此常需要结合实验室诊断进行确诊。

由于控制疫情暴发的关键是防止病毒在养殖场之间的传播，所以综合考虑诊断灵敏度、诊断特异性和诊断速度，首选实时反转录聚合酶链式反应（rRT-PCR）技术用于检测病毒核酸。常用的样本主要为全血、拭子和病变组织。

（六）防治措施

CSF多呈地方性流行，是一种在全世界分布广泛的重要疾病。虽然部分地区已无CSFV，但在无疫区和疫区的边界以及一些野猪种群中仍然存在CSFV。CSFV再次入侵无疫区的风险仍然很高。

1.预防免疫措施　目前有多种CSF疫苗可供选择，包括中国C株、Thiverval株活疫苗和可用于区分野毒感染与疫苗免疫动物的新型标记疫苗。目前市场上存在的商品化重组E2蛋白亚单位疫苗可用于DIVA检测。近年来，CSF疫苗的开发主要有5种基于基因工程的构建策略：具有免疫原性的CSFV

多肽、DNA疫苗、表达CSFV蛋白的活病毒载体、嵌合型瘟病毒和CSFV复制子。嵌合型瘟病毒CP7-E2Alf在全面评估其安全性和有效性后成功上市出售。

2.综合防控措施

（1）**坚持自繁、自养** 禁止从有猪瘟的国家和地区引种。引种时就地注射猪瘟疫苗，待猪只产生免疫力后方可引入，进场隔离饲养2～3周后再混群。

（2）**加强饲养管理** 选用优质饲料，加强卫生消毒工作，舍内要定期消毒，人员出入猪舍应进行消毒。可选用石灰、烧碱、蓝光（ClO_2）、复合醛等消毒剂轮换使用。

（3）**做好免疫预防工作** 加强免疫监测，对猪群定期进行抗体监测，制定适合本场的免疫程序。如群体抗体保护率低于50%则视为免疫无效。免疫程序：母猪配种前免疫；仔猪断奶前首免，3～4周后二免；发病群体及受威胁地区新生仔猪进行超前免疫，6～7周后二免。

五、 猪增生性肠炎

猪增生性肠炎（Porcine proliferative enteropathy，PPE）是由专性胞内寄生的胞内劳森菌引起的以一种以回肠和结肠隐窝内未成熟的肠细胞发生腺瘤样增生为特征的猪常见接触性肠道传染病。

视频18

（一）病原学

胞内劳森菌（*Lawsonia intracellularis*，*LI*）是劳森菌属中唯一的种，也是引起猪增生性肠炎的唯一病原，是一种专性胞内寄生菌，革兰氏阴性，无芽孢，微需氧，是弯曲或直的弧状杆菌。该菌抵抗力较强，对季铵盐类、碘类消毒剂敏感。

（二）流行病学

本病各年龄段的猪均可感染，但多见于断奶仔猪，尤其是体重18～45 kg的猪，育肥猪中也可见少数病例。病猪和带菌猪是主要的传染源。本病主要通过消化道进行传播，通过粪便排出病原，造成外界环境、饲料、饮水等污染，从而经口引起易感猪感染，白色品种的猪如大白病、长白病易感性较强。各种应激如温差变化过大、转群、长途运输、饲养密度过大、湿度过高和卫生条件差等均可诱使本病的发生。此外，鸟类、鼠类在本病的传播中也起到了重要作用。猪群内存在免疫抑制性疾病（如PCV2、PRRSV）、饲喂发霉饲料、猪场同时存在的其他肠炎病原（如猪痢疾短螺旋体、结肠螺旋体、沙门氏菌）等因素可以促发增生性回肠炎。

（三）临床症状

1. 急性型　以腹泻为主，常发于 4 ~ 12 月龄青年猪。病猪生长缓慢、消瘦、皮肤苍白、贫血（图5-49），保育期病猪排黄色、灰色的稀粪（图5-50），生长猪排黑色酱油色稀粪，或血样稀粪，带有黏液、坏死组织碎片。部分猪可能没有出现粪便异常即发生死亡，仅仅表现为皮肤苍白。妊娠猪临床感染后在出现症状的 6d 内可能发生流产。

图5-49　保育猪营养不良

图5-50　病猪排稀粪

2. 慢性型　多发生于 6 ~ 20 周龄的断奶仔猪。感染猪表现为轻度至中度腹泻，粪便呈灰绿色，采食正常但不能维持其生长。严重慢性病例可能并发条件性细菌感染，病猪表现为明显虚弱和持续性腹泻，有时会排出含纤维蛋白的水样粪便。

亚临床感染的病猪表现为粪便正常、日增重减少，以及显微镜下可见不太严重的黏膜增生性病变。

（四）病理变化

剖检可见回肠、结肠肠壁增厚（图5-51），结肠有胶样渗出（图5-52），回肠黏膜脑回样皱褶（图5-53、图5-54），肠腔充满未消化的饲料；肠系膜水肿，严重者肠壁覆盖有一层假膜、溃疡（图5-55），肠系膜淋巴结肿大、出血（图5-56、图5-57）；肠黏膜出血，肠管变脆，肠管内容物含有血液（图5-58至图5-61）。

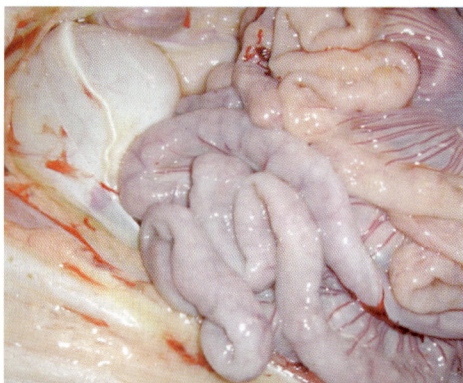

图 5-51　回肠肠管变粗，肠壁增厚

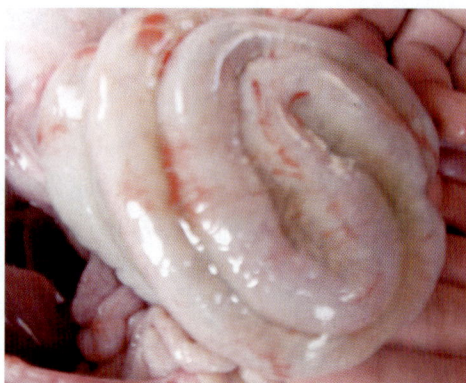

图 5-52　结肠有胶样渗出

图 5-53　回肠黏膜脑回样皱褶（纵向）

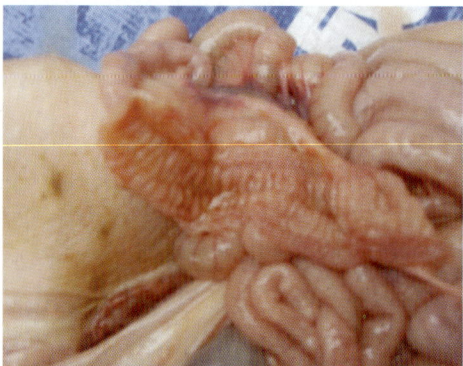

图 5-54　回肠黏膜脑回样皱褶（横向）

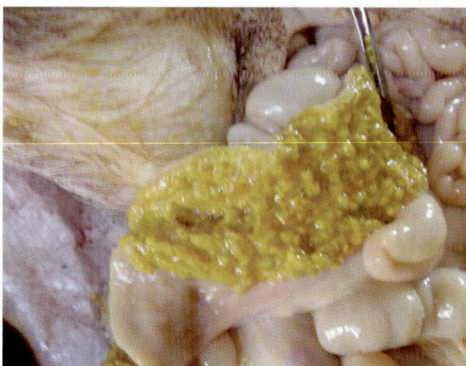

图 5-55　结肠形成假膜，肠壁增厚

图5-56 肠系膜淋巴结肿大

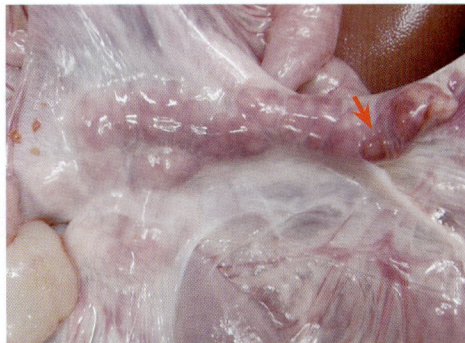
图5-57 肠系膜淋巴结肿大、出血

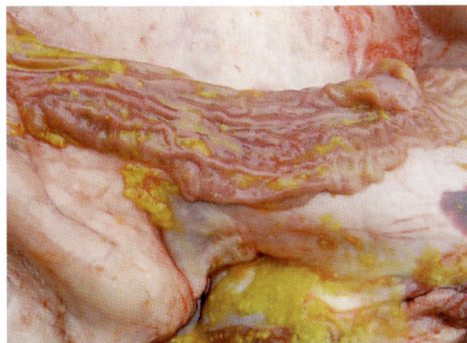
图5-58 结肠黏膜充血、出血

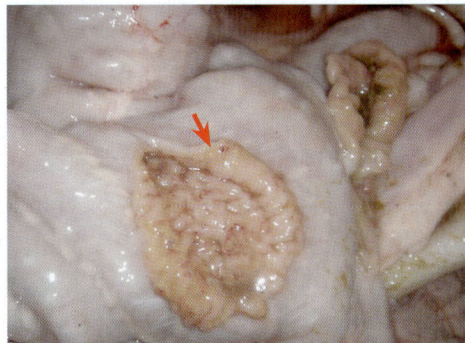
图5-59 结肠黏膜点状出血

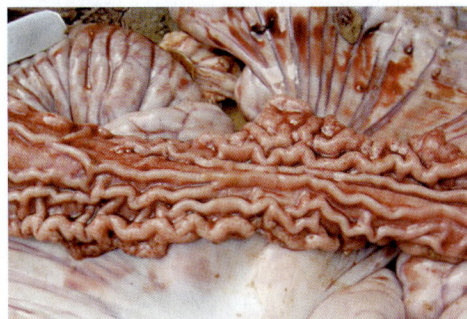
图5-60 回肠黏膜增生、出血

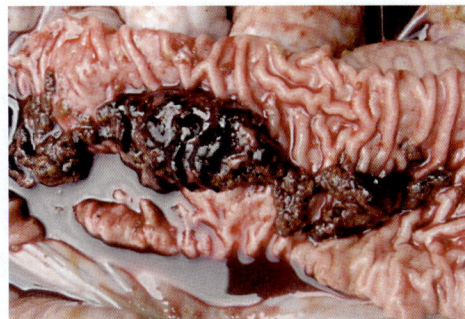
图5-61 肠腔内充满血性粪便

（五）鉴别诊断

仔猪出现严重的腹泻症状，粪便呈黑褐色或带血，突然死亡，或出现间歇性腹泻，粪便带血或坏死组织，剖检猪肠道可见管壁胀满增厚，回肠出血，肠系膜淋巴结和肠系膜肿大，有上述临床症状和剖检病理变化的猪可以初步诊断为猪增生性肠炎，但确诊需经实验室检测。胞内劳森菌难以分离，可采集猪腹泻粪便或病死猪肠内容物送实验室，采用PCR检测抗原核酸。

（六）防治措施

（1）加强管理，推行全进全出模式；做好保温工作，减少温差应激；加强环境卫生工作，保证猪舍干净、干燥，及时清理粪便；加强消毒，敏感消毒药有复合碘、百毒杀、蓝光（ClO_2）等。

（2）国外引进品种，特别是大白猪、长白猪品种及其后代易感性较强。因此引进种猪时要做好预防保健工作。

（3）早发现、早处理是减少损失最有效的措施。发病猪只建议尽快淘汰或者单独饲养。同栏其他猪只按个体治疗方案治疗，全群按整群用药。注意采用综合性防治措施，降低舍内温度，保持舍内干燥和通风，饲用湿拌料。整群常用的药物为泰乐菌素、林可霉素、泰妙菌素、氟苯尼考、大观霉素等新型制剂，特别是第二、三代的复方产品，搭配增效剂具有很好的治疗效果。

六、猪大肠杆菌病

大肠杆菌病（Colibacillosis）是由一定血清型的大肠杆菌感染初生仔猪引起的一种急性、致死性传染病，以发生肠炎、肠毒血症为特征。

该病病原为大肠杆菌（*Escherichia coli*），两端呈钝圆形，属革兰氏阴性短小杆菌，个别菌体近似球杆状或长丝状；大多数大肠杆菌菌株具有荚膜或微荚膜结构，无芽孢。大肠杆菌血清型多，某些血清型为病原菌，如K88、K99等，无交叉保护性。大肠杆菌产生多种毒素，如内毒素、肠毒素（热敏肠毒素、热稳定肠毒素）、致水肿毒素和神经毒素，其中肠毒素是造成腹泻的主要因素，致水肿毒素和神经毒素引起仔猪水肿病。临床常见的有仔猪黄痢、仔猪白痢和水肿病三种（表5-1）。

视频19

表5-1　仔猪黄痢、仔猪白痢和水肿病鉴别诊断及防控

项目	仔猪黄痢	仔猪白痢	水肿病
病原	又称新生仔猪腹泻，是由溶血性致病性埃希氏大肠杆菌引起的一种传染病，是一种初生仔猪常见的传染病，多发于头胎母猪所产的仔猪	是由致病性埃希氏大肠杆菌引起的一种急性肠道传染病，患病仔猪如得不到及时、正确的治疗，重者脱水而死，轻者愈后发育不良，常呈僵猪，给养殖业造成严重影响	猪水肿病俗称摇摆病，又称猪肠毒血症。猪水肿病是由产类志贺毒素大肠杆菌（STEC）引起的断奶仔猪的一种急性、致死性疾病。临床上以全身或局部麻痹、共济失调、眼睑水肿为主要特征
流行病学	主要发生于1周龄内特别是3日龄左右的新生仔猪。本病一年四季均可发生，病猪和带菌猪是主要的传染源，通过粪便排出病菌，从而散布于外界环境，污染水源、饲料、空气及母猪的乳头和皮肤，当仔猪吮乳、舔舐或饮食时，经过消化道感染。病猪出现急性腹泻，排出黄色或黄白色水样粪便，发病急，常波及该窝仔猪的90%以上，病死率高，有的可达100%	本病一般发生于10～30日龄仔猪，7日龄以内及30日龄以上的仔猪很少发生。本病一年四季都可发生，但一般以严冬、早春及炎热季节发病较多，尤其是气候突变时多发，与各种应激有关，如气候突变、生产管理不当及卫生条件差等。一头仔猪发病后，同一窝的仔猪相继发生，发病率可达30%～80%。发病率高而死亡率低	本病季节交替时多发，无明显的季节性流行特点。本病的发病率不高，常呈零星散发，较少见整群发病，发病率仅3%，发病猪群中发病率为10%～30%。本病发病常见于仔猪，尤其是以断奶后20d即30～60日龄仔猪发病较多，2月龄以上小猪发病较少。如果早期发现并及时治疗，死亡率可控制在50%左右，而发现或治疗较晚，则死亡率超过80%。同一窝猪中，体格健壮、生长快、膘度良好的仔猪患病最早。传染源主要为带菌母猪和感染的仔猪，通过粪便排出病菌，污染饲料、水和环境，通过消化道感染。饥饿或过饱，饲料品质差或配比不当，气候骤变，饲养密度过大，卫生条件较差等不良因素均可诱发本病的发生
临床症状	仔猪出生12h后，一窝仔猪突然相继腹泻，排出黄色至灰黄色糊状粪便（图5-62至图5-64），混有乳凝块或小气泡并有腥臭味，随后腹泻愈加严重，数分钟即腹泻一次。病猪一般无呕吐现象，很快消瘦、脱水（图5-65）而死亡，病死率高达100%	以排乳白色或灰白色带有腥臭的浆状稀粪为特征（图5-66）。病程2～3d。仔猪精神委顿，食欲不振或废绝，肛门周围、尾及后肢常被稀粪沾污。病猪脱水消瘦，走路不稳，寒战，体温变化不大，很少死亡	急性病例常未见任何症状即猝死。亚急性病例的主要特点是眼睑严重肿胀，颜面、颈部、耳根部水肿（图5-67至图5-69）。病猪患病初期精神委顿，食欲减退，体温正常，结膜充血，不喜活动，前肢跪地（图5-70），后肢站立。病猪口吐白沫，叫声嘶哑，做转圈运动，共济失调，四肢不断呈划水状，若强行驱赶，则茸毛拱背，后躯左右摇摆，步态蹒跚不稳，并伴有心跳加速，呼吸急促等症状。病程1～2d，最短数小时，病程长的7d以上

项目	仔猪黄痢	仔猪白痢	水肿病
病理变化	黄白痢病死猪尸体脱水，肠黏膜有卡他性出血性炎症。肠道膨胀，肠壁变薄，肠腔内有黄色或灰白色稀粪（图5-71）。胃壁增厚，胃底黏膜水肿，胃内充满乳凝块（图5-72）	肠黏膜充血、出血，肠壁变薄	肠系膜水肿、增厚，淋巴结肿大、出血（图5-73、图5-74），胃壁水肿、增厚（图5-75）。肾脏有小的出血点或坏死点。水肿病患猪眼睑水肿，头颈部皮下水肿。全身淋巴结充血、水肿，肺脏水肿。结肠壁水肿，脑膜充血，脑回水肿（图5-76）
预防	（1）预防黄痢的关键点在于产后母猪的乳头清洁 （2）预防白痢的关键点在于保证母乳质量，维持舒适环境，保持猪舍的清洁卫生、通风干燥，并严格消毒 （3）预防仔猪水肿病的关键点在于做好仔猪断奶后饲料过渡期的管理		
综合防控措施	（1）选用优质全价哺乳料，营养全面。保证母猪泌乳量，初生仔猪尽早吮吸初乳。断奶期饲料品种应逐渐更换，在缺硒地区或使用缺硒地区生产的饲料原料时，要适当提高饲料中维生素E和硒的含量 （2）加强猪舍清洁卫生，保持通风干燥，严格消毒；降低猪群饲养密度，做好保温工作；临产母猪进入产房时要淋浴消毒，接产时用安全的消毒药（如蓝光等）擦洗乳头；同时加强断奶前后仔猪的饲养管理 （3）大肠杆菌易产生耐药性，对发病猪只应根据药敏试验选择敏感抗菌药物进行口服或肌内注射		

图5-62　仔猪黄痢：病猪排黄色糊状稀粪

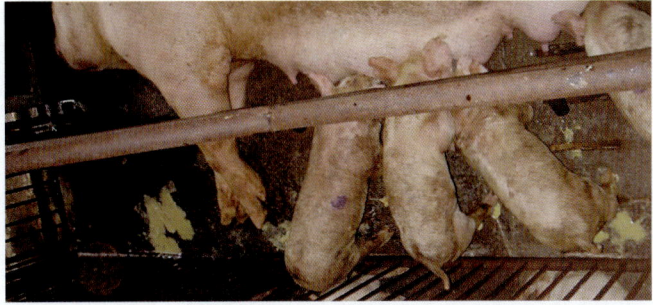

图5-63 仔猪黄痢：母猪乳
汁少，哺乳仔猪
腹泻

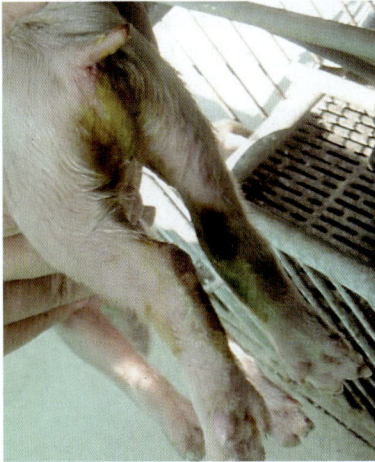

图5-64 仔猪黄痢：病猪排黄色
稀粪

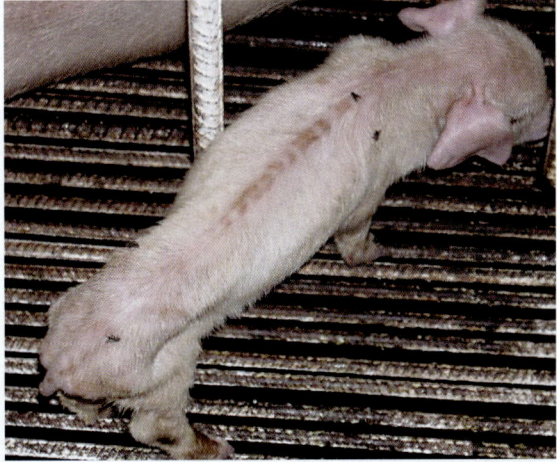

图5-65 仔猪黄痢：哺乳仔猪严重脱水

图5-66 仔猪白痢：病猪排
白色粥样稀粪

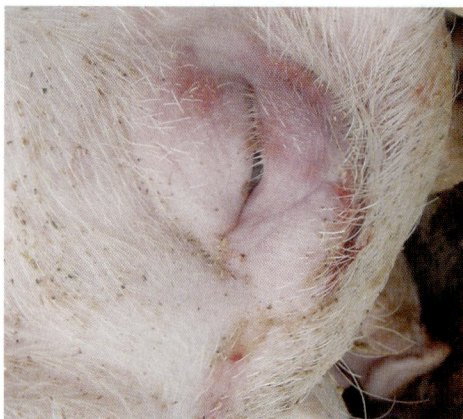

图5-67　水肿病：眼水肿、淤血

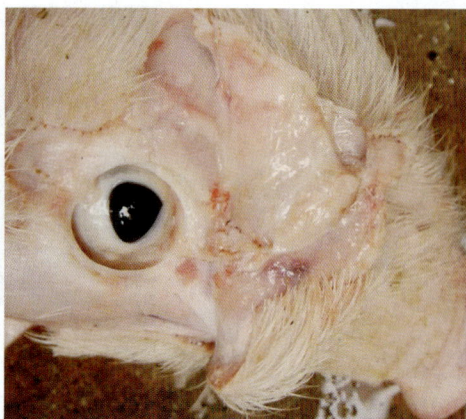

图5-68　水肿病：眼部皮下的胶样渗出物

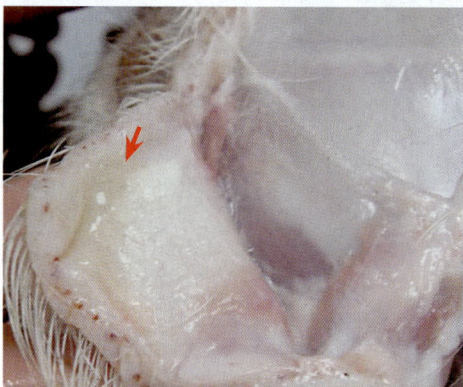

图5-69　水肿病：头部皮下的胶样渗出物

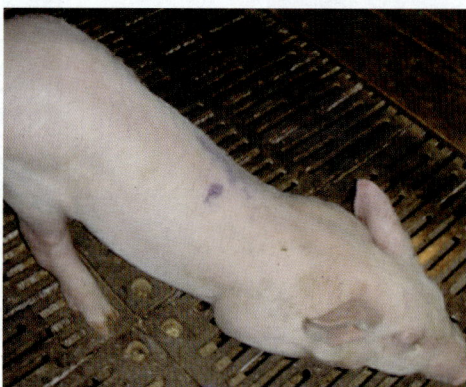

图5-70　水肿病：病猪前肢跪地，眼水肿

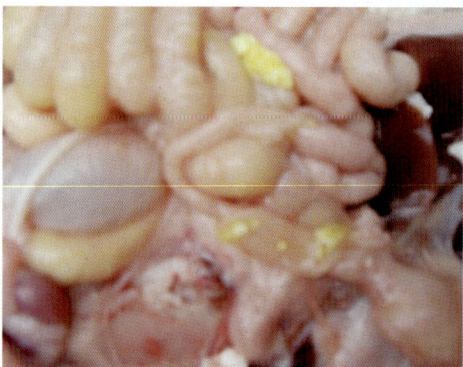

图5-71　仔猪黄痢：肠腔内充满黄色稀粪，含乳凝块

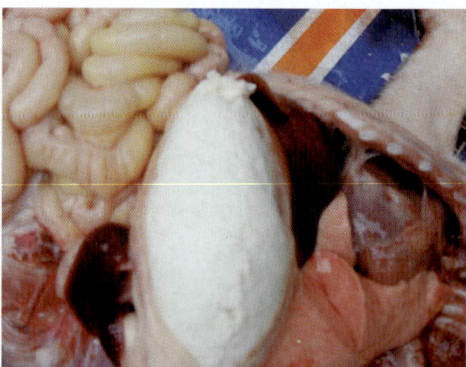

图5-72　仔猪黄痢：胃内充满乳凝块

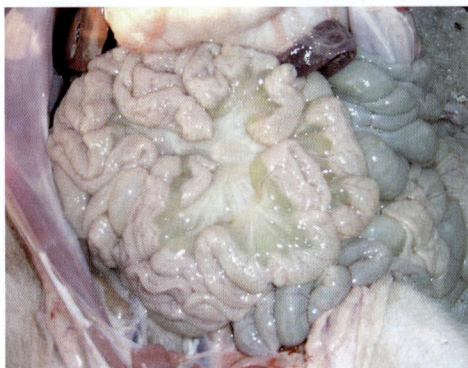

图5-73　水肿病：肠系膜水肿、增厚

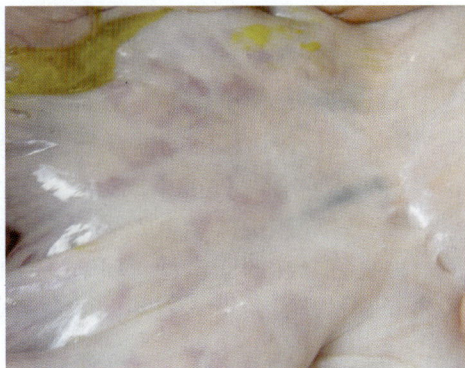

图5-74　水肿病：肠系膜淋巴结肿大、出血

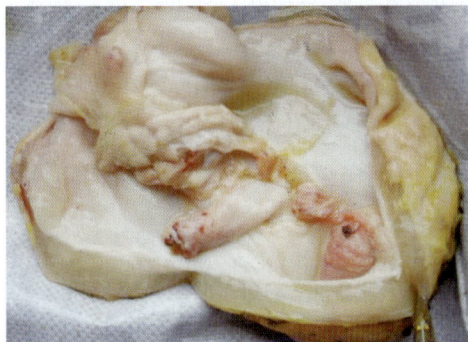

图5-75　水肿病：胃壁水肿、增厚，内有胶
　　　　样渗出物

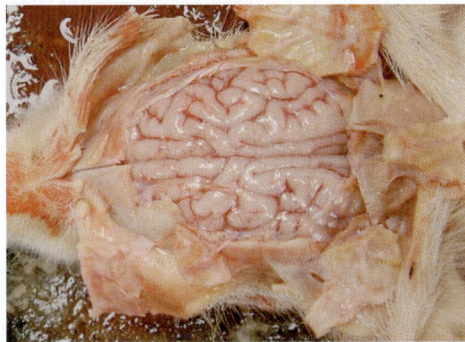

图5-76　水肿病：脑水肿

七、猪痢疾

猪痢疾又称猪血痢，是由猪痢疾短螺旋体引起的一种严重的肠道传染病。病猪主要临诊症状为严重的黏液性出血性下痢，急性型以出血性下痢为主，亚急性和慢性型以黏液性腹泻为主。剖检病理特征为大肠黏膜发生卡他性、出血性及坏死性炎症。

（一）病原学

猪痢疾短螺旋体（*Brachyspira hgodysenteriae*）是一种革兰氏阴性菌，吉姆萨染色和镀银染色着色较好。短螺旋体长6～8.51μm，直径320～380nm，有4～6个弯曲，两端尖锐，呈舒展的螺旋状。在暗视野显微镜下较活泼，以长轴为中心做旋转运动。该病原为严格厌氧菌，对培养基要求严格，常用胰胨大豆鲜血琼脂或胰胨大豆汤培养基。猪痢疾短螺旋体对环境抵抗力较强，在粪便中5℃下存活61d，25℃下存活7d；在土壤中4℃下能存活102d。对消毒剂抵抗力不强，普通浓度的消毒剂均能迅速将其杀死。

该病原含有两种抗原成分，一种为特异性的蛋白质抗原，可特异性地与猪痢疾短螺旋体抗体结合发生沉淀反应，而不与其他动物短螺旋体发生反应；另一种是特异性的脂多糖（LPS）抗原。由于脂多糖抗原具有多态性，目前分为11个血清群，每群含有不同的血清型。

（二）流行病学

在自然情况下，猪痢疾短螺旋体只引起猪发病，各种年龄、品种的猪都可感染，但主要侵害2～3月龄的仔猪。小猪的发病率和死亡率都比成年猪高；病猪及带菌猪是主要的传染源。本病的发生无明显季节性。由于带菌猪的存在，病原经常通过猪群调动和买卖猪只而传播。带菌猪在正常的饲养管理条件下常不发病，当猪体抵抗力降低、营养不足、缺乏维生素和存在应激因素时，便可促使带菌猪发病。

（三）临床症状

最常见的症状是出现程度不同的腹泻。一般病猪先排软粪，逐渐排黄色稀粪，内含黏液或带血；病情严重时所排粪便呈红色糊状，内有大量黏液、出血块及坏死组织碎片（图5-77、图5-78）。有的病猪排灰色、褐色甚至绿色糊状粪便，有时粪便带有很多小气泡，并混有黏液及纤维假膜。病猪精神不振，厌食，喜饮水，拱背，脱水，腹部蜷缩，行走摇摆，用后肢踢腹，被毛粗乱无光，迅速消瘦，后期排便失禁。病猪肛门周围及尾根被粪便沾污，起立无力，

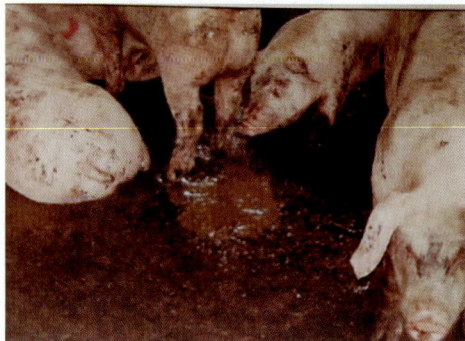

图5-77　猪下痢

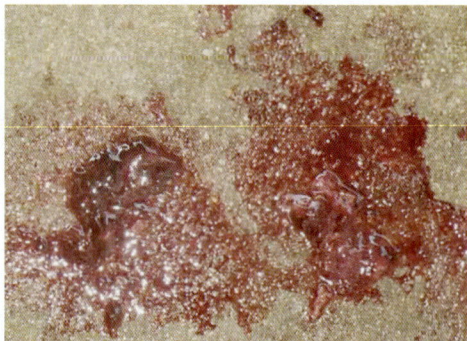

图5-78　粪便含红色黏液和坏死组织碎片

最终极度衰弱而死亡。大部分病猪体温正常。慢性病倒症状轻，粪便中含较多黏液和坏死组织碎片，病期较长，进行性消瘦，生长停滞。

（四）病理变化

主要病变局限于大肠（结肠、盲肠）。急性病猪为大肠黏膜卡他性、出血性和坏死性炎症，黏膜肿胀、充血和出血，肠腔充满黏液和血液。病期稍长的病例，主要病变为坏死性大肠炎，黏膜上有点状、片状或弥散性坏死，坏死常限于黏膜表面，肠内混有多量黏液和坏死组织碎片。其他脏器常无明显变化。

（五）鉴别诊断

1.病原学诊断

（1）取病猪新鲜粪便或大肠黏膜涂片，用吉姆萨、草酸铵结晶紫或复红液染色、镜检，高倍镜下每个视野见3个以上具有3～4个弯曲的较大螺旋体，即可怀疑此病。

（2）病原分离培养，需在厌氧条件下进行。

2.血清学诊断
有凝集试验、免疫荧光试验、间接血凝试验、酶联免疫吸附试验等。

（六）防治措施

（1）正确处理粪便，做好猪舍、环境的清洁卫生和消毒工作，病猪宜淘汰。

（2）药物治疗常有一定效果，如痢菌净5mg/kg（以体重计），内服，每天2次，连用3d。该病治愈后易复发，须坚持疗程并改善饲养管理，方能收到良好的效果。

（3）坚持药物、管理和卫生相结合的净化措施，可收到较好的净化效果。

八、猪球虫病

猪球虫病（Swine coccidiosis）多见于仔猪，可引起仔猪严重的消化道疾病，呈世界性分布。成年猪多为带虫者，是该病的传染源。猪球虫的种类很多，但对仔猪致病力最强的是猪等孢球虫。

（一）病原学

猪球虫病是由艾美耳属（*Eimeria*）和等孢属（*Isospora*）球虫引起的疾

病。猪囊等孢球虫卵囊中含有2个裂殖子，艾美耳球虫卵囊中含有4个裂殖子，可由此而鉴别（图5-79）。猪球虫的生活史与其他动物的球虫一样，在宿主体内进行无性世代（裂殖生殖）和有性世代（配子生殖）两个世代的繁殖，在外界环境中进行孢子生殖（图5-80）。

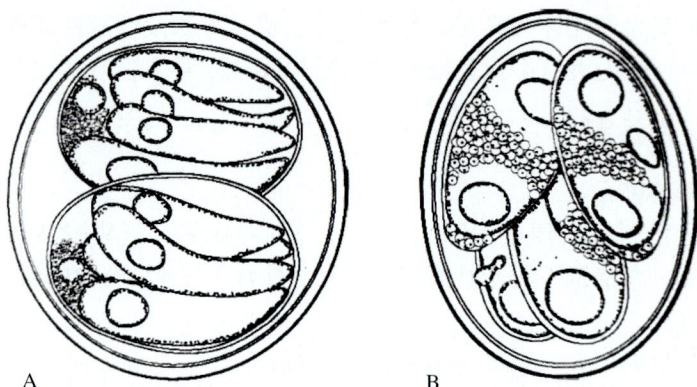

图5-79　猪囊等孢球虫卵囊中的裂殖子（A）和艾美耳球虫卵囊中的裂殖子（B）示意

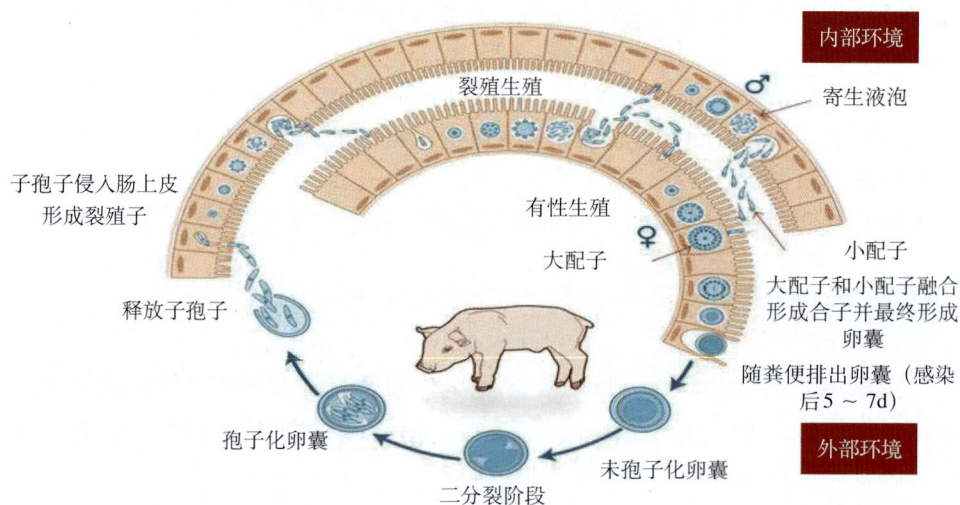

图5-80　猪等孢球虫的生活史

卵囊随粪便排到外界，刚排出的卵囊内含有一个单细胞的合子。在适宜的氧气、湿度和温度条件下，卵囊经孢子化发育至感染阶段。当孢子化卵囊被猪吞入后，子孢子释出，进入肠腔，钻入肠上皮细胞，在上皮细胞内发育成圆形滋养体。滋养体经裂殖生殖发育为裂殖体，裂殖体成熟后，每一个裂殖体含有许多裂殖子。当宿主细胞破坏崩解时，裂殖子从成熟的裂殖体中释出，进入肠腔。

（二）流行病学

本病主要危害初生仔猪，多见于7～21日龄仔猪，一般多发于温暖潮湿的多雨季节，仔猪群过于拥挤和卫生条件恶劣时可增加发病概率。一窝仔猪中只要有一头仔猪感染，则很快引起全窝仔猪同群感染，较短的潜伏期和孢子化时间及仔猪栏内较高的温度使球虫生活史很易完成，这可能是球虫在同窝仔猪间迅速扩散的主要因素，此外也跟猪场卫生和消毒不彻底有莫大关系。

成年猪为带虫者，受球虫感染的猪通过粪便排出卵囊，卵囊在适宜条件下发育为孢子化卵囊，经口感染其他猪，此外环境中的球虫也可直接感染猪。仔猪感染球虫后，会导致大面积肠道内表面被破坏，严重损害肠道的主要功能，营养物质无法被正常消化吸收，且不能抵御有害物质对肠道的损伤，导致仔猪出现顽固性腹泻和脱水，并可伴有传染性胃肠炎、大肠杆菌病和轮状病毒感染。

（三）临床症状

仔猪发病后的典型症状是腹泻（图5-81、图5-82），粪便呈黄白色或者灰白色，并且带有大量气泡，而且粪便非常腥臭，虽然仔猪会继续吃奶，但被毛粗乱，脱水，消瘦，增重缓慢，饲料利用率降低。发病率一般较高

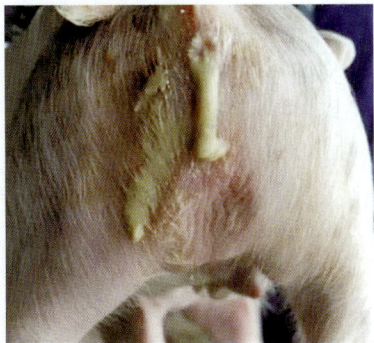

图5-81　病猪排黄白色稀粪

图5-82　病猪排黄色水样粪便

（50%～75%），但实际生产中仔猪感染球虫后死亡率相差较大，这可能与仔猪摄入球虫卵囊数量和是否继发感染其他疾病有关。如果仔猪突然摄入大量的球虫卵囊，并混合感染其他肠道疾病，就会使死亡率高达100%。

（四）病理变化

尸体剖检所观察到的特征性病变是急性肠炎，局限于空肠和回肠，炎症反应较轻，仅黏膜出现浊样颗粒化，有的可见整个黏膜的严重坏死性肠炎（图5-83）。眼观特征是黄色纤维素坏死性假膜松弛地附着在充血的黏膜上。乳糜的吸收随病情的严重而发生变化。显微镜下检查发现空肠和回肠的绒毛缩短，约为正常长度的一半，其顶部可能有溃疡与坏死。在有些病例中坏死遍及整个肠黏膜，球虫内生发育阶段的各型虫体存在于空肠和回肠绒毛的上皮细胞内，但少见于结肠。在病程的后期，肠道内可能出现卵囊（图5-84）。

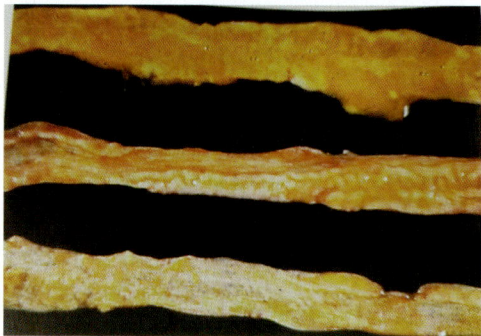

图5-83　慢性卡他性肠炎

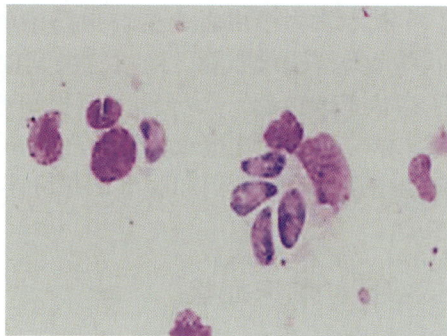

图5-84　小肠涂片（吉姆萨染色）

（五）鉴别诊断

在腹泻期间卵囊可能并不排出，因此漂浮检查粪便中的卵囊对于猪球虫病的诊断并无多大价值。确诊必须从待检猪的空肠与回肠检查出球虫内生发育阶段的虫体。各种类型的虫体可以通过组织病理学检查，或通过空肠和回肠压片或涂片染色检查而发现。球虫病必须区别于轮状病毒感染、地方性传染性胃肠炎、大肠杆菌病、梭菌性肠炎和类圆线虫病。由于这些病可能与球虫病同时发生，因此也要进行上述疾病的鉴别诊断。

（六）防治措施

1. 治疗措施　常用磺胺类药物及其他药物治疗球虫病。由于仔猪的球虫病常发生于7日龄左右，故发病前2～3d预先对全窝仔猪投药是最合适的。在仔猪饮水中加入抗球虫药或与铁制剂合并使用，对治疗猪球虫病是有效的。

可用百球清（5%混悬液）治疗猪球虫病，剂量为20～30mg/kg（以体重计），口服，可使仔猪腹泻减轻，粪便中卵囊减少，进而使发病率降低。该药物既能杀死有性阶段的虫体，也能杀死无性阶段的虫体。

2.预防措施

（1）母猪的分娩栏要做高床，保持圈舍干燥，产仔前母猪的粪便必须清除，产房用漂白粉（浓度至少为50%）或氨水消毒数小时以上或熏蒸，可大大减少球虫病的感染机会。在每次分娩后应对猪舍再次消毒，以防新生仔猪感染球虫病。

（2）定期采集母猪粪便，检测球虫卵囊，若发现母猪感染球虫，则应在产仔前用抗球虫药（妥曲珠利或者地克珠利溶液）进行治疗，以免感染新生仔猪。

（3）限制饲养人员进入产房，以防止由鞋或衣服带入卵囊；大力灭鼠，以防鼠类机械性传播卵囊。

（4）在仔猪出生后3～7d用抗球虫药（妥曲珠利等）进行预防。

猪场常见的皮肤和肢蹄相关疾病及其防控

引起猪皮肤病的病因有寄生虫、传染性病原、环境因素或机械性损伤。

1.寄生虫引起的猪皮肤病

（1）**疥癣** 是由猪疥虫引起的以四肢、双耳和躯干体表皮肤出现典型的慢性结痂性病变为特征的皮肤病。

（2）**虱病** 是由猪血虱引起的一种皮肤病，多见于猪颈部，但有时易被误认为由家蝇引起，仔细检查便可发现猪体表存在虱卵。

（3）**苍蝇引起的皮肤病** 猪场内的苍蝇通常是疫病的虫媒传播者，尤其在炎热季节会咬伤猪皮肤而引起发病。

2.传染性病原引起的猪皮肤病 与传染病相关的猪皮肤病或是全身性的，或是局部性的如猪丹毒。任何败血症（如猪沙门氏菌病、仔猪格拉泽病、猪呼吸综合征和猪瘟等）均可能导致猪皮肤变色甚至坏死；葡萄球菌可引起仔猪皮脂溢（即渗出性皮炎）等。

3.环境因素或机械性损伤引起的猪皮肤病 如摩擦溃疡和肉芽肿、恶癖引起的咬伤。

常见的肢蹄病病因主要包括以下几个方面：

1.传染性疾病 口蹄疫、副猪嗜血杆菌病、猪链球菌病、猪布鲁氏菌病、猪水疱病。

2.外伤性因素 限位栏、光滑的地面、待售种公猪的相互爬跨。

3.风湿性疾病 后肢风湿、前肢风湿、腰椎风湿。

4.营养性疾病 生物素缺乏、硒缺乏。

5.其他 脊髓脓肿。

一、猪丹毒

猪丹毒（Porcine erysipelas）是猪丹毒丝菌（*Erysipelothrix rhusiopathiae*）感染猪引起的一种急性、败血性传染病。

（一）病原学

视频20

猪丹毒丝菌属于厚壁菌门、丹毒丝菌纲，对外界抵抗力强，能在5～44℃生长，最适生长条件为30～37℃，不能运动，无芽孢，不耐酸，是胞内生长的兼性厌氧革兰氏阳性杆菌。该菌适宜在富含腐殖质、沙质和石灰质的土壤中生存，其在弱碱性土壤中可生存90d，最长可达14个月。根据细胞壁热稳定抗原的不同，利用兔高免血清通过沉淀反应可将丹毒丝菌属的菌株分为至少28种血清型，即1a、1b、2～26和N型，其中N型为不具有热稳定抗原的菌株。临床上的猪丹毒病例主要是由血清1a型、1b型或2型所引起。

（二）流行病学

猪丹毒丝菌在全世界分布广泛，家猪是最重要的感染宿主。30%～50%健康猪的扁桃体和其他淋巴组织都存在丹毒丝菌。病猪、带菌猪和鼠是主要的传染源，可以通过粪便、尿液、分泌物排出细菌，可经消化道、皮肤黏膜伤口或蚊虫叮咬传染给易感猪。其中架子猪最易感，随着年龄的增长易感性会逐渐降低。

猪丹毒多呈地方性流行，一年四季均可发生，但环境因素、应激、霉菌毒素均可诱发该病的流行，一般气候炎热、多雨的季节多发，近年来在冬春季节也出现该病的暴发流行。

（三）临床症状

该病按症状轻重分为急性型、亚急性型和慢性型。

1. **急性型** 为败血性疾病。病猪突然高热不退，发热可达42～43℃，出现急性死亡（死亡率20%～40%）、流产；病猪精神倦怠，嗜睡，卧地不起，食欲废绝，口色鲜红，脉洪数；有的病例以在皮肤上出现疹块为主证，即在全身皮肤表面出现菱形、方形、圆形疹块（图6-1、图6-2）。

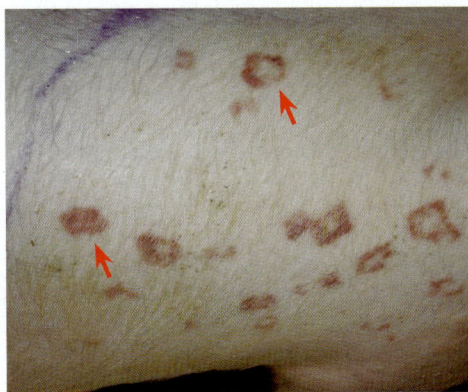

图6-1 架子猪皮肤"打火印"　　图6-2 母猪皮肤的圆形疹块

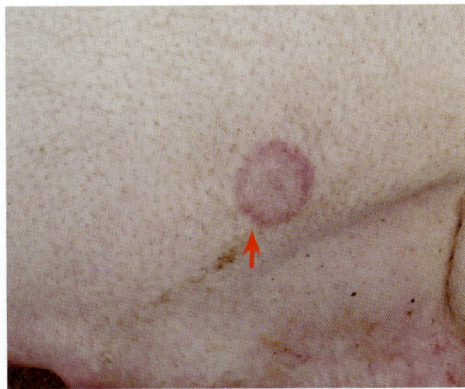

2. **亚急性型** 较为缓和，发热持续时间短，皮肤病变很少或是没有。母猪不孕，产木乃伊胎或弱仔数量增加。

3. **慢性型** 常发于急性型和亚急性型的部分幸存猪只中。病猪表现四肢关节肿胀，肢蹄步态僵硬，跛行，体瘦气弱，食欲减退，生长缓慢。严重者可发生死亡。

（四）病理变化

1. **急性型**　呈现全身败血症变化。病猪全身皮肤充血、出血；淋巴结、内脏器官充血、肿大，肾脏呈"大红肾"（图6-3），脾脏肿大出血（图6-4）。

图6-3　肾脏肿大、出血，呈"大红肾"

图6-4　脾脏肿大、出血

2. **亚急性型**　以皮肤疹块为特征。病猪皮肤和皮下组织水肿浸润，有时伴有小出血点。

3. **慢性型**　一个特征是疣状心内膜炎，心内膜形成菜花样坏死；另一个特征是多发性增生性关节炎，关节肿胀且有多量浆液性纤维素性渗出液。

（五）鉴别诊断

临床诊断注意区分副猪嗜血杆菌病、猪链球菌病、猪瘟、猪皮炎与肾病综合征等引起的败血症。

实验室诊断方法包括：

（1）以新鲜病料抹片，革兰氏染色后镜检，发现单个或成堆的长丝状菌体，即可确诊。

（2）用PCR方法可检测丹毒丝菌的不同菌种。

（六）防治措施

1. 预防措施

（1）本病的发生常由温度不适、湿度大、空气质量差、饲养密度大等引起，应及时查找病因并立即消毒，有利于降低本病发生的概率。尤其应注意湿度控制与伤口管理。

（2）用GT10、GC42弱毒苗及灭活苗免疫接种，主要用于经常发病的地区。仔猪在30～45日龄首免，2个月后二免；种猪每年2次普免。

（3）从无病地区引种，引进后隔离饲养30d以上。加强饲养管理，强化营养，做好卫生消毒工作，有效的消毒剂有复合酚、百毒杀、蓝光（ClO_2）等。做好灭鼠工作。

2.治疗措施 当猪群发病时，可选用阿莫西林、头孢类药物全群用药。在治疗过程中不宜停药过早，以免复发或转为慢性。

二、仔猪渗出性皮炎

仔猪渗出性皮炎（Exudative epidermitis，EE）又称"猪油皮病"，是仔猪感染葡萄球菌所引起的一种全身性渗出性皮炎。

（一）病原学

葡萄球菌（*Staphylococcus*）属革兰氏阳性球菌，在血琼脂培养基上呈非溶血、乳白色、凸起的圆形菌落；在巧克力琼脂平板上可见小的溶血环。猪葡萄球菌不会形成芽孢，但耐干燥，可以在环境中长期存活。猪葡萄球菌菌株之间的毒力有所不同，与剥脱毒素相关，已报道有6种剥脱毒素。

（二）流行病学

猪葡萄球菌遍布全球，是成年猪皮肤上的正常菌群，存在于许多猪群中而不引起疾病，且广泛存在于空气、污水等自然环境中。猪葡萄球菌主要通过破损的皮肤黏膜感染传播，也可通过感染母猪而垂直传播。该病在年幼的仔猪中最为严重，死亡率高。

猪葡萄球菌强毒株感染的猪群发病表现不一，与猪免疫状态、遗传易感性以及其他因素（创伤、环境因素）有密切关系，具体如下：

（1）地板粗糙或刺伤导致仔猪受伤，或地板太滑导致仔猪摔伤。仔猪动作用力过猛，造成四肢擦伤，进而导致感染葡萄球菌。

（2）剪牙不彻底或未剪牙，仔猪在打斗中咬伤，引起葡萄球菌感染。

（3）驱虫不理想，导致吃奶小猪过早感染疥螨，造成皮肤损伤，引起葡萄球菌感染。

（4）缺锌导致皮肤角化不全，有机会感染葡萄球菌。

（5）仔猪出生后剪牙、断尾、断脐、打耳号、去势时，未彻底消毒器具和伤口，引起葡萄球菌感染。

(6）猪葡萄球菌通常存在于寒冷潮湿的环境中，猪舍未完全消毒，造成环境被葡萄球菌污染。

（三）临床症状

感染多见于3～6日龄仔猪，首先在眼睛、耳郭、面部、腹部等处出现红斑、水疱（图6-5、图6-6），3～5日后扩散到全身各处。水疱破裂后渗出清朗浆液或黏液，在与皮屑、皮脂等混合干燥后形成棕色鳞片状痂皮，痂皮脱落，露出鲜红色创面（图6-7至图6-10）。病猪食欲下降，饮欲增强，脱水，迅速消瘦。严重的病例在病发后4～6d死亡。

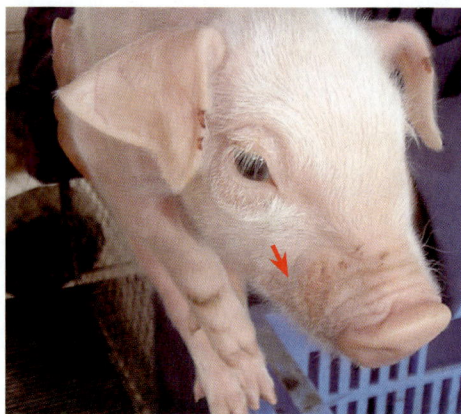

图6-5　颜面部皮发炎（早期）

图6-6　鼻部皮肤发炎

图6-7　头、背部皮肤发炎

图6-8　全身皮肤结痂

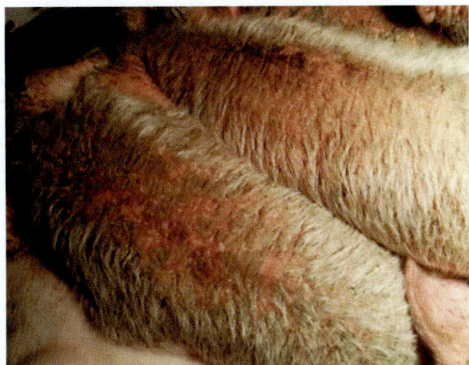

图6-9　鳞片状痂皮

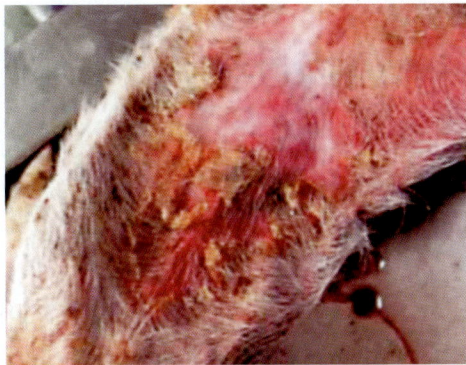

图6-10　皮肤易剥离

（四）病理变化

主要病变为皮炎。病猪体表淋巴结肿大；肾脏的髓质切面和肾盂中有尿酸盐沉积。

（五）鉴别诊断

一般根据临床症状和病变特征即可做出诊断，但确诊需要观察到典型的病理变化并分离出猪葡萄球菌。剥离皮肤感染区域的痂皮，轻轻刮取创面湿润的分泌物，在血琼脂培养基上进行细菌培养，可以很容易地分离出病原微生物。

还可以用间接ELISA、PCR等方法进行毒素鉴定分析，但用于毒素鉴定的测试方法尚未在兽医诊断实验室中广泛使用。

（六）防治措施

（1）加强产房的卫生消毒工作（常用消毒剂有蓝光、复合醛、百毒杀等），保持产房干燥、通风。仔猪剪牙、断脐、断尾和去势过程要严格消毒，防止皮肤外伤。母猪进入产房前要清洁消毒。

（2）对于发病猪只，按每千克体重15mg肌内注射阿莫西林或氨苄青霉素，有一定的疗效。但该菌易产生耐药性，建议根据本场情况进行药敏试验，选择敏感抗菌药物，并于局部涂擦消炎药膏以加速外伤愈合。加强空气消毒，可选用蓝光、复合醛等安全高效的消毒剂。

三、猪疥螨病

猪疥螨病（Sarcoptic mange）俗称猪癫，是由疥螨寄生在猪皮肤内引起的一种以瘙痒、脱毛、皮肤粗糙增厚为主要症状的慢性皮肤病。

（一）病原学

疥螨成虫呈圆形、灰白色，长约0.5mm，肉眼不易发现。疥螨的全部发育过程都在宿主体内度过，包括卵、幼虫、若虫和成虫四个阶段，离开宿主后一般只能存活3周左右。疥螨会在皮肤上挖隧道，并在其中产卵，发育为成虫，整个生活周期为10～15d。

（二）流行病学

各种年龄、品种的猪均可感染该病。经产母猪角化的耳部是该病的主要传染源，通过直接接触传播，仔猪哺乳时受到感染。也可通过被污染的圈舍、垫料和用具间接接触传播。猪舍阴暗潮湿、猪群密度过大、猪只间密切接触和营养不良可加速该病的传播。秋冬季节，特别是阴雨天该病蔓延较快。

（三）临床症状

猪疥螨病最重要的症状是瘙痒、摩擦（图6-11）。疥螨穿入真皮内寄生，吸取淋巴液和皮肤细胞，导致皮肤发炎。皮肤表面形成皮屑、皮肤增厚、角质化、皮肤皱缩、脱毛（图6-12至图6-16）。疥螨分泌组织细胞酶，溶解并吸收皮肤细胞。这些酶以及螨虫的排泄物和卵会引起宿主的过敏反应，在病猪臀

图6-11　病猪擦痒

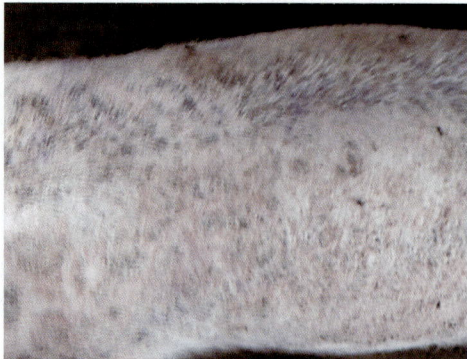

图6-12　生长猪皮肤结痂

部、腰部、腹部出现局灶性红斑丘疹（图6-17、图6-18）。由于疥螨刺激皮肤神经末梢致使奇痒，病猪的精神、食欲、生长发育都会受到很大影响。

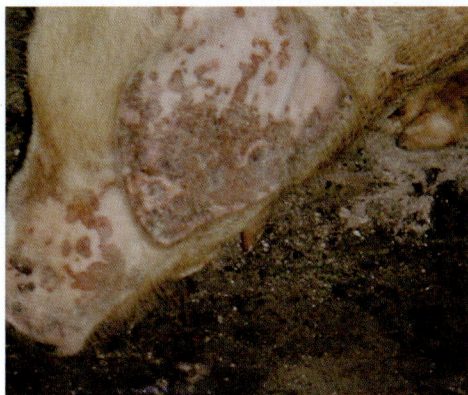
图6-13　耳部皮肤大片结痂

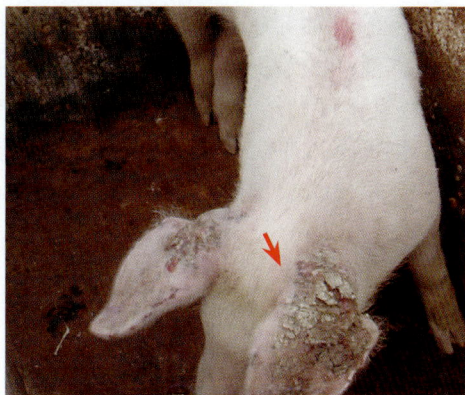
图6-14　耳部皮肤结痂、皲裂

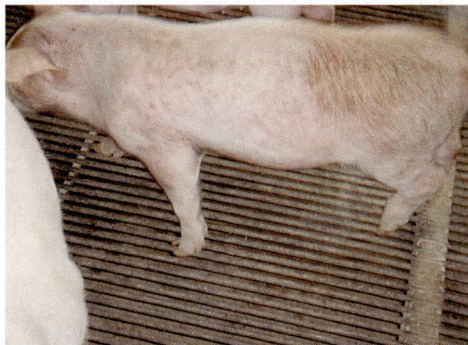
图6-15　背部皮肤病变，发生皮炎

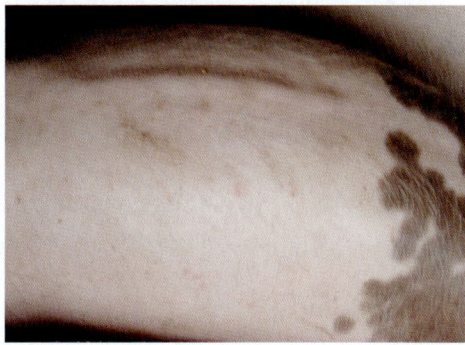
图6-16　背部皮肤脱毛

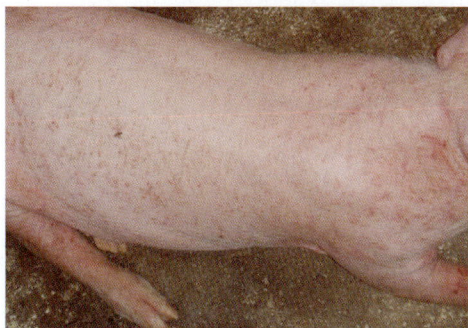
图6-17　背部皮肤出现丘疹样变化

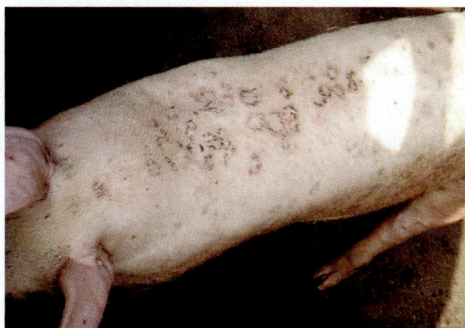
图6-18　背部皮肤水疱破裂后结痂

（四）鉴别诊断

可在病变区的边缘刮取皮屑，刮取深度以见血为止。将刮取的皮屑，滴加少量的甘油与水的等量混合液或液状石蜡，放在载玻片上，用低倍镜检查，可发现活动的螨。也可将刮取的皮屑放入试管中，加入5%～10%的氢氧化钠（或氢氧化钾）溶液，浸泡2h，或煮沸数分钟，然后离心沉淀，取沉渣镜检虫体。也可将这些沉渣加饱和盐水进行漂浮法检查。最简单的方法是刮取耳道里的虫体镜检，检出率高。

（五）防治措施

1. 治疗措施　可用抗菌药物治疗，如阿维菌素或伊维菌素。

2. 综合防控措施

（1）降低饲养密度，推行全进全出模式，提高猪群营养水平。环境喷洒杀虫药，如马拉硫磷、氯氰菊酯、溴氰菊酯。

（2）全群公、母猪每年2次皮下注射害获灭。公猪、母猪、仔猪饲料中添加药物定期保健。

四、猪水疱病

猪水疱病（Swine vesicular disease，SVD）又称猪传染性水疱病，是由猪水疱病病毒引起的一种急性、热性、接触性传染病。

（一）病原学

猪水疱病病毒（SVDV）属于小RNA病毒科、肠道病毒属的单股RNA病毒。SVDV抵抗力较强，对酸有一定的抵抗力。

（二）流行病学

病猪和带毒猪是主要传染源，通过粪便、尿液、水疱液、乳汁排出病毒，易感动物主要是猪，通过消化道或皮肤黏膜的伤口感染。

（三）临床症状

水疱主要发生在病猪的鼻端和蹄部，早期表现为苍白、肿胀，水疱破裂后形成溃疡（图6-19至图6-22）。严重者蹄匣脱落，跛行。有时在鼻镜、舌面、乳房皮肤上也会形成水疱。可造成初生仔猪死亡。

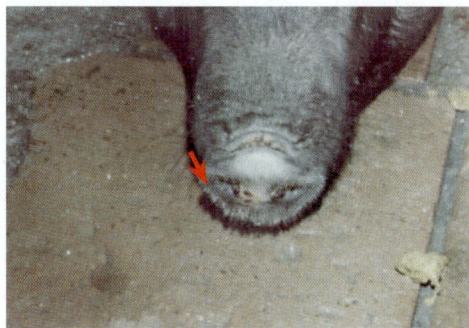

图6-19　鼻端形成水疱
（引自甄辑铭）

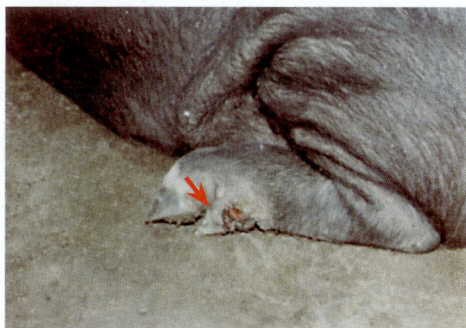

图6-20　蹄部皮肤形成水疱，溃疡
（引自甄辑铭）

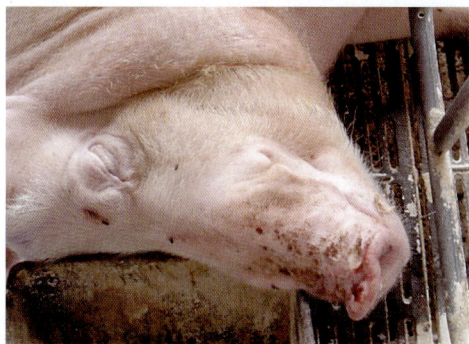

图6-21　鼻端水疱破裂形成溃疡
（引自甄辑铭）

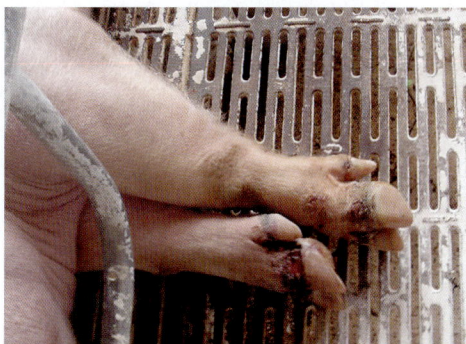

图6-22　蹄部皮肤水疱破裂形成溃疡
（引自甄辑铭）

（四）鉴别诊断

将水疱皮或水疱液分别接种于1～2日龄和7～9日龄小鼠，如果两组小鼠均死亡则接种液含FMDV，如1～2日龄小鼠死亡，而7～9日龄小鼠不死，则接种液为SVDV。

（五）防治措施

1. 治疗措施

（1）选用优质、易消化的饲料；在猪舍中铺以松软的稻草或木屑，在稻草或木屑中喷洒消毒药水。

（2）饲料中添加维生素和防继发感染的药物。

2. 综合防控措施

（1）严禁引进病猪或带毒猪，新引进的猪只必须严格检疫，降低饲养密度，减少应激。加强卫生消毒工作，对环境、运输工具、粪、尿、空气要严格消毒，常用的敏感消毒剂有复合酚、复合醛、蓝光（ClO2）和过氧乙酸等，有较好效果。

（2）病猪屠宰猪肉、下脚料应严格执行无害化处理。

第七章

PART | 7

其他常见的临床症状

一、霉菌毒素中毒

霉菌毒素中毒（Mycotoxin intoxication）就是通常所说的"发霉饲料中毒"。

（一）病原

霉菌毒素（*Mycotoxin*）是霉菌在谷物上生长，并在谷物的贮存、运输过程中产生的有毒代谢产物。畜禽食入被霉菌毒素污染的饲料（图7-1、图7-2）后可导致急性或慢性中毒。目前已知的霉菌毒素超过350种，对猪危害最大的是玉米赤霉烯酮（F～2毒素）和呕吐毒素（DON）。

图7-1　霉变饲料

图7-2　霉变的玉米

（二）临床症状

急性霉菌毒素中毒表现为大量猪发病，病猪食欲下降甚至废绝。种猪、生长猪发病严重，数天内死亡，病死率高；妊娠母猪大量流产、产死胎；公猪死精、无精。病猪一般体温正常。

慢性中毒（最常见）的主要表现为：母猪发情不正常、假发情、返情，产死胎和弱仔（图7-3）的比例增加，产仔数明显降低，泌乳量减少。猪群采食量减少，生长速度缓慢。新生仔猪外阴红肿（图7-4），虚弱，后腿向外翻，呈"八字脚"状（图7-5）。生长猪外阴红肿，脱肛，母猪阴道脱出（图7-6、图7-7），共济失调，皮肤黄染，被毛粗乱。公猪性欲减退，乳腺肿大，包皮水肿，睾丸萎缩。病猪嘴、耳、四肢内侧和腹侧皮肤出现红斑（图7-8至

图7-10），严重病例出现皮肤溃烂、结痂。个别猪呕吐明显。病猪免疫力下降，继发感染明显。

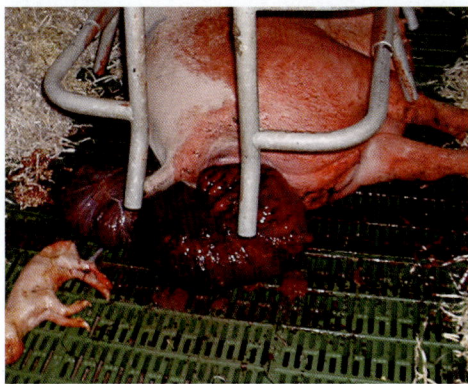

图7-3　子宫脱出，产死胎

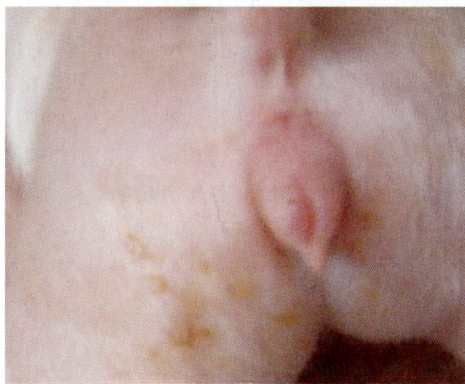

图7-4　新生仔猪外阴红肿

图7-5　新生仔猪"八字脚"

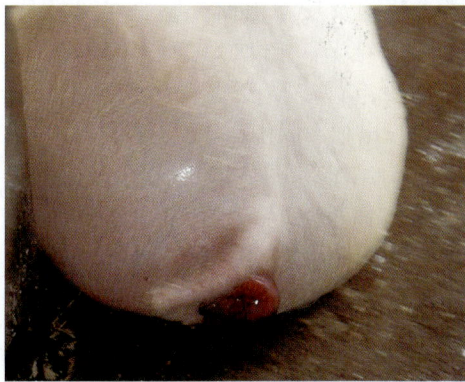

图7-6　生长猪脱肛

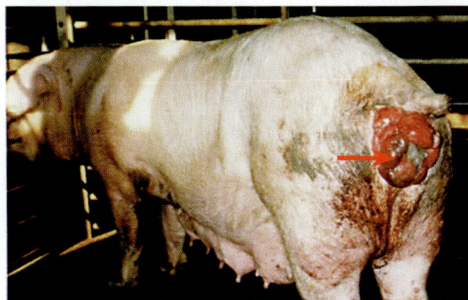

图7-7　母猪阴道脱出

图7-8　耳部皮肤发绀、发红

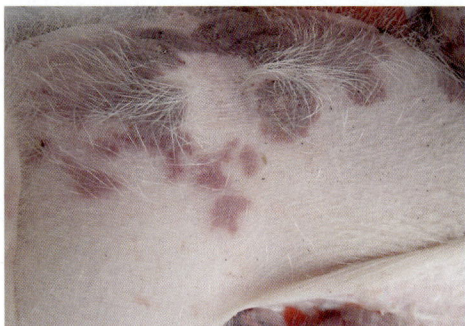

图7-9　臀部皮肤有出血斑

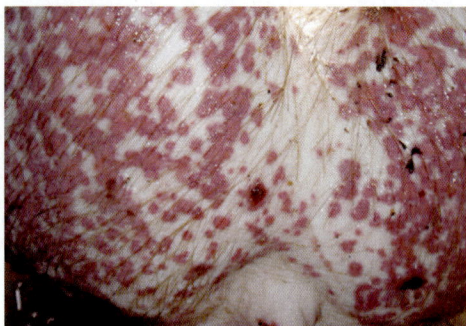

图7-10　臀部皮肤有出血斑和出血点

（三）病理变化

　　剖检病猪尸体发现肝脏坏死、肿大、黄染、质脆（图7-11）；全身黏膜、浆膜及皮下出血；肺脏可见坏死性霉菌结节、出血斑（图7-12）；肾脏苍白，肾皮质变性、出血、黄染；胃黏膜出血、溃疡；淋巴结肿大，可见霉菌结节（图7-13）；肠道出现卡他性出血性炎症（图7-14）；胸、腹腔积液；大脑出血、水肿。

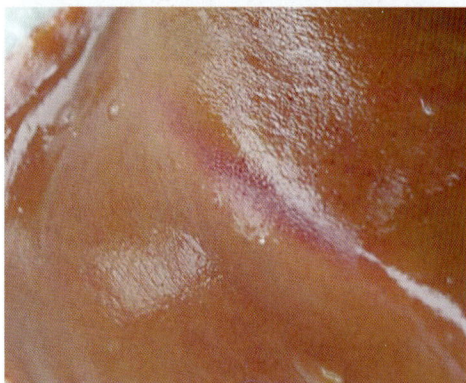

图7-11　肝脏黄染、肿大

图7-12　肺脏有坏死性霉菌结节、出血斑

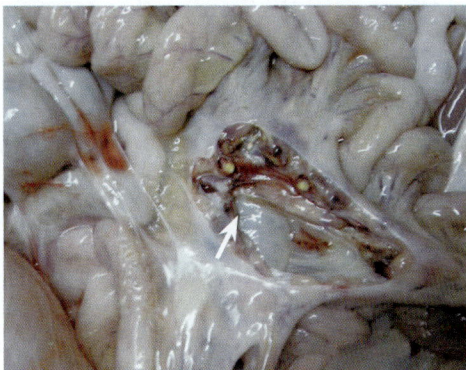

图7-13 肠系膜淋巴结上的霉菌结节

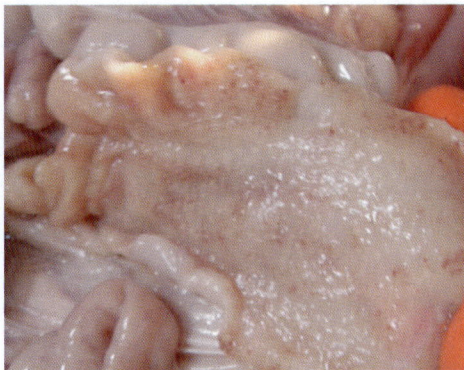

图7-14 肠系膜有出血性霉菌结节

（四）防治措施

（1）目前无有效的治疗药物。怀疑猪发生霉菌毒素中毒时，要停喂霉变饲料，更换新鲜饲料，适当提高饲料中维生素的含量。

（2）选用具有保肝、洗胃、轻泻作用的药物对症治疗。

①饮水中添加大量葡萄糖和适量的维生素C。

②用0.1%高锰酸钾和30mg/L的硫酸钠饮水。

③饲料中添加敏感抗生素，防止继发感染。

（3）采购原料时，选择水分含量不超标的新鲜原料，以防止原料在贮存过程中发生霉变；定期检查仓库，保证仓库通风、干燥；清除饲料加工设备、料斗、料槽上所有被污染的饲料，并清洗设备，在装入新的饲料时，所有的设备应完全干燥。

（4）缩短原料和成品料的贮存、运输时间；发霉饲料必须全部废弃；饲料中添加有效的霉菌抑制剂和脱霉剂。

二、营养缺乏

营养缺乏指长期饲养不当导致的猪营养不足，一般由饲料量供给不足所致。一旦发生，猪体质下降，代谢水平下降，脂肪、蛋白质、糖加速分解，甚至因营养不良导致肌肉萎缩。猪的营养供应直接影响猪的生长发育，在实际的养殖过程中，猪的营养缺乏经常发生，严重地影响了猪的生长速度，给养殖户的利益造成严重损失。针对猪营养缺乏症的发病原因进行分析和研究，有利于为防治猪营养缺乏症提供参考。

（一）病因

主要原因是低营养水平的饲养（采食量较少、营养物质的利用率低、营养物质配比不恰当），特别是在规模饲养条件下，为了加快繁殖，对母猪采取早期断奶和早期快速重配等措施，使母猪的负担过重，体重恢复迟缓，导致母猪消瘦，卧床不起。另外，大群饲养时，有些母猪长期采食不足，一直处于饥饿状态也容易发生营养缺乏症。此外，一些慢性消耗性疾病，如寄生虫病、慢性消化系统紊乱或某些传染病，也是导致生猪出现营养缺乏症的原因。

（二）临床症状

病猪突出的症状是进行性消瘦，被毛粗乱，骨骼凸出；皮肤干燥，多屑，弹性降低；黏膜苍白或淡红，有的出现黄疸；全身骨骼肌萎缩，肌腱紧张度下降，站立无力，或卧地不起；食欲和饮欲无变化，体温正常；易于疲劳，强迫运动时，呼吸加快，有时气喘，脉搏增速。

维生素E或硒缺乏会导致快速生长的年轻猪急性死亡，剖检可见桑葚心。钙、磷及维生素D的缺乏常表现为肌肉、骨骼系统紊乱，包括生长板骨折和病变。猪短期缺乏钠和氯会导致饲料摄入量和生长速度显著下降，长期缺乏盐会导致脱水和死亡。

（三）防治措施

1. **满足猪对营养物质的需求**　猪的性别、年龄、生长季节和基因型都能够影响其对营养物质的需求。因此，应监测猪的生产性能（如瘦肉率、摄食量等），有针对性地配制日粮。猪在生长过程中，其对营养物质的需求会在达到一个峰值后降低。因此，猪出栏时应该饲喂营养物质含量较低的日粮，采取阶段饲养。

2. **对饲料质量进行控制**　周期性监测饲料原料和全价饲料中营养物质的含量，有助于预防猪营养缺乏。仔细采集饲料样品，保证其具有代表性，然后将样品提供给有资质的实验室进行分析。

3. **使用饲料要规范**　应依据饲料生产厂家的说明书使用饲料产品，正确操作饲料混合器，以及使用可靠的磅秤称重原料。此外，要保证所有的饲料原料标签清楚、配料区清洁。

4. **提高饲料转化率**　饲料原料和饲料中的营养物质只有一部分能够被猪利用。消化和代谢的无效性分别反映在粪便和尿液中的营养物质数量上。因此，应尽可能根据可消化或可利用营养物质含量配制日粮，以提高饲料的转化率。

5.保证充足的维生素添加量　猪的维生素E需要量：乳猪和小猪每千克日粮中添加60～80mg；中猪和大猪添加30～60mg；妊娠、哺乳母猪添加60～80mg。如果日粮中的脂肪含量高于3%，维生素E的添加量应在推荐量的基础上按每增加1%的脂肪含量相应增加维生素E 5mg。

三、子宫内膜炎

子宫内膜炎（Endometritis）是子宫黏膜发生的炎症，是一种常见的母猪生殖器官疾病，也是导致母猪不育的重要原因之一。

（一）病因

子宫内膜炎是由于配种、人工授精及阴道检查时消毒不严格，或难产、胎衣不下、子宫脱出及产道损伤之后，细菌（双球菌、葡萄球菌、链球菌、大肠杆菌等）侵入而引起。阴道内存在的某些条件性病原菌，在机体抗病力降低时，亦可促发本病。此外，猪感染布鲁氏菌、沙门氏菌等病原时，也常发生子宫内膜炎。

（二）临床症状

1.急性子宫内膜炎　多见于产后母猪。病猪体温升高，食欲不振或废绝，常卧地，或做排尿动作，从阴门流出灰红色或黄白色脓性腥臭的分泌物，附着在尾根及阴门外（图7-15），妊娠母猪流产（图7-16）。病猪发生慢性子宫炎，临床症状常不明显，不发情或发情不正常，不易受胎。病期长时，母猪弓背、

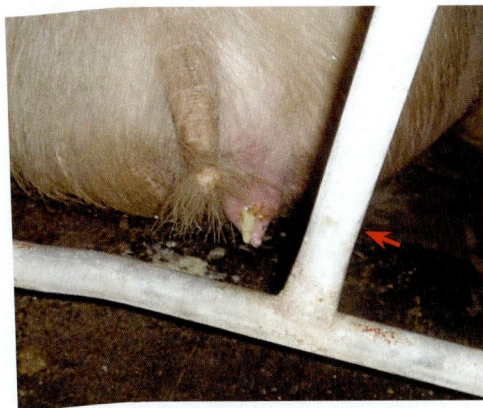

图7-15　阴道流出脓性分泌物

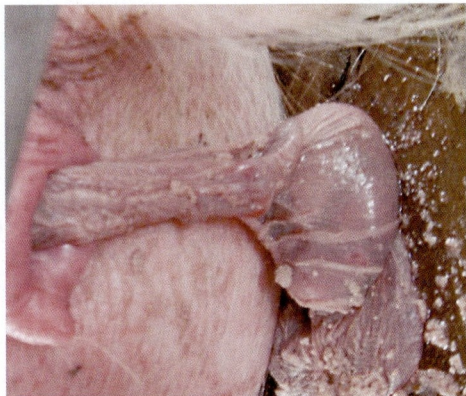

图7-16　妊娠母猪流产

努责，体温微升高，消瘦。

2. **慢性子宫内膜炎**　多由急性炎症转变而来，常无明显的全身症状。病猪有时体温稍升高，食欲及泌乳量稍减，阴道检查可见子宫颈略开张，从子宫流出透明、混浊或脓性絮状渗出物。有的母猪直肠及阴道检查均无任何变化，仅屡配不孕，发情时从阴道流出多量不透明的黏液，子宫冲洗物液置后有沉淀物（隐性子宫内膜炎）。

（三）防治措施

1. **预防措施**　注意接产和助产时应避免损伤阴道黏膜；保证产房干燥、卫生，做好产房消毒工作；带猪消毒，可用蓝光、复合碘和复合酚等消毒剂。

2. **治疗措施**

（1）0.85%生理盐水反复冲洗子宫，直至冲洗液完全澄清为止。

（2）可肌内注射或子宫灌注青霉素、阿莫西林或强力宫康。

（3）严重的子宫内膜炎病例在下一个发情期不能配种，必须进行第二个疗程的治疗。

著 者 名 单

主　　著　丁　红　张智猛　万书波　曲明静

　　　　　　王建国　徐　扬　曲春娟

副 主 著　于海秋　王海新　张冠初　郭　庆

　　　　　　秦斐斐　陈小姝　迟玉成　司　彤

　　　　　　孙棋棋

参 著 者　（按姓氏拼音排名）

　　　　　　戴良香　杜　龙　冯　昊　高华援

　　　　　　蒋春姬　鞠　倩　李　晓　史普想

　　　　　　王月福　吴菊香　吴　琪　吴　月

　　　　　　许曼琳　张　鹤　张　琦　张　霞

　　　　　　赵新华　郑永美

花生是我国重要的经济作物和油料作物，年产量约 1700 万吨，在主要产油作物中，播种面积居第二位，总产量和单产均居首位，因此，花生产业的发展对保障我国食用油脂安全至关重要。目前，花生生产中存在氮、磷、钾养分供应不平衡、化学氮肥过量施用、氮肥利用率低、农药残留严重超标、重金属含量超标等问题，因此，在适量减施氮肥、研制高效新型肥料、提高肥料利用率、大力发展轮作倒茬的同时，积极开展病虫害安全精准防控，建立并示范推广绿色防控配套和综合防治体系，对促进我国花生生产健康可持续发展、增加农民收入和加快农业供给侧结构性改革意义重大。

本书作者团队依据花生自身生物学特性，在充分总结已有研究的基础上，研究了花生化肥农药减施措施及高产高效栽培技术，力求体现花生化肥农药减施技术的科学性、先进性和实用性，达到技术要点明确、实施案例典型、可操作性强的目的，以便于读者参考。全书共分四章，第一章介绍了花生化肥农药施用现状和减量意义，第二章介绍了花生化肥减量增效关键技术，第三章介绍了花生农药减量增效关键技术，第四章是花生化肥农药减量技术集成与示范，并介绍了典型案例。本书理论与实践相结合，内容丰富，通俗易懂，可供广大农业科研人员、农业院校师生、农技推广人员以及广大花生种植者等相关人员参考。

本书的编撰出版得到国家重点研发计划课题（2018YFD0201007）、国家花生产业技术体系（CRAS－13）、山东省花生产业技术体系（SDAIT－04－06）、山东省农业科学院创新工程（CXGC2023A46）的资助，表示感谢！

本书虽经过多次讨论、修改，但限于作者水平及花生化肥农药减量高产高效技术的发展，书中难免存在错误和疏漏之处，恳请专家、同人和广大读者批评指正。

著　者

2023 年 11 月

▪ 目录 ◥

前言

第一章　花生化肥农药施用现状和减量意义 ················· 1

　第一节　花生生产中化肥应用现状和存在问题 ················· 5

　第二节　花生生产中农药应用现状和存在问题 ················· 9

　第三节　花生化肥农药减量意义和技术途径 ················· 12

第二章　花生化肥减量增效关键技术 ················· 15

　第一节　养分吸收与化肥减施 ················· 15

　第二节　品种筛选与化肥减施 ················· 21

　第三节　替代产品筛选与化肥减施 ················· 26

　第四节　施肥关键技术与化肥减施 ················· 32

　第五节　花生化肥减施技术体系 ················· 37

第三章　花生农药减量增效关键技术 ················· 43

　第一节　病虫草害发生规律与农药减施 ················· 43

　第二节　品种筛选与农药减施 ················· 55

　第三节　替代产品筛选与农药减施 ················· 64

　第四节　病虫草害防治关键技术与农药减施 ················· 72

　第五节　花生农药减施技术体系 ················· 86

第四章　花生化肥农药减量技术集成与示范 ················· 90

　第一节　花生高产高效栽培技术 ················· 90

第二节　花生"两减一增"高效绿色栽培技术 ⋯⋯⋯⋯⋯⋯⋯⋯ 94

第三节　花生智能水肥一体化技术 ⋯⋯⋯⋯⋯⋯⋯⋯⋯⋯⋯⋯ 97

第四节　花生"三减一集成"病虫草害绿色防控技术 ⋯⋯⋯⋯⋯ 102

第五节　黄淮海花生田主要害虫减药控害增效技术 ⋯⋯⋯⋯⋯⋯ 105

第六节　花生化肥农药减施技术集成与示范 ⋯⋯⋯⋯⋯⋯⋯⋯⋯ 107

参考文献 ⋯⋯⋯⋯⋯⋯⋯⋯⋯⋯⋯⋯⋯⋯⋯⋯⋯⋯⋯⋯⋯⋯⋯ 113

第一章

花生化肥农药施用现状和减量意义

　　我国食用油自给率不足 30%，供需矛盾十分突出。花生是我国重要的经济作物和油料作物，年产量约 1 700 万吨，在主要产油作物中，播种面积居第二位，总产量和单产均居首位。因此，促进花生产量提升对保障我国食用油脂安全至关重要。

　　自 20 世纪 80 年代以来，我国花生播种面积和产量总体呈现升高—降低—逐步稳定的变化趋势。花生播种面积峰值出现在 2003 年，达到 506 万公顷，之后略有变化，2021 年播种面积为 481 万公顷（图 1-1）。我国花生总产量变化与花生播种面积年际变化较为一致，而单产总体呈稳定上升趋势，至 2021年，达 3 810 千克/公顷（图 1-2、图 1-3）。在我国花生产量提升的过程中，播种面积和单产水平的增加起到了非常重要的作用，而单产水平主要受品种、化肥农药施用、农业技术和农业机械化水平的影响。在诸多影响因素中，化肥和农药的贡献非常明显，占 50% 以上。可见，化肥和农药的使用提升了花生产量，对于实现增产增收以及促进花生产业的可持续发展起到了积极作用。自2006 年以来，虽然化肥和农药生产量依然有着较大幅度的增长，花生产量增长的幅度趋缓，两者出现了背离的趋势。可见，提高化肥和农药用量的增产效果已到了"天花板"，化肥和农药利用率降低，对花生增产的效用开始不断下降。然而，长期以来，农户对花生产量提高的追求过于依赖化肥和农药，形成"化肥和农药万能"的思想并且忽视了生态环境问题。化肥和农药不合理使用的现象在生产上依然严重存在，对生态环境和人体健康产生了诸多负面影响，比如土壤质量下降，重金属、农药、劣质化肥污染，土壤干旱、沙化、盐渍化、酸化严重，水质污染等。这些负面影响与没有科学合理使用化肥农药有直接关系，因此，针对负面影响，有必要对化肥和农药应用中存在的问题和解决

图1-1 花生播种面积年际变化

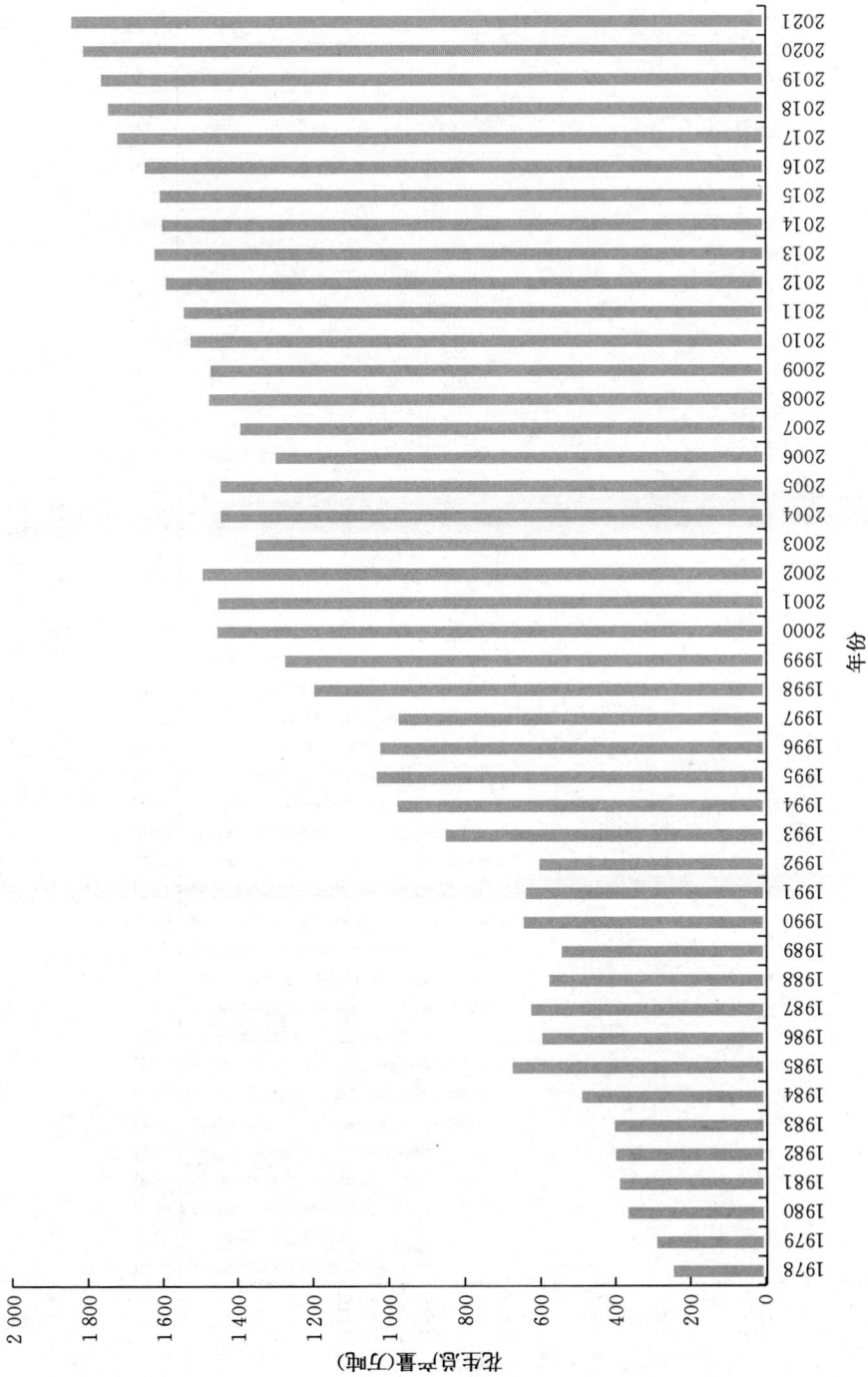

图1-2 花生总产量年际变化

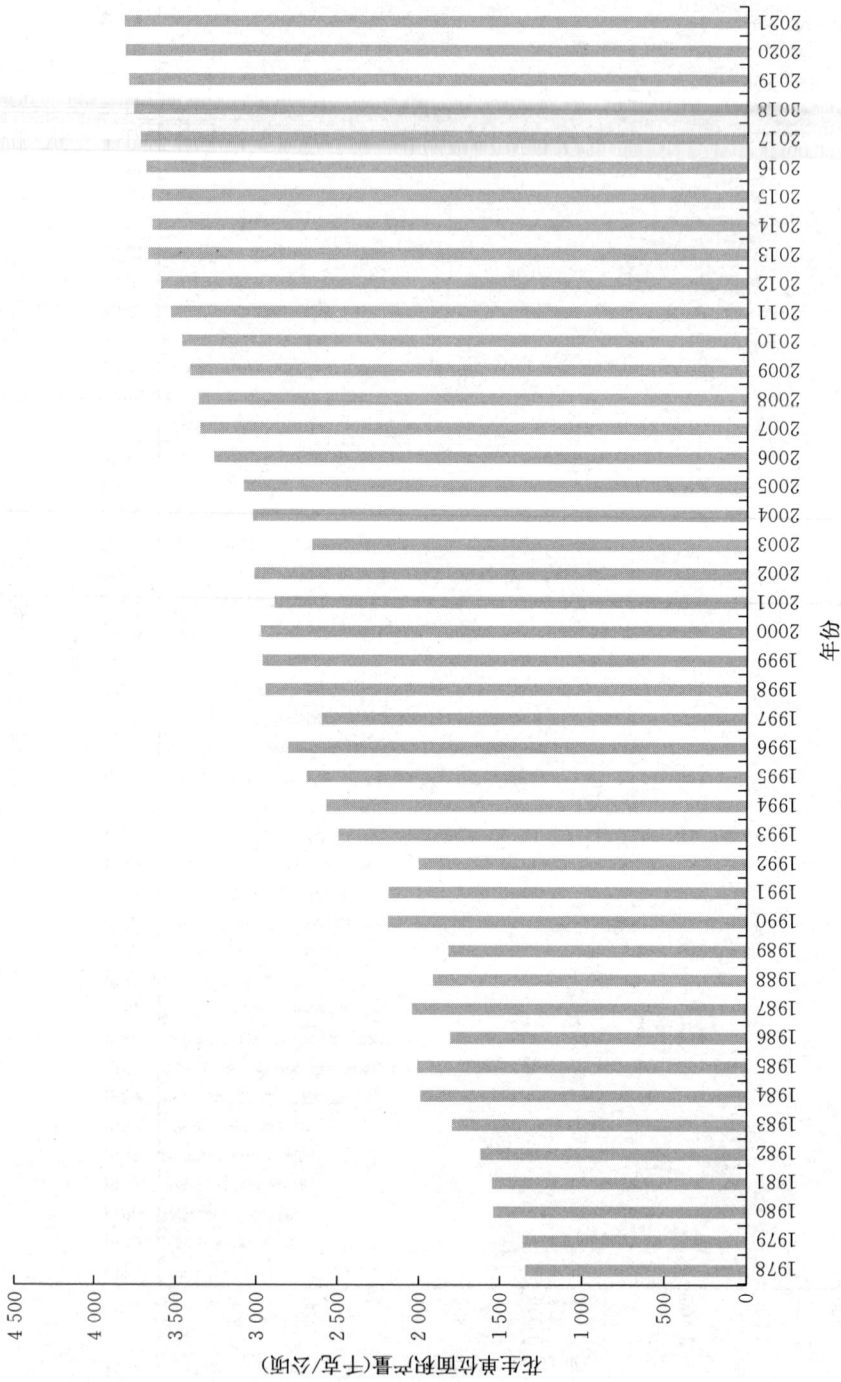

图1-3 花生单产年际变化

注: 数据源于《中国统计年鉴2022》。

途径以及化肥农药减量的背景意义等方面的内容进行系统深入的论述，以进一步提高化肥和农药利用率、减少化肥农药投入、降低对土壤环境和人类安全的影响。

第一节　花生生产中化肥应用现状和存在问题

化肥是作物的"粮食"，对花生增产和产业发展有着不可替代的作用。化肥的施用是花生获得高产的重要手段，为花生产业带来巨大的经济效益。增施化肥是我国粮食温饱工程的主要技术政策之一，历来受到政府的关注与农民的拥护。但化肥盲目施用、过量施用也带来了生产成本增加和环境污染等问题。农业生态环境质量决定我国农业可持续发展的长期性和食物安全的稳固性。通过改进施肥方式、优化肥料配比等措施减少肥料的不科学投入，从而提高肥料利用率，保证农业生态环境质量，促进农业可持续发展。因此，以"提质增效施肥、绿色生态施肥"为理念，建立花生高产优质科学施肥栽培技术体系具有重要意义。

一、化肥施用现状和存在问题

我国是世界上氮肥生产、进口和消耗量最大的国家，磷肥的消耗量居世界第二位、生产量居第三位，钾肥消耗量居世界第四位。可以说，粮食之所以能达到供求基本平衡，在很大程度上与我国化肥生产与施用量的增长密不可分。我国肥料生产经历了从缓慢增长到快速增长的发展过程：1935—1949 年，全国化肥累计产量仅 0.6 万吨；1956 年，年产量超过 10 万吨（纯养分）；1964年超过 100 万吨；1979 年超过 1 000 万吨；1990 年超过 2 500 万吨；1993 年超过 3 000 万吨；2017 年约为 5 890 万吨。需求与生产量正相关，我国化肥施用量经历了快速增长—缓慢增长—缓慢降低的发展过程，1978—2000 年，我国化肥施用量增幅最大，之后，在 2015 年出现峰值，化肥总施用量为 6 022.6 万吨，氮肥、磷肥施用量与施肥总量变化趋势较为一致。钾肥施用量在 2015 年达到峰值，为 642.3 万吨，随后施用量逐年降低，至 2021 年为 524.8 万吨；复合肥施用量整体呈增加趋势，至 2021 年，复合肥施用量为 2 294.0 万吨（图 1-4）。

我国耕地基础地力偏低，化肥施用对粮食增产的贡献较大。我国耕地面积大且类型多样使化肥施用在不同的地域差异较大，我国东部地区总施用量高，

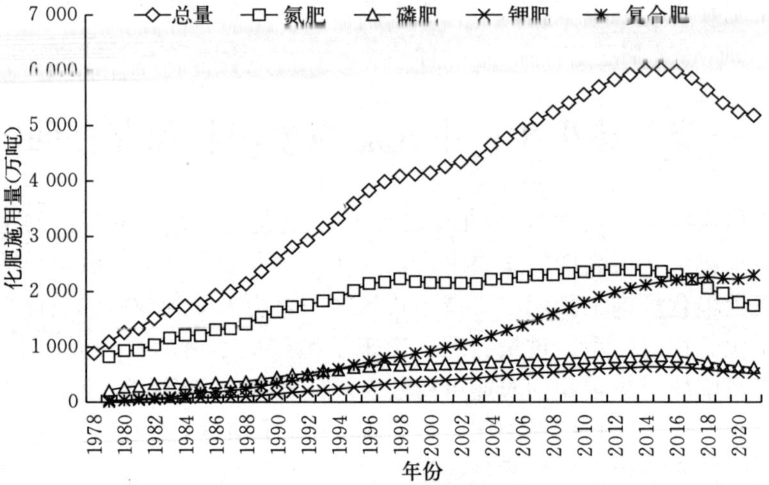

图 1-4 施肥量年际变化

注：数据源于《中国统计年鉴 2022》。

而西部地区较低。东部沿海部分地区化肥施用量已远超过全国平均水平，西部部分地区受自然、交通等条件的限制，化肥施用量很低，这些地区化肥农业生产水平也很低。在现有生产力条件下，单位面积的粮食增产潜力与当前产量、化肥施用水平等因素密切相关。化肥施用量低的地区，受自然等许多因素的限制，花生单位面积的增产潜力并不是最大的。

化肥施用虽然提高了花生的产量，但施用不科学等问题降低了种植的生态效益和经济效益（王春晓等，2019）。问题主要集中在以下几点：①亩均施用量偏高；②施肥结构不平衡；③施肥不均衡；④有机肥资源利用率低。常年重施化肥、轻施甚至不施有机肥，土壤中有机质含量逐年降低，土壤质量下降。同时盲目施肥、过量施肥不仅增加了农业生产成本，也导致土壤板结、土壤酸化、土壤盐渍化、土壤有益菌丰富度降低等诸多问题。

其危害主要表现在以下几个方面。

（1）土壤营养元素比例失调　化肥基本上是单质肥料，施入土壤后，打破了土壤原有的养分平衡，长期重施单一化肥使土壤有机质消耗过度、营养元素比例失衡，从而影响化肥的肥效，长期过量施用氮肥导致花生耕层土壤酸化、阳离子大量流失，造成花生荚果期缺钙、产量和品质降低。

（2）土壤理化性状恶化　长期施用化肥，土壤有机质含量下降，团粒结构性能降低，土壤板结现象加剧，保肥保水能力降低。不但影响花生对营养元素的吸收，也会破坏土地性状，使土壤肥力下降。

（3）土壤微生物多样性降低　过量和盲目施用化肥会破坏土壤原有微生物群落稳定性，尤其是氮肥对微生物具有杀伤作用和抑制作用，长期施用化肥导致大量的微生物死亡，土壤微生物区系发生变化，许多有益微生物从优势种群变为次要种群，导致病害易发频发。

（4）化肥用量盲目增加，造成生态环境污染　化肥利用率与单位面积化肥施用量呈指数或对数关系，二者显著负相关，即随着化肥施用量的增加，其利用率呈下降趋势，过剩的氮肥、磷肥随雨水或灌溉水进入地表或地下水系，造成水体富营养化，污染环境。

（5）花生品质下降　与传统农家肥相比，化肥的肥效更快，对花生前期生长作用明显，但可能不能完全满足花生生育后期的养分需求，对其生育后期养分积累不利，且偏施某种化肥，导致花生营养失调，影响花生制品的品质。

二、科学施肥技术措施

在保障生产和节本增效的基础上，根据不同区域生产实际和花生施肥需要，因地制宜、循序渐进、统筹兼顾、综合施策。按照农机农艺结合的要求，综合运用行政、经济、技术、法律等手段，有效推进花生生产中的科学施肥。立足当下，结合实际，重点从以下几个方面推进科学施肥。

（一）精准施肥

目前大多数农民缺乏对土壤的理化性质和花生所需矿质元素需求量的认识，施肥时仅仅依靠经验，而不能根据花生和土壤的实际情况合理施肥，造成肥料资源浪费、土壤生产能力下降以及花生及花生制品品质变差等问题。尤其是氮肥、磷肥、钾肥的过量施用导致病害加重和环境污染。因此，应根据不同区域土壤条件、花生产量潜力和养分综合管理要求，合理制定不同区域花生单位面积施肥限量标准，测土配方精准施肥，充分挖掘花生根系根瘤固氮潜力，减量提效，避免盲目施肥行为。如筛选和利用养分高效利用的品种，通过探明不同种植模式下土壤氮、肥料氮和根瘤固氮吸收利用规律，阐明土壤氮、肥料氮和根瘤固氮与花生氮供需的耦合机制；明确花生肥料氮损失途径和损失规律，阐明花生氮肥高效利用机理；揭示减施氮和增施钙增效途径，从而建立花生精准高效施肥技术。

（二）均衡施肥

肥料元素的配比要科学，花生的生长对氮、磷、钾等大量元素的需要量不同，也对其他大量元素和微量元素有不同的要求。受施用习惯影响，农民在施肥过程中只重视大量元素，而轻视中微量元素的施用。农作物对微量元素的需要量虽然很少，但微量元素对农作物的生长发育起着十分重要且不可替代的作用。一旦农作物缺少某种微量元素，就会对其生长发育造成非常大的影响，如玉米缺锌会造成穗秃尖，花生缺钙会导致荚果发育不良、出现空壳现象、品质降低。实践证明，只有将肥料元素按农作物生长所需结合土壤的养分结构进行合理配比，才能有效地增产增效。为此，研究花生生长所需肥料结构，加强对土壤的理化分析，通过开展不同肥料运筹试验，优化氮、磷、钾比例，配施中微量元素和调整化肥施用结构以适应现代农业发展需要，引导肥料产品优化升级，研发和推广高效新型花生专用肥料，集成建立花生优质高产均衡施肥技术体系。

（三）调整施肥方式

采用机械分层施肥或施用缓控释肥料，可有效解决追肥问题。目前，农村劳动力短缺，山区农户单位种植作物面积较小，地块较分散，大面积追肥不切实际。采用分层施肥机可以一次性将肥料分多层、一次性施入土壤，保证花生不同需肥时期的肥料供给，提高肥料利用率。缓控释肥可通过肥料自身控制释放肥效，保证花生整个生育期肥料的有效供给。同时，应推广改表施、撒施为机械深施，研究水肥一体化和轻简化技术，集成减肥技术与高产栽培技术，建立化肥减施增效综合技术模式。

（四）有机肥代替化肥

有机肥能够改良土壤结构，提高土壤化学性状的发挥效率，对土壤养分进行平衡补充，从整体上提高土壤的肥力。为了减少农业面源污染，目前最主要的一种技术模式是有机肥替代化肥。通过增加有机肥的施用，采用有机和无机相结合的方式施用肥料。有机无机肥配施不仅提高了化学肥料的利用率，还减少了化学肥料的施用，同时能有效提高花生产量、改善农田生态环境。通过筛选和研究花生专用炭基肥料、绿肥压青、秸秆还田施用技术提升耕地基础地力（宋大利等，2018），通过优化畜禽粪肥利用、研发"供需同步"花生专用有机肥和秸秆还田等化肥替代产品和技术来优化花生生产过程中人工辅助能的投入，保证生产生态协调发展。

第二节　花生生产中农药应用现状和存在问题

农药是重要的农业生产资料，对防病治虫除草、保证粮油安全至关重要。但农药不合理使用增加了生产成本，引发农产品残留超标、环境污染等诸多问题。因此，以"科学植保、公共植保、绿色植保"为理念，建立"预防为主、综合防治"花生统防统控绿色技术体系，对保障花生生产安全、农副产品质量安全和生态环境安全具有重要意义。

一、农药使用现状和存在问题

使用农药是防病治虫除草的重要措施。据统计，目前世界上生产和使用的农药有几千种，我国生产和使用的农药有几百种。每年用量达 150 万～160 万吨，其中约 80％的农药直接进入环境，每年使用农药的面积在 2.8 亿公顷以上，农药使用量达 130 万吨以上，但 2013 年以后农药使用量呈下降趋势（图 1－5）。长期以来，气候变化、播种面积加大和区域特性使病虫草害防治难度不断加大，农药使用量总体呈上升趋势。农药为农作物的一种有力保障，是农业生产必备措施，但是高毒、高残留农药使用和农药过度使用、滥用不仅危及食品安全和公众健康，还污染环境，影响微生物和天敌生存，成

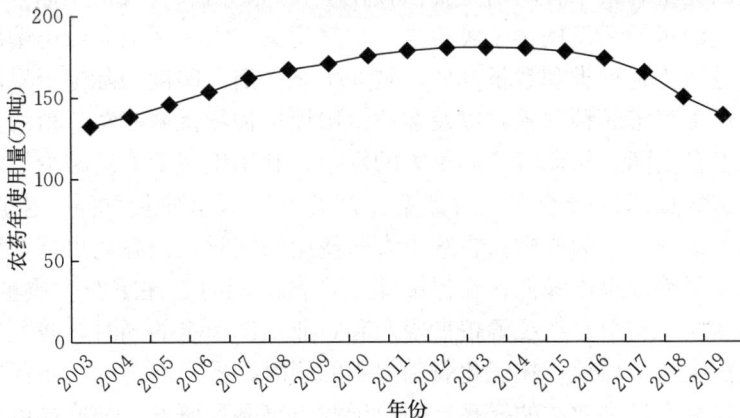

图 1－5　近年来我国农药使用量情况

注：数据源于《中国统计年鉴 2022》。

为农业可持续发展的阻碍。农药的过量使用不仅造成生产成本增加，还影响花生质量安全和生态环境安全。农药不科学使用的危害主要集中于以下四个方面。

1. 病虫害产生抗药性

农药不科学使用导致花生田害虫、杂草、病原菌产生抗药性，用药量越来越大，防治越来越难，缩短产品的使用寿命，造成恶性循环。

2. 农产品残留超标

农药不科学使用导致农产品残留超标，对虫（益虫）、蜂、鸟、鱼产生直接或间接毒害，残留在花生田中的农药将对土壤中的微生物、原生动物及其他节肢动物、环节动物、软体动物、线形动物等产生不同程度的危害。

3. 农药不科学使用导致土壤、水、大气污染

被农药长期污染的花生农田土壤质量会出现明显下降，土壤中的营养元素因污染程度的加重而减少，进而污染整个农田生态系统。

4. 农药不科学使用危及人体健康

大量化学药品被投入花生田，造成耕地污染，花生吸收利用后将其积累于自身组织结构，有害化学物质随着食物链进入人体，并继续在人体富集，最终引发各种疾病。

二、防控技术措施

传统的花生病虫草害防治主要依赖化学农药，但农药残留超标等问题严重阻碍了农业的可持续发展。土壤污染、空气污染、水体污染导致土壤质量逐年下降，有益微生物种类和数量降低，破坏生态平衡。印度国际半干旱研究所通过选育抗病虫草害品种（系）以及在花生田周边种植蓖麻等载体植物，为害虫天敌提供生存空间，从而减少病虫害的发生，利用生态学原理减少了农药的使用。花生田病虫草害防治应以"减量保产并举、数量质量并重、生产生态协调、节本增效统筹"为原则；在减少农药使用的同时，提高病虫草害综合防治水平，保证防治效果不降低；在保障花生产量的同时，注重花生质量的提升，保障农产品质量安全；在统筹粮食增产和农业生产稳定的同时，兼顾生态质量安全，保护生物多样性；在优化农药使用的同时，推广新药剂、新药械、新技术，保持粮油产量和效益的提高。加快抗病虫害品种研发，加速绿色植保措施集成，加大农业生态系统自然控害能力。重点从以下几个方面进行病虫草害的防治。

（一）控制病虫发生危害

充分利用天敌优势，通过安全防控措施有效地把病、虫、草害控制在经济阈值范围之内，同时要达到对花生不产生药害、对天敌不杀害、对施药人不产生毒害、对产品消费者的身体健康不产生损害、对环境不产生污染危害的要求，控制病虫草害的发生。如针对北方春花生区花生病虫草害的发生情况，综合应用农业防治、生物防治、物理防治等绿色防控技术，创建有利于花生生长、天敌保护而不利于病虫草害发生的环境条件，预防控制病虫草害的发生，从而达到减少农药使用量的目的。

（二）开发新型农药和植保机械

研发并推广生物农药、高效低毒低残留花生专用农药替代高毒高残留广谱性农药。开发应用现代植保机械替代落后机械，减少农药流失和浪费，提高农药利用率。通过农药新品种、新剂型的创制和筛选防治花生主要病虫害的种子处理剂、新剂型及生物农药，在不降低防治效果的前提下，找到最佳农药使用量。研发航空植保新技术，构建花生病虫草害一喷多防、农药减施轻简化技术和水肥药一体化高效技术。

（三）精准科学施药

在准确把握花生田病虫草害发生规律和明确其抗药性水平的基础上，对症用药，精准用药，避免乱用药。根据病、虫、草监测预报，标本兼顾，适期精准科学用药。通过研究杀虫剂、杀菌剂、除草剂有效混配增效精简应用技术，集成花生农药减量化精准施药技术。

（四）病虫草害统防统治

农艺农机结合，将植保机械与农艺配套，通过统防统治提高防治效率和效果。通过对花生病虫草害进行田间抗性评价，筛选出适宜不同区域的抗性花生品种，进行大面积推广种植，同时将农业防治措施、生态控制措施、物理防治措施、生物防治措施等集成创新，加强栽培管理的农业防治措施，推广高温闷棚、膜下滴灌的生态控制措施；鼓励黄板诱杀、杀虫灯、紫外线大棚杀菌消毒灯、阻虫网等物理防治措施（图1-6）。同时宣传统防统治理念，建立或扶持病、虫、草害防治专业化服务组织和新型农业经营主体，解决"打药难""乱打药"等问题。

图1-6 花生田害虫物理防控田间示范

第三节 花生化肥农药减量意义和技术途径

长期以来,农业生产持续追求产量目标,对化肥农药产生了很大依赖性,过量投入严重影响环境安全和人民健康安全,因此,限制化肥农药投入量并科学合理使用,消除其带来的种种负面影响刻不容缓。为此,2015年,农业部制订了《到2020年化肥使用量零增长行动方案》和《到2020年农药使用量零增长行动方案》,2018年科技部启动国家重点研发计划"大豆及花生化肥农药减施技术集成研究与示范"项目,拉开了花生双减(减肥减药)研发和示范推广应用的序幕,通过减肥减药关键技术突破、高效替代产品和替代技术研发、技术集成示范推广,实现花生生产上化肥、农药减施和科学施用,以实现提高化肥农药利用率的目标,同时保证产量和品质。这对改善花生生产环境,保证花生产品安全,促进花生产业可持续发展具有重要的现实意义。

在化肥农药更加精准、科学施用的基础上,采取以下主要技术途径,有助于实现花生减肥减药、实现双减目标。

一、培育和筛选养分高效利用和抗病品种

氮、磷、钾是作物生长的三大元素,也是花生生长发育的主要肥力因素。大量的研究表明,提高肥料利用率是化肥减施的重要途径,生产中优化肥料种类、施肥量、施肥方式等可以显著提高肥料利用率。而在花生品种方面,不同

类型花生品种在相应最优施肥水平下表现出不同的产量潜力。依据花生自身的养分吸收特点和产量特性，筛选出养分高效高产品种。针对不同花生生产生态区的特点，利用不同花生品种的抗病特性，种植养分高效高产抗病花生品种，降低化肥和农药施用量，提高化肥、农药利用率。根据花生养分吸收特性和抗病性，为花生养分高效高产品种的培育提供理论基础。

二、研发新型高效的化肥与农药及其替代品与替代技术

目前，我国花生生产中农药化肥的利用率偏低，因此，研究增效剂和助剂对复混肥的增效机理、肥料与花生养分供需耦合机制、有机-无机-生物协同增效机理，研制系列新型增效复混肥料、缓控释肥料、稳定性肥料、水溶性肥料和微生物肥料产品，建立有机物料替代化肥技术、绿肥作物替代化肥技术、环境养分资源回用替代化肥技术及高效生物固氮技术新模式非常重要。同时，需要建立基于现代信息技术的精准施肥技术、基于自动化监测的水肥一体化施肥技术、农机与农艺相结合的机械化施肥技术、液体肥料高效施用技术以及有机类肥料高效施用技术，并研发与之配套的施肥装备以提升化肥的有效利用率（李静等，2020）。

在农药应用领域，需要研发花生免疫诱导调控技术与产品、天敌防控技术与产品、微生物防控技术与产品、天然代谢产物防控技术与产品和物理诱杀技术与产品以及 RNA 干扰调控技术与产品等更多安全高效的生物农药产品与技术。在施药装备方面，应进一步开展化学农药高效安全、经济减量施用技术和技术装备研究，在花生生长早期以种子处理和土壤消毒为主，花生生长中后期以农药喷洒为主，构建立体完整的农药减量施药技术及装备体系，做到农药减施与病虫害防控效果双保证。

三、化肥农药减施关键技术

根据花生需肥规律和不同产区的土壤供肥特性，按照"精、调、改、替"的减肥原则，在当地习惯施肥量的基础上，通过优化肥料配方，采用有机物料培肥地力、测土配方施肥、增施生物菌肥、适时追施叶面肥或采用水肥一体化等技术，提高肥料利用率，减少化学肥料施用量，从而实现化肥减施的目的。

　　坚持"预防为主，综合防治"的植保方针，按照"控、替、精、统"的减肥原则，在病虫害预测预报基础上，通过选用优质多抗品种，采用生态调控、理化诱控、生物防治及精准施药等技术，最大限度地降低花生生产中农药的使用量，提高农药利用率，从而实现农药减施增效的目的。

第二章

花生化肥减量增效关键技术

第一节　养分吸收与化肥减施

合理施肥可促进花生各生育时期营养均衡吸收，提高花生光合产物积累量，有利于花生产量的提高。花生生长过程中需要吸收多种营养元素，包括氮、磷、钾、钙、镁、硫等大量、中量元素和硼、钼、铁、锌、锰、铜等微量元素。王才斌（2018）研究认为，花生施肥应遵循"减大量、增有机、补钙微"的基本原则。每生产 100 千克花生荚果施商品有机肥 25～50 千克，或施腐熟农家肥 50～100 千克、N 1.5～2.0 千克、P_2O_5 1.0～1.5 千克、K_2O 2.0～2.5 千克。

一、营养元素的吸收分配特点

氮（N, nitrogen）是花生进行生命活动所必需的重要元素，氮参与花生体内多种营养代谢及重要化合物的组成。第一，氮是构成蛋白质的主要成分，细胞质和细胞核都含有蛋白质，缺少氮则花生不能进行正常的生命活动。第二，氮是构成酶的重要成分，氮缺乏条件下，酶合成受阻，许多生理生化反应不能正常进行。第三，氮是叶绿素的必要成分，氮缺乏条件下叶绿素合成受阻，光合作用不能进行。花生缺氮时，叶片细小直立，茎叶夹角小，叶色淡绿，严重时呈淡黄色。失绿的叶片色泽均一，一般不出现斑点或花斑。缺氮症状通常先从老叶开始，逐渐扩展到上部幼小叶片。氮过多时花生地上部营养体徒长，叶面积增大，叶色浓绿，茎秆柔软，易受机械损伤和病虫害侵袭。并可造成花生生长期延长，产量、品质降低。万书波（2003）报道：每生产 100 千克荚果植株需氮量平均为 5.45 千克，夏播花生需氮量为 5.8～6.4 千克，略高于春播花生。花生植株各器官氮百分含量的变化与植株生长进程和生长中心的变化相吻合，即生育前期（花针期以前），植株以营养生长为主，叶片和茎中的含氮量较高，且以叶中为高，氮的运转中心在叶片；花针期以后，生长中心由营养器官逐渐转移到生殖器官，氮由根、茎、叶源源不断地输送到果针、幼果和荚果中，运转中心转向荚果。随着生育期的推进，生育后期根、茎、叶等营养体的氮分配比例降低，荚果的氮分配比例增加（王秀娟等，2014）。花生不同生育时期内随着生育进程的推进，各器官氮百分含量均逐渐减小，且叶片氮含量高于茎。花生整个生育期植株氮累积量呈逐渐增加趋势，不同生育时期，花生对氮肥吸收利用的表现为结荚期＞花针期＞苗期＞饱果期。从阶段氮累积比例看，结荚前氮累积量占全株氮累积量的 40％，结荚后占 60％左右（吴旭银等，2007）。

磷（P，phosphorus）是大分子物质的结构组分，如磷脂、核酸、蛋白质及核苷酸等，是构成生命的基础物质。同时，磷在碳水化合物代谢中起着重要作用。第一，磷酸直接参与花生呼吸过程中糖的转化；第二，碳水化合物的合成、分解和转化均需要三磷酸腺苷（ATP）、磷酸和二磷酸腺苷参加；第三，磷对碳水化合物的运输有促进作用；第四，光合作用中的光合磷酸化和碳循环中的许多过程都需要磷酸、ATP 和辅酶 II 参加。磷对花生光合作用、呼吸作用、蛋白质形成、糖代谢和能量转化起着重要作用。花生植株不同部位对磷的需求量具有显著差异，磷在花生荚果中含量最高，占全株总磷量的 62％～79％。磷充足时，可以促进花生根系和根瘤的发育，有利于幼苗健壮和新生器官的形成，延缓叶片衰老。每生产 100 千克荚果需要吸收磷（P_2O_5）0.9～1.3 千克，仅为钾需求量的 1/2、氮需求量的 1/4 左右。花生缺磷时，出现生长延缓、植株矮小、分枝减少等现象，且叶片呈暗绿色，缺乏光泽，有时叶片上出现紫红色斑点或条纹，严重时叶片枯死脱落。缺磷症状首先表现在老叶上，逐渐向上部发展。磷过多时，叶片肥厚而密集，叶色浓绿，植株矮小，节间过短，生殖器官过早发育，出现生长明显受抑制症状，引起植株早衰。不同生育时期，花生对磷的需求也有明显差异：结荚期植株吸磷量可占全生育期的 50％以上，而开花期前和饱果期植株的吸磷量均低于 15％（沈浦等，2015b）。

钾（K，potassium）在花生体内呈离子状态，不参与有机化合物的合成，具有高速透过生物膜且与酶促反映关系密切的特点。钾不仅在生物物理和生物化学方面有重要作用，而且对体内同化产物的运输、能量转化也有促进作用。

花生缺钾时，植株生长缓慢，出现矮化现象。由于钾在植株体中流动性很强，能从成熟叶和茎中流向幼嫩组织再进行分配，缺钾症状通常在花生生长发育的中、后期才表现出来。严重缺钾时，花生植株首先在下部老叶上出现脉间失绿，沿叶缘开始出现黄化或有褐色的斑点或条纹，并逐渐向叶脉间蔓延，最后发展为坏死组织。花生是需钾量较高的作物，每生产 100 千克荚果的钾（K_2O）需求量为 2～3 千克，高于磷，钾对于提高花生植株 CO_2 同化率、促进根瘤固氮、蛋白质合成以及植株体内同化物的运输及能量转化具有重要作用（王才斌等，2011；Meena et al.，2018；Jain et al.，2018）。钾主要分布在花生茎、叶中，其中苗期和花针期茎、叶中钾所占比例相近，结荚期钾分布中心是茎，饱果成熟期钾的分配中心转向荚果（梁裕元等，1991）。花生不同生育时期对钾的累积吸收量在品种间存在差异。白沙 1016 生长期较短，生育前期生长发育较快，钾累积量和绝对量高峰均在花针期；徐州 68 - 4 钾累积量的高峰期在结荚期；而蓬莱一窝猴生长期较长，其营养体生长中心转换较慢，因此，钾素的累积吸收高峰推迟至结荚期，但阶段绝对量最大值亦在花针期，成熟期全株钾总量低于结荚期，生殖体钾累积量和阶段绝对量由花针期至成熟期逐渐增加（孙彦浩等，1979；梁裕元等，1991）。

钙（Ca,calcium）是构成细胞壁和果胶质的结构成分，是细胞分裂所必需的成分，在维持膜结构和功能上起重要作用。钙对维持花生细胞的正常结构、水化作用、提高通透性、作为磷脂酶和 ATP 酶提供辅助作用成分、内源激素的合成及其对花生的调控等方面均有重要作用，而内源激素的调控又能促进花生对钙的吸收。同时，钙与钙调蛋白（CaM）结合形成复合物，可活化细胞中的多种酶，对细胞的代谢调节起重要作用。花生对钙的需求量仅次于氮，而高于磷，与钾相当。花生对钙极其敏感，缺钙使花生植株矮小，地上部生长点枯萎，顶叶黄化有焦斑，根系弱小、粗短而黑褐；缺钙条件下花生花量增多但大多败育，且荚果出现萎缩，空壳、秕果及烂果增加，产量显著下降。进一步对花生根系和叶片的超微结构进行研究发现，缺钙花生侧根细胞壁松弛扭曲，根细胞出现质壁分离，核质中钙颗粒减少且分布不均，核膜断裂，叶肉细胞液泡膜破裂，叶绿体松散膨胀，被膜断裂，基粒片层结构破坏（周卫等，1996）。近年来，由于花生田高浓度复合肥施用量大幅增加，而有机物料（有机肥、秸秆等）及钙肥投入剧减，加之部分花生田土壤酸化不断加剧，土壤中钙离子大量淋失，导致土壤钙胁迫日益严重。钙胁迫已成为花生产量提升的重要限制因素。花生根系、果针和幼果均能直接从土壤中吸收钙，其中根系吸收的钙（简称根系钙）主要供给营养体（根、茎和叶），果针和幼果吸收的钙（简称荚果钙）主要供给荚果自身的发育。因此，荚果吸收的钙对其生长发育具有至关重要的作用，荚果缺钙导致籽仁发育不良、空壳秕果增加。

花生是一种对铁（Fe，ferrum）敏感的作物。铁能促进花生氮代谢的正常进行与叶绿素的形成，铁虽不是叶绿素的组成成分，但它是合成叶绿素的必需元素。缺铁时，叶绿体结构被破坏，从而导致叶绿素不能形成。花生缺铁先从幼叶开始，典型症状是叶片的叶脉间和细网状组织中出现失绿症，叶脉深绿而脉间黄化，黄绿相间相当明显。严重缺铁时，叶片上出现坏死斑点，叶片逐渐枯死。氮代谢和蛋白质的合成受阻，根瘤固氮能力减弱，限制对氮、磷的吸收。

钼（Mo，molybdenum）是花生生长必需的微量元素之一，花生是对钼敏感的作物，对钼的需求相对较多。钼是硝酸还原酶和固氮酶的组成成分，直接参与氮代谢和根瘤固氮作用，促进根瘤菌的发育使根增大，增强固氮能力。同时，钼能促进有机含磷化合物的合成，促进光合作用和呼吸作用及蛋白质合成，使植株较好地利用氮养分，增加叶绿体营养。花生缺钼的主要症状是生长不良、植株矮小，叶脉间失绿，叶片生长畸形，整个叶片布满斑点，甚至发生螺旋状扭曲，老叶变厚、焦枯，以致死亡；根瘤发育不良，根瘤小而少，固氮能力下降，其症状与缺氮症状相似，但缺氮先表现在老叶上，而缺钼先表现在新生叶片上。

硼（B，boron）是花生生长发育必需的微量元素之一，花生施用硼肥对促进植株生长发育、提高荚果产量和改善品质均有明显效果。硼能促进细胞伸长和分裂，增强疏导组织，促进碳水化合物及含氮化合物的运输和代谢，有利于核酸和蛋白质的合成；施硼还能促进植株对氮的吸收和利用，提高花生根瘤固氮能力，增加固氮量；促进花粉萌发和花粉管伸长，有利于受精和结实。花生缺硼时，植株矮小、瘦弱，分枝多，呈丛生状，新叶叶脉浅绿色，叶尖发黄，老叶色暗，最后生长点停止生长，枯死；根尖端有黑点，侧根很少，根系易老化坏死；开花很少，甚至无花，荚果和籽仁形成受到影响，出现大量子叶内面凹陷失色的"空心"籽仁。籽仁上形成棕色圆斑，胚芽变黑。

锌（Zn，zinc）是核糖、蛋白体的组成成分，还是合成谷氨酸不可缺少的元素，与蛋白质代谢有密切关系。锌参与生长素代谢，促进生殖器官的发育，影响植株的生长进程。锌可提高花生的抗逆性，增强对不良环境的抵抗能力。花生缺锌时，生长受阻，植株矮化，叶片发生条带式失绿；严重缺锌时，花生整个小叶失绿。

二、施肥对花生营养吸收与分配的影响

与不施氮相比,施氮提高了地上部植株氮累积量和籽仁氮累积量,随施氮水平的增加,氮在营养体中的分配比例增加,而在荚果中的分配比例降低(郑永美等,2016)。张毅等(2018)研究发现,氮肥施用量在 15 千克/亩时,麦茬夏花生产量最高,比不施用氮肥增产 19.96%,但氮肥施用量达到 20 千克/亩时,会抑制花生根部和荚果的氮累积,降低夏花生产量。大量研究表明,适量施用氮肥可明显改善花生叶片光合性能、提高氮代谢生理机能并增加产量;但施氮量过高会抑制根瘤菌的侵染、繁殖和固氮能力,同时使花生营养体旺长倒伏,产量和氮肥利用率均降低。过量施氮还可能引起温室气体排放、地表水富营养化、地下水污染等环境问题。因此,氮肥减施是提高氮肥利用率、减少环境污染等的重要措施。

增施磷肥显著提高了花生各时期的根系干物重和根系活力,进而有利于花生对氮的吸收(王月福等,2012)。施磷提高了两个花生品种肥料氮、土壤氮及根瘤固氮累积量(表 2-1),其中根瘤固氮累积量的增幅大于土壤氮和肥料氮(于天一等,2019)。生长发育中期,施磷处理可显著增强花生叶源的光合能力,促进叶片的碳氮代谢,提高抗氧化能力,延缓叶片衰老(郑亚萍等,2014)。

表 2-1　不同品种及施磷水平条件下花生 3 种氮源氮累积比例

施磷量 (千克/公顷)	肥料氮		土壤氮		根瘤固氮	
	花育 22	化育 20	花育 22	花育 20	花育 22	花育 20
0	11.34±0.51a	17.01±1.77a	37.19±1.81a	55.79±3.45a	51.53±0.42b	27.21±4.98b
45	11.17±1.29a	15.63±1.91ab	36.49±0.28ab	51.23±2.88ab	53.15±1.78ab	33.14±4.33ab
90	11.05±1.77a	15.26±0.75ab	35.93±0.04ab	50.05±2.45ab	53.20±1.25ab	34.70±3.19ab
135	10.89±1.21a	14.96±1.09ab	35.56±0.01ab	49.08±3.58b	53.76±1.11ab	35.95±4.67a
180	10.43±0.99a	14.40±0.56b	34.18±2.91b	47.22±1.85b	55.62±2.75a	38.39±2.42a

注:表中不同小写字母表示在 0.05 水平上差异显著。下同。

土壤钾供应不足是影响花生产量和品质的重要因素之一,施用钾肥是最为简单有效的补钾方式。一定范围内,花生产量随施钾量的增加而提高,而当施钾量过高时不利于花生产量的进一步提高。梁东丽和吴庆强(1999)认为,花生最佳产量施钾量为 4.5 千克/亩。彭智平等(2013)研究发现,当施钾量超过 6 千克/亩时,花生产量随施钾量的增加呈下降趋势。而康玉洁等(2010)

则认为，当施钾量超过 10 千克/亩时，花生产量不再增加。周可金等（2003）在江淮丘陵地区的黏盘黄褐土上研究发现，当施钾量为10～12千克/亩、氮磷钾施肥配比为 2∶1∶2 时，花生产量最高，经济效益最高。施钾肥对养分吸收的影响与产量基本一致，也表现为适量施钾促进钾吸收，而过量施钾抑制养分含量的进一步提升。而且一定范围内施用钾肥不仅能够提高花生植株钾累积量，还能提高花生氮、磷累积量。王月福等（2012）研究发现，增施钾肥促进了花生对肥料氮、土壤氮及根瘤氮三种氮源的吸收，且提高了肥料氮和根瘤固氮的比例，降低了土壤氮的比例，提高了肥料氮的利用率。以上研究为花生高效施钾及提高钾肥利用率提供了重要参考。

三、化肥减施关键技术

（一）平衡施肥

根据产量水平和花生养分需求特点确定施肥量。产量水平为 300～400 千克/亩的地块，在前茬作物收获后或于冬前每亩施用腐熟农家肥 1 000～1 500 千克或商品有机肥 100～150 千克。播种整地时施入氮磷钾同比例的硫酸钾型复合肥 37.5～50.0 千克，同时配施钙（CaO）8～10 千克。

（二）秸秆还田技术

将前茬作物秸秆采用秸秆还田机粉碎后，旋耕，翻入 0～20 厘米土层，增加有机物料的投入。秸秆还田可显著改善花生田土壤的理化性状，增加土壤养分，促进花生根系的生长及其对水分和养分的吸收，进而提高花生产量（张鹤等，2020）。

（三）新型肥料技术

在传统肥料的基础上更新材料来源、养分形态及施用方式等，研制缓控释肥等新型肥料。采用缓控释肥料与速效肥料相结合的方式进行施肥，具有复合化、长效化、高效化的特点，且能够改良土壤肥力性状，促进花生生长发育及产量品质形成，同时提高抗盐碱、抗酸化、耐瘠薄等逆境环境能力（赵秉强等，2004；张玉树等，2007）。

（四）水肥一体化技术

结合高效节水灌溉，推广滴灌施肥、喷灌施肥等技术，促进水肥一体化，提高肥料和水资源利用率。根据气候条件和花生生长状况，于花针期和结荚期进行滴灌追肥。滴灌条件下分期开展施肥，相比于传统一次性施肥，可提高茎叶氮含量 4.5%～24.7%、地上部氮累积量 6.0%～40.0%、氮肥利用率 70%～120%，花生的出仁率、饱果率等明显增加（王立峰，2016）。

第二节　品种筛选与化肥减施

施用肥料是提高花生产量的重要措施，不同花生品种对养分吸收需求的特征不同，根据品种养分利用特性和产量特征，提高肥料利用率和增产效果、减少农田肥料损失和施肥对环境的压力，是目前我国花生生产亟待解决的主要问题之一。氮、磷、钾和钙是花生需求量较大的元素，明确不同花生品种氮、磷、钾、钙的利用特点，可为花生养分高效品种筛选、培育及节肥栽培提供参考依据。

一、品种筛选

（一）氮养分高效品种的筛选

氮是花生生长发育所必需的重要营养元素，与花生的生长发育、产量和品质形成关系密切。花生氮营养来源有三种，分别是根瘤固氮、土壤氮和肥料氮，不同花生品种对三种氮源的吸收利用存在显著差异（万书波等，2001；孙虎等，2010；张翔等，2012）。根瘤固氮是不同类型花生氮累积量差异的主要影响因素，根瘤固氮供氮能力决定了花生氮累积量（万书波等，2000）。郑永美等（2016）对 20 个花生品种的研究表明，不同氮源氮累积量和不同氮源的供氮比例均存在显著差异，氮累积量最高花生品种根瘤固氮、土壤氮、肥料氮和全氮累积量分别是最低花生品种的 6.3 倍、2.0 倍、2.1 倍和 2.2 倍；氮累积量最高花生品种根瘤固氮、土壤氮和肥料氮供氮比例分别较最低花生品种增加 26.2%、21.7% 和 5.0%（表 2-2）。不同花生品种肥料氮累积量及供氮比例的差异性均与土壤氮累积量和供氮比例的差异性相似，而根瘤固氮累积量和供氮比例在不同花生品种间的遗传变异性明显高于肥料氮和土壤氮。

花生对氮营养的运转分配对花生荚果产量的影响较大，氮荚果生产效率可以作为鉴定氮利用率的可靠指标。不同花生品种氮荚果生产效率存在显著差异。氮收获指数是反映氮利用率的重要指标，与收获器官产量和品质密切相关。不同花生品种全氮、根瘤固氮、土壤氮和肥料氮氮收获指数差异显著，而

表 2-2　不同基因型花生氮累积量（克/株）（郑永美等，2016）

基因型	全氮	肥料氮	上壤氮	根瘤固氮
茶陵大子	2.28±0.047de	0.28±0.019abc	1.30±0.028efg	0.71±0.032de
石龙红	2.50±0.037c	0.29±0.019abc	1.41±0.037cde	0.80±0.020cd
岳阳小籽	2.13+0.077ef	0.32±0.015ab	1.51±0.026abc	0.30±0.078gh
晋安	1.74±0.031g	0.28±0.023abc	1.28±0.025fgh	0.18±0.015h
淮阴大花生	2.34±0.187d	0.32±0.018ab	1.44±0.140ab	0.48±0.053f
如东皖江青	1.78±0.070g	0.22±0.017cd	1.04±0.027j	0.52±0.062f
塂督子	2.59±0.064c	0.31±0.047ab	1.51±0.048abc	0.77±0.035d
徐州 402	1.79±0.030g	0.26±0.024abc	1.22±0.045gh	0.31±0.037gh
蓬莱小粒红	2.06±0.058f	0.31±0.040ab	1.44±0.044bcd	0.31±0.026gh
文登小粒红	2.28±0.038de	0.27±0.018abc	1.28±0.035fgh	0.73±0.080de
海阳四粒红	2.85±0.042b	0.32±0.047ab	1.56±0.019ab	0.97±0.073b
PI259747	3.11±0.045a	0.35±0.019a	1.63±0.026a	1.13±0.015a
潍花 8	2.80±0.050b	0.32±0.021ab	1.45±0.022bcd	1.03±0.038ab
花育 22	2.16±0.062ef	0.29±0.027abc	1.35±0.045def	0.52±0.010f
花育 31	1.74±0.093g	0.26±0.044bc	1.17±0.058hi	0.31±0.020gh
丰花 1	2.81±0.097b	0.34±0.018ab	1.53±0.026ab	0.94±0.099bc
3-C021	1.75±0.082g	0.24±0.040bcd	1.09±0.055ij	0.41±0.025fg
3-XC135	1.54±0.063h	0.17±0.012d	0.80±0.045k	0.58±0.119ef
3-XC136	2.55±0.071c	0.32±0.015ab	1.50±0.054bc	0.73±0.023de
3-XC128	1.39±0.039h	0.21±0.039cd	1.00±0.034j	0.18±0.035h
平均值	2.20±0.036	0.28±0.011C	1.33±0.015A	0.60±0.012B
标准偏差	0.49	0.06	0.23	0.30
变异系数（%）	22.37	21.64	17.12	50.14

注：表中不同大小写字母分别表示在 0.01 和 0.05 水平上差异显著。下同。

且不同氮源中根瘤固氮差异性最大，表明花生氮收获指数存在显著遗传变异，而且根瘤固氮氮收获指数对遗传变异的贡献最大。依据不同花生品种对三种氮源的吸收利用特点及差异性，制定合理措施，可有效促进花生对氮的吸收和利用。花生以收获荚果产量为目标，所以相同条件下花生吸收积累氮多且产量高的品种为较高氮利用率花生品种。因此，充分挖掘花生基因型潜力，通过选择对根瘤固氮、土壤氮和肥料氮吸收利用率较高的花生品种来实现花生产量的提高是一条生态、经济有效的途径。例如，石龙红、海阳四粒红和潍花 8 号同属于全氮、根瘤固氮、土壤氮和肥料氮利用率较高花生品种，可通过提高全氮、肥料氮、土壤氮和根瘤固氮中的任何一种或多种氮源吸收累积量来提高荚果产量；文登小粒红同属全氮和根瘤固氮较高氮利用率基因型，可通过提高全氮或根瘤固氮的吸收累积量来提高荚果产量；花育 22 同属肥料氮和土壤氮较高氮利用率基因型，可通过提高肥料氮或土壤氮的吸收累积量来提高荚果产量。

蒋春姬等（2020）在花生苗期通过水培的方法设置低氮和正常供氮水平，并进行主成分分析、变异分析及相关性的综合分析，以干物质量、氮累积量、氮利用率、氮含量、氮利用指数及根冠比作为花生氮高效种质苗期筛选的参考指标，筛选出耐低氮型品种锦花 6 号和氮敏感型品种阜花 10 号。高宇等（2023）在大田试验中的研究表明，花生苗期叶绿素含量、单株生产力与收获期干物质累积量可作为花生氮敏感品种的筛选指标，筛选出 13 份氮敏感型、33 份中间型及 35 份耐低氮型花生品种。

（二）磷养分高效品种的筛选

同一作物不同品种的磷吸收能力及利用率存在较大的基因型差异。于天一等（2015）的研究表明，不同基因型花生整株磷总累积量、磷利用率和磷转移量的差异均达显著或极显著水平。产量和磷利用率分别与磷转移量、整株磷总累积量、产量形成期整株磷累积量、饱果成熟期生殖器官和整株磷累积量显著或极显著正相关（表 2-3）。磷高效基因型主要是指植株能够将体内累积的磷更多地分配到生殖体中形成产量，筛选结果表明，鲁花 11、花育 39 和冀花 5 号为高产磷高效品种。当产量类型相同时，花生磷利用率主要取决于植株磷浓度及累积量，而器官中磷浓度偏高及营养体磷累积过多是磷利用率的主要原因（于天一等，2016）。张政勤等（1998）报道，在缺磷条件下，不同花生品种营养生长盛期磷干物质生产效率相差 $4.1\% \sim 60.7\%$。花生营养体磷含量和累积量平均值均低于生殖体，但营养体变异幅度高于生殖体。磷收获指数、磷分配系数及植株磷含量与花生磷利用率密切相关，较高的植株磷累积量、磷收获指数及磷分配系数是花生获得高产的关键（冯昊等，2018）。适当增加生物产量、控制磷含量、提高磷向荚果分配的比例是协同提高产量和磷利用率的有效途径。

表 2-3 产量、磷利用率与磷吸收、转运相关指标的关系（于天一等，2015）

指标	X₁	X₂	X₃	X₄	X₅	X₆	X₇	X₈	X₉	X₁₀	X₁₁	X₁₂	X₁₃
X₁	1												
X₂	0.799**	1											
X₃	0.965**	0.617*	1										
X₄	0.266	10.010	0.331	1									
X₅	0.427	10.079	0.600	0.560	1								
X₆	0.878**	0.462	0.954**	0.325	0.755**	1							
X₇	0.865**	0.728**	0.806**	0.457	0.170	0.630*	1						
X₈	0.877**	0.732**	0.835**	0.323	0.282	0.698*	0.87*6	1					
X₉	0.947**	0.605	0.982**	0.349	0.627*	0.959**	0.778**	0.873**	1				
X₁₀	0.871**	0.478	0.929**	0.655**	0.704**	0.893**	0.820**	0.795**	0.925**	1			
X₁₁	0.679*	0.571*	0.618	0.477	0.042	0.452	0.901**	0.581	0.539	0.674*	1		
X₁₂	0.424	0.275	0.405	0.863**	0.261	0.316	0.701**	0.406	0.377	0.657**	0.818**	1	
X₁₃	0.283	0.429	0.163	0.229	10.418	10.048	0.631*	0.230	0.059	0.212	0.853**	0.658**	1

注：X₁：产量；X₂：磷利用率；X₃：成熟期生殖器官累积量；X₄：整株磷总累积量；X₅：磷收获指数；X₆：结荚期生殖器官磷积累量；X₇：磷转移率；X₈：饱果成熟期整株磷累积量；X₉：饱果成熟期整株磷累积量；X₁₀：生殖器官磷总累积量；X₁₁：结荚期整株磷累积量；X₁₂：磷转移量；X₁₃：转移磷贡献率。** 表示在 $P<0.01$ 水平上差异显著；* 表示在 $P<0.05$ 水平上差异显著。

因此，通过选用磷高效花生品种来解决磷资源匮乏及施磷带来的环境胁迫问题，不仅必要，而且可行，是实现农业可持续发展的有效途径。

（三）钾养分高效品种的筛选

近年来的研究发现，同一作物不同品种的钾吸收能力及利用率不同。钾高效品种主要是指植株能够将体内累积的钾更多地分配到生殖体中形成产量，即单位产量所需要的钾较少（王毅等，2009）。郑亚萍等（2019）的研究表明，同一钾肥水平下，15 个花生品种各器官钾含量及累积量均存在显著差异，产量和钾利用率分别为 3 088.4～6 287.1 千克/公顷和 31.0～76.5 千克/千克，最大值为最小值的 2.0～2.5 倍，其中花生钾利用率与钾分配系数、钾干物质生产率极显著正相关，与生殖体和整株钾浓度、营养体和整株钾累积量显著或极显著负相关。而产量与生殖体钾累积量极显著正相关。营养体及整株钾浓度相对较低，钾累积量适中或偏低，钾在生殖体中的分配比例高及钾干物质生产率，有利于产量和钾利用率同步提升。以花生产量和钾利用率平均值为标准，将不同品种划分为低产钾低效、低产钾高效、高产钾低效和高产钾高效四大类型，其中 609、冀花 5 号、冀花 6 号和鲁花 11 为高产钾高效品种。因此，选用钾高效及高产花生品种来解决养分资源匮乏及化肥带来的环境胁迫问题，不仅必要，而且可行，是实现花生节肥的有效途径之一。

（四）钙养分高效品种的筛选

近年来的研究发现，不同花生品种耐低钙能力（钙效率）存在显著的遗传变异。钙高效品种在低钙环境中生产更多的籽仁产量，荚果饱满度相对较高。因此，种植钙高效吸收利用遗传潜力的花生品种可作为缓解钙胁迫的有效途径，具有广泛的应用前景。钙高效吸收品种荚果具有较强的吸钙能力，花生荚果的吸钙能力也与荚果自身特性及荚果在土壤中的分布有关。研究表明，小粒花生的比表面积小，通过单位面积果皮的钙较少，更有利于籽仁对钙的吸收。荚果在土壤中分布范围广也有利于荚果对钙的吸收。于天一等（2021）的研究表明，山花 8 号对钙肥较敏感，而花育 32 对钙肥反应较为迟钝。王鑫悦等（2022）的研究表明，远杂 9102、远杂 12、豫花 23、豫花 65、冀花 572、花育 911、吉花 3 号、吉花 4 号、扶花 1 号、桂花 21、粤油 45、粤油 43、航花 2 号 13 个品种为耐低钙品种，在低钙胁迫条件下，这类品种的荚果产量受胁迫影响较小，且秕果率几乎未受低钙胁迫影响；汾西小粒、晋花 9 号、晋花 7 号、曲沃一窝蜂、豫花 22、榆社花生、花育 25、开农 1715、东北王、桂花 37、贺油 10 号、贺油 4 号为低钙敏感型品种，这类品种的秕果率受低钙胁迫影响较大，在低钙条件下空果略有增加，导致荚果产量降低；冀花 16、远杂 9307、花育 39、日花号、湘花 62、粤油 13、粤油 7 号为极度低钙敏感型，在低钙胁迫条件下，这类品种籽仁充实受影响最大，秕果率大幅提高，从而使荚果产量降低。

二、品种节肥技术

（一）根据节肥需求选择高产高效型花生品种

氮肥高产高效型花生品种：花育 22、潍花 8 号、鲁花 11 及鲁化 14 等；磷肥高产高效型花生品种：育 39、鲁花 11 和冀花 5 号等；钾肥高产高效型花生品种：鲁花 11、冀花 5 号和冀花 6 号等。基于选用的花生品种近 3 年正常气候条件下花生平均增产 10%～15% 来确定目标产量，目标产量也可以是该花生品种历史最高产量。

（二）有机无机肥料配施提高肥料利用率

花生对氮、磷、钾的需求比例为 5∶（1.0～1.5）∶（2～3），在花生生产中单一投入施用三元复合肥可能会引起养分不均衡，影响花生对营养元素的吸收和利用。在生产中，有机无机肥配施或施用有机无机专用复合肥，可以有效减少肥料的投入和增加花生荚果产量。如花生目标产量 300 千克/亩左右，每亩可施用有机无机花生专用复合肥 50～60 千克；或者施用三元复合肥 18～20 千克，商品有机肥 100～150 千克，缓释尿素 7～8 千克，硫酸钾 6～7 千克；也可以施用营养元素含量相当的其他种类肥料；目标产量 300 千克/亩以上，产量每增加 100 千克，肥料用量相应增加 20%～30%。

第三节 替代产品筛选与化肥减施

花生的产量和品质依赖肥料的投入，但不合理施肥会造成植株养分失衡，花生产品品质下降、土壤板结酸化、肥力下降等问题。当肥料用量达到适宜用量后，随着肥料施用量的继续增加，花生产量不再增加反而可能降低，肥料利用率也随之下降，造成了资源浪费，不利于资源及环境可持续发展。花生生长过程中，过量施用化肥会造成一系列的负面影响：①土壤性状恶化。农田大量施用化肥，养分不能被花生有效吸收利用，氮、磷、钾等易被土壤固结，形成各种化学盐分而在土壤中积累，造成土壤养分结构失调、物理性状变差，部分地块有害金属和有害病菌超标，导致土壤性状恶化（林肇信等，2002）。②花生品质下降。偏施某种化肥导致花生营养失调，体内部分物质转化合成受阻，降低花生籽仁品质。③环境污染。过量施用化肥，土壤水溶性养分被雨水和灌水淋溶到地下水及河流中，造成地下水及河流污染，使地下水、河流、湖泊富营养化，导致地下水硝酸盐含量超标。因此，开展花生化肥减施增效技术的研究势在必行。实现化肥减施增效，新型肥料的替代或部分替代及水肥施用技术的改善是解决问题的关键途径。目前，已有研究对有机物替代化肥、根瘤菌剂及生物肥料施用替代化肥进行了大量的研究，取得了一定的研究结果。

一、有机物替代化肥

（一）有机肥

有机肥是指以动物的排泄物或动植物残体等富含有机质的副产品资源为主要原料，经发酵腐熟而形成的肥料。有机肥所含营养元素多呈有机状态，作物难以直接利用，经微生物作用，缓慢释放出多种营养元素，源源不断地将养分供给作物。有机肥有改良土壤、培肥地力、提高土壤养分活力、净化土壤生态环境、保障作物优质高产高效等特点。施用有机肥料能改善土壤结构，协调土壤中的水、肥、气、热，提高土壤肥力和土地生产力。有机肥在改善土壤理化性状、平衡土壤养分、提高肥料利用率、增加作物产量等方面具有重要作用。已有研究对有机肥替代部分化肥及有机肥配施无机肥进行了研究，研究结果表明，有机肥与无机肥均具有显著增产效应，同时二者又具有互补效应，单施一种肥料，不能充分挖掘花生的增产潜力（王才斌等，2000）。有机肥与化学肥料配施能延缓肥效释放，使土壤中的有效养分在花生产量形成的最重要时期保持较高含量。根据气候因素、土壤肥力和花生需肥特点等因素确定有机肥的替代比例。土壤肥力水平较低时，如风沙土，过度增加有机肥的投入可能促进微生物的繁殖，进而影响作物对养分的吸收，反而不利于产量提高（李玥等，2020）。

有机肥对花生衰老和根系结瘤特性也有重要的影响。对不同化学氮肥用量、有机肥单施及二者配施对花生衰老及结瘤的影响的研究表明，有机肥无机肥配施对延缓花生衰老的作用最大，有机肥次之，化学氮肥作用最小。单施氮肥抑制根瘤的形成和发育，且对单株根瘤质量的影响显著大于单株根瘤数量，配施有机肥可以在一定程度上减轻氮肥对根瘤的抑制作用。不同肥料施用处理均增加花生主茎高和单株荚果数，降低千克果数；不同处理花生产量效应表现为有机肥无机肥配施处理最大，氮肥处理次之，有机肥处理最低。有机肥无机肥配施处理有机肥在一定程度上弥补化学氮肥的作用，该处理在花生各生育时期均能保证肥料供应，延缓植株衰老进程，提高花生荚果饱满度，这可能是有机肥无机肥配施处理下花生增产的主要原因。低量氮肥加有机肥可以作为花生化肥减施的优化施肥组合（王春晓等，2023）。

袁光等（2019）研究了减量施用氮肥和配施有机肥、钙肥对花生生长发育及产量的影响。结果表明，减施氮肥显著降低花生主茎高、侧枝长、光合产物积累量和饱果数，最终降低荚果产量，减氮量越大影响越大。减量施用氮肥同时增施有机肥，可显著提高花生农艺性状和产量性状相关指标，其中氮肥减施25％配施300千克/亩有机肥处理效果最好，花生主茎高、侧枝长、生物积累量、饱果数及产量均优于常规施肥处理。由此可知，适量有机肥替代化肥有利于减少化肥用量，促进花生生长，增加花生荚果产量，提高肥料利用率（Zhang et al.，2023）。

（二）炭基肥

生物炭是将作物秸秆、杂草等生物质在缺氧或低氧环境中经热裂解后生成的富碳产物。生物炭具有较高比例的惰性碳，这些惰性碳能够在土壤中稳定存在几百至数千年，因此在土壤中是一种有效的有机碳库。施用生物炭对土壤有多重作用：①生物炭本身含有多种养分，施入土壤能增加土壤中氮、磷、钾、钙及镁的含量；②生物炭具有丰富的孔隙，相对土壤中的其他物质有较大的吸附容量，可有效提高土壤的保水保肥能力；③生物炭含有大量的芳香分子结构，具有较强的离子吸附和交换能力，能提高土壤的离子交换容量，减缓土壤中阴阳离子含量的波动。基于生物炭的以上特点，许多学者认为将生物炭作为肥料载体，可以使肥料中的速效养分缓慢释放，从而减少速效养分的淋失及固定，提高肥料养分的利用率。炭基肥是一种将生物质炭作为基本载体与化学肥料混合或复合造粒制成的一种新型缓释肥料，炭基肥利用自身超强的吸附性吸附土壤中作物生长所需要的营养元素，可以防止肥料流失而达到缓释的效果（战秀梅等，2015）。研究表明，施用炭基肥能显著提高土壤速效磷、速效钾含量及土壤脲酶、蛋白酶的活性，与化肥等养分条件相比，炭基肥提升土壤速效磷、速效钾含量效果最显著。

姜梓渔（2023）的研究表明，施加生物炭后适量减施化肥对花生的生长发育有促进作用，生物炭的施加有利于增加花生的叶面积、提高植株整体的光合产能，从而提高花生的生物量积累和产量。化肥减量施用 20％配施炭基肥处理显著提高土壤孔隙度，花生各时期土壤速效钾含量的平均增幅为 41.04％。该处理下花生结荚期的叶面积增加 58.19％，同时单株产量提高 43.33％。施用生物炭能改善花生籽仁品质，显著增加花生籽仁中的蛋白质和亮氨酸含量，而降低硬脂酸和油脂含量。同时，通过在棕壤上三年的连续施肥，发现与猪厩肥配施化肥、秸秆还田配施化肥和生物炭配施化肥相比，以生物炭作为载体的炭基缓释花生专用肥有利于苗期花生蹲苗，在花生花针期和结荚期使叶片保持较高的叶绿素含量和净光合速率，增加单株荚果重和百果重，显著提高了花生的产量，且生物炭与化肥复合造粒的田间应用效果优于生物炭与化学肥料简单混配的施用效果（王月等，2017）。在夏花生上的试验也表明，炭基缓释花生专用肥能够延长砂姜黑土夏花生的叶片功能期，促进光合产物的积累，增加花生产量，比复合肥处理增产 11.8％（姜涛等，2018）。

（三）有机物还田降低化肥施用量

秸秆通常是指农作物收获籽粒果实后的剩余部分，含有氮、磷、钾和有机质等，是一种具有多种用途的可再生生物资源。我国是一个农业大国，耕地面积超 18 亿亩，每年农业生产可产生大量的农作物秸秆，秸秆资源年生产量达 7×10^8 吨。秸秆还田是世界上普遍重视的一项培肥地力的增产措施，在杜绝了秸秆焚烧所造成的大气污染的同时还有增肥增产作用。将农作物的秸秆归还至田间，可以增加土壤有机质，培肥地力，增加作物产量，以及争抢农时。秸秆还田不仅能提高土壤有机质含量、培肥地力，还能够降低土壤容重、改善土壤理化结构、增强保水性等，使土壤疏松、孔隙度增加，提高微生物活力和作物根系的发育。此外，作物秸秆中的矿质元素来自土壤，通过还田方式又释放到土壤中，使土壤养分维持平衡状态以供作物持续利用，该循环利用模式有利于农业耕地可持续利用，符合当前提倡的减施、增效政策要求。

覆盖秸秆能提高土壤速效氮、速效磷和速效钾的含量，降低土壤容重和土壤 pH。在干旱冷凉区的研究结果表明，与裸地种植花生相比，小麦秸秆覆盖的花生田 0～30 厘米土层含水量增加 5.1％，花生产量增加 53.0％（王以兵等，2010）。在裸地和覆膜栽培条件下，将秸秆切碎后旋耕还田，秸秆旋耕还田处理增加了花生主茎高和侧枝长，提高了叶片叶绿素含量和净光合速率，增加了花生的生物产量、经济系数、单株结果数、千克果数、双仁果率、饱果率和出仁率，裸地和覆膜栽培条件下秸秆还田花生产量分别比不还田的增加 8.1％和 6.5％（杨福军等，2013）。司贤宗等（2017）将小麦秸秆采用免耕不覆盖、起垄覆盖、免耕覆盖 3 种方式耕作，结果表明：花生不同生育时期，起垄覆盖的叶片 SPAD 值均最大；小麦秸秆覆盖量为 300 千克/亩时，化生产量最高，为 286.00 千克/亩，对土壤埋化性质改善较大。同时，秸秆还田能够缓解花生连作障碍，不同秸秆添加量处理均可显著增加花生连作土壤微生物生物量和酶活性，提高土壤微生物生物量碳、氮、磷含量（刘妍，2018）。

在相同的耕作方式下，与秸秆不还田处理相比，秸秆还田处理降低了土壤容重，增加了土壤孔隙度、粗大团聚体的质量比例以及土壤有机碳和全氮含量，提高了团聚体的稳定性。同时，增加了土壤中细菌、真菌、放线菌的数量，增加了花生干物质累积量，提高了花生荚果产量和籽仁产量（赵继浩等，2019）。在南方土壤上的研究表明，油菜秸秆还田可增加水稻的有效穗数，使穗大、粒多、粒重，促进水稻增产。同时，稻田施用油菜秸秆能提升土壤有机质含量，增加全氮、有效磷含量，促进钾的释放，降低土壤 pH 和容重，明显改善土壤结构（邓小强等，2017）。在我国西南地区，油菜收获后可接茬种植花生，这种"一地两油"的种植模式极大地缓解了我国油脂供应短缺的问题（饶庆琳等，2019）。在红壤上，香根草秸秆覆盖还田可以显著提升花生产量和土壤有机碳含量。在连续两年的香根草覆盖还田下，与农民习惯施肥相比，化肥减施 10%～50% 处理未显著降低花生产量和土壤有机碳含量。在香根草覆盖还田和化肥减施条件下，当土壤有机碳含量增加 1 克/千克时，花生产量增加 60.22～62.31 千克/亩，但随着投入碳氮比的增加，花生产量和土壤有机碳含量逐渐降低，且外源投入碳氮比>4.28 时，花生产量和土壤有机碳的降幅明显增加（柳开楼等，2022）。

秸秆还田配套深松技术可显著改善土壤的理化性状，增加土壤养分，促进花生根系的生长及对水分和养分的吸收能力，进而提高花生产量。张鹤等（2020）的研究认为，长期秸秆还田配套深松措施适合寒地花生生产。旋耕＋秸秆还田和旋耕＋深松＋秸秆还田两个处理下，0～25 厘米土层土壤全氮、碱解氮和速效钾的含量均显著增加，全氮含量（两年平均）分别增加了 29.83% 和 39.44%，碱解氮含量分别增加了 20.13% 和 29.23%，速效钾含量分别增加了 11.45% 和 25.55%。

与单施配方肥相比，秸秆还田＋配方肥和有机肥＋80% 配方肥处理均增加了花生荚果数和百果重，增产率分别为 5.1% 和 7.6%。与单施配方肥相比，秸秆还田＋配方肥处理、有机肥＋80% 配方肥处理可以显著提高肥料利用率和农学效率（闫童等，2021）。

二、根瘤菌剂及微生物肥料施用

大气中存在 78% 的游离氮气，但植物却只能吸收利用化合态氮。在化合态氮中，生物固定的氮占据主导地位，约为 70%（张秋磊等，2008）。固氮生物主要是原核生物中细菌和古菌的某些属种，按照与植物的关系这些属种可以分为共生固氮、自生固氮、联合固氮和内生固氮等几种类型（陈文新等，2004）。根瘤菌与豆科植物的共生固氮是能力最强的共生体系，为植物提供生长所需 60%～65% 氮，在可持续农业生产和生态环境保护中意义重大。根瘤菌是一类广泛分布于土壤中的革兰氏阴性菌，具有可运动、无芽孢、好氧等特性。比较常见且占比较大的根瘤菌主要属于根瘤菌属（*Rhizobium*）、慢生根瘤菌属（*Bradyrhizobium*）、中慢生根瘤菌属（*Mesorhizobium*）和中华根瘤菌属（*Sinorhizobium*）等（吴月等，2022）。能够与花生建立共生关系的根瘤菌主要为慢生根瘤菌属，研究证明，花生-慢生根瘤菌共生体系的固氮量相当于纯氮 6.67～10.13 千克/亩，可满足花生生长需氮量的 30%～80%，并能提高后茬作物产量（刘保平，2005）。

接种根瘤菌是提高豆科植物产量与品质、减少氮肥用量、提高氮肥利用率的关键措施。根瘤菌与豆科植物形成的根瘤共生体是自然界最为高效的固氮体系。刘佳等（2016）在南方红壤上的花生试验结果表明，在减施氮肥 25% 条件下，配合接种根瘤菌，产量增幅达 26.1%，并且可以明显提高花生的氮吸收量和氮肥利用率，还可以显著增加经济效益。章孜亮等（2020）研究发现，适量减施氮肥配合接种根瘤菌可促进花生生长，减氮 20% 配合接种根瘤菌处理的促生增产效果最明显，能增加花生根瘤数量、下针数、植株鲜质量、花生总分枝数、单株果数，与对照相比产量增加 11.7%～18.7%，与常规施肥相比产量增加 5.8%～7.1%，氮吸收量、氮肥利用率和经济效益均明显提高。

根瘤菌剂是指以根瘤菌为生产菌种制成的微生物制剂产品，生物固氮为宿主植物提供大量氮肥，减少化肥施用量，是绿色环保的供氮方式。花生缓释专用肥减量配施根瘤菌剂在减少肥料投入量的情况下确保了土壤肥力和花生产量，表明根瘤菌剂在降低肥料用量的条件下对土壤肥力和花生产量可以起到一定的补偿效应，为减肥增效提供了理论依据（李敏等，2022）。

生物菌肥在培肥地力、提高化肥利用率、抑制农作物病害发生、促进农作物秸秆腐熟利用、提高农作物品质方面具有重要的作用。陈建生等（2021）以不施肥和常规施化肥（氮磷钾复合肥）为对照，设置 20%、40%、60%、

80%、100%生物菌肥替代部分化肥处理，研究不同用量生物菌肥替代部分化肥对花生生理特性、荚果产量及氮利用率的影响。结果表明，生物菌肥配合适量常规化肥，可显著提高花生叶片叶绿素含量、光合速率、干物质累积量及花生产量；在20%生物菌肥＋80%化肥至40%生物菌肥＋60%化肥区间，同等产量下可减少化肥的施用量。

复合微生物肥料是指特定微生物与营养物质复合而成的活体微生物制品，复合微生物肥料含有各种养分和植物生理活性物质，如吲哚乙酸、赤霉素、多种维生素、氨基酸、核酸、生长素、尿囊素等，可最大限度地促进有机物分解转化和刺激微生物的生长繁殖，促进植物生长，提高产量和品质（占新华等，1999）。复合微生物肥料具有改善植物根际微生物群落的组成和数量、减轻土壤板结、提高土壤通气性等优良效果，还可抑制或拮抗有害病原菌的生长繁殖，减轻植物发病程度，为农作物提供舒适健康的生长环境（李庆康等，2003）。研究表明，与常规施肥（100%复合肥）相比，复合微生物肥料替代量在30%～70%范围内显著提高了苗期和成熟期花生根际土壤细菌、真菌和放线菌总量，且根际细菌和放线菌数量比例随生育期的推进逐渐升高。同时，显著提高了苗期土壤过氧化氢酶、脱氢酶、中性磷酸酶和蔗糖酶活性，降低了苗期和结荚期土壤碱解氮含量而提高了全氮含量，也提高了各生育时期土壤有机质和速效钾含量以及结荚期和成熟期土壤有效磷含量。当替代量为50%时，产量提高了5.23%，最终实现了养地增产的效果（宋以玲等，2019）。

第四节　施肥关键技术与化肥减施

花生是我国重要的油料作物和经济作物，科学的施肥方式有助于花生吸收所需的营养元素，降低肥料投入，提高肥料利用率、减少肥料投入及生产过程的环境污染。科学有效的施肥关键技术有助于提高花生的产量和品质、减少资源浪费、保护生态环境。

一、主要施肥技术

(一) 测土配方施肥

测土配方施肥是指以土壤测试和肥料田间试验为基础，根据花生的需肥规律、土壤供肥性能和肥料效应，在合理施用有机肥的基础上，提出氮、磷、钾及中、微量元素的施用量、施肥时期和施肥方法。测土配方施肥技术的核心是调节和解决花生需肥与土壤供肥之间的矛盾，有针对性地补充花生所需的营养元素，实现各种养分的平衡供应以满足花生的需要，达到提高肥料利用率和减少肥料用量、提高花生产量、改善花生品质以及节支增收的目的。

　　花生对于营养的需求既是阶段性的，又是连续的。因此，保证关键时期各种营养物质的充足供应对花生的产量和品质提升有很大的作用。有机肥中的化学元素丰富，而且还有改良土壤结构的作用，而无机肥虽然营养元素单一，但营养元素含量高且见效快。因此，无机肥与有机肥相结合，不仅可以改良土壤，还可以确保满足花生需要的营养物质的供应。根据不同土壤酸碱性及土壤性质选择不同肥料类型和功能性肥料：酸性土壤宜选用生理碱性含钙肥料，如石灰等；碱性土壤用石膏等生理酸性含钙肥料。冬耕时增施石灰氮，能显著减少连作土壤中病源、虫卵数量。生物菌肥能够平衡土壤微生物种群，提高土壤肥力，在播种前也可施入。测土配方常用的技术是肥料效应函数养分丰缺指标法，该方法具有较为严谨和科学的推荐施肥量和配方，可促进各种养分的平衡供应，以达到提高花生品质、减少成本及肥料施用量的目标（颜明娟等，2010；张桥等，2014）。山东省花生研究所研究发现，与常规施肥相比，采用测土配方施肥方法使花生增产 16.9%～24.4%、氮肥利用率提高 7.3%、磷肥利用率提高 3.6%。

（二）叶面喷施技术

　　叶面喷施是一项补充土壤施肥不足或迅速补充作物营养的辅助施肥手段，具体是指将适用于叶面喷施的肥料均匀喷施于作物叶片表面的施肥方法，特点是能快速被叶片吸收利用。叶面喷肥具有肥料吸收率高、节约用肥、增产显著的特点，对花生缺素症有很大的缓解和治疗作用。除根系吸收花生所需营养外，叶面喷施将花生需要的营养以溶液喷雾的方式施用于叶面，养分被吸收后参与各种物质合成和生理生化反应（焦素芝等，2008）。氮、磷、钾等大量元素及钼、硼、锰、铁等微量元素均可叶面施用。花生叶面追肥种类繁多，生育中期追施硼、钼、铁等，生育后期追施氮、磷、钾等。花生中后期喷施叶面肥对防早衰、提高光合作用效率、促进荚果饱满有显著促进作用。叶面施用氮肥，花生植株吸收利用率达 55.5% 以上，饱果数明显增加，经济系数显著提高；叶面施用磷肥，一般可增产 7%～10%；施用铝、硼、锰、铁等微肥，一般可增产 8%～10%（胡波，2016）。花生叶面喷施需注意以下方面：①要根据花生生长情况和生育时期确定喷施时间，一般应在生育中后期喷施。避免在高温时喷施，防止伤害叶片，雨天不宜喷施，如果喷施后 4 小时遇雨应雨后补喷。②喷施浓度必须适宜，浓度过低效果不明显，浓度过高易伤害叶片，造成肥害。③喷施须均匀，在喷施时要喷匀喷细，叶的正反面都要喷施，这样更有利于花生叶面吸收。

（三）水肥一体化技术

水肥一体化技术是集节水灌溉和高效施肥于一体的农业管理技术，可实现水和肥同步供应，作物在吸收水分的同时吸收养分，达到水肥耦合的效应。在不同灌溉方法，如漫灌、沟灌、畦灌及微灌等中均可应用水肥一体化，达到节水、节肥和增收增效的目的。水肥一体化技术也可减少肥料用量、提高肥料利用率，实现良好的经济和生态效益。

一套完整的水肥一体化系统通常包括水源工程、首部枢纽、田间灌溉系统和灌水器四部分。目前生产上的施肥设备主要包括旁通施肥罐、文丘里施肥器、注射泵等。适合水肥一体化技术的肥料应满足如下要求：①肥料中养分浓度较高。②在田间温度条件下完全或绝大部分溶于水。③含杂质少，不会堵塞过滤器和滴头。

根据地力水平、气候条件和产量水平，在花生不同生育时期进行合理的灌水施肥处理。若播种时墒情较差，需及时滴水，0～20厘米土层土壤含水量达到饱和状态时停止灌水。根据花生需肥规律，精准滴灌施入养分配比合理的水溶肥或液体肥，确保养分平衡供应。可分三个生育时期滴灌施肥，苗期滴灌施入 30%～40%的肥料，花针期滴灌施入 30%～50%的肥料，结荚期滴灌施入 10%～20%的肥料。也可分苗期和花针期两次滴灌施入，花针期滴灌施入 60%～70%的肥料。

（四）深耕改土与分层施肥技术

深耕改土和分层施肥可充分发挥土壤自身养分供应能力，提高肥料的施用效果和肥料利用率。目前，我国花生产区常年耕深多在 15～20 厘米，浅耕导致花生田犁底层上移，土壤紧实度增加，降低了肥料利用率。研究表明，花生田深耕可有效打破犁底层、减轻土壤紧实危害，增强土壤有益微生物活性，促进花生根系生长和根瘤发育，增强花生根瘤固氮能力和养分吸收利用率（沈浦等，2015）。深耕配合增施有机肥，可以扩大花生耕作层，提高耕作层的质量。

在施肥量较大的情况下可结合耕作分层施用基肥。为适应不同时期作物根系对养分的吸收，一般缓释性肥料多施于土壤耕层的中下部，速效性肥料施于耕层的上部。在深耕时将氮、磷、钾肥和有机肥施入，将其分布于 10 厘米以下耕作层；在起垄时将钙肥施入，使钙肥主要集中于 10 厘米的浅层以便上部根系吸收。王才斌（2018）的研究表明，利用分散分层施肥法在 0～13 厘米的结实层均匀散施 2/3 的肥料，剩余 1/3 以条施的形式分别施在垄中心距垄面 15～17 厘米土层内，能促进根荚对养分的需求，产量增加 8.5％～12.8％，氮、磷、钾肥的利用率提高 2.1％～4.3％。

（五）花生全程可控施肥技术

山东省农业科学院花生栽培与生理生态创新团队将需肥时期分为花生幼苗期（前期）、开花下针期和结荚前期（中期）、结荚中后期和饱果期（后期）三个阶段。根据不同阶段的需肥特点，在特定时间段进行针对性供肥，研发出满足生长发育全程的养分供应多层膜控释肥，可作为种肥进行施用。肥料为速效肥与缓释肥复混的花生专用控释复混肥料，包括荚果肥料和根系肥料。荚果肥料为速效养分形式，N、P_2O_5、K_2O、CaO 含量分别为 12.3％、9.2％、15.0％、3.4％，施用于结果层（0～10 厘米土层）。根系肥料 N、P_2O_5、K_2O 含量分别为 19.6％、14.3％和 14.5％，氮包括 12.3％的缓释肥和 7.3％的常规氮肥，施用深度为根系集中的 10～20 厘米土层。肥料中含有大量的硼、锌、铁、钼、活化腐植酸等。根据地力条件和产量水平，肥料用量一般在 65 千克/亩。施肥方式为分层施肥，其中根系集中层和结果层各 30～35 千克/亩。大田试验结果表明，全程可控施肥技术可提高肥料利用率，比常规施肥单产增加显著，其中济阳基地单产增加 24.9％～27.3％，莒南县试验增产 19.0％（王建国等，2022）。

二、化肥减施措施

（一）接种根瘤菌剂，减少氮肥使用

花生是豆科作物，具有固氮功能，不同品种和土壤环境条件下根瘤固氮量有差异，整体占花生全生育期所需氮的 50％左右。接种根瘤菌剂可以为花生提供一定的氮营养，有效提高花生的结瘤固氮能力，改善氮营养、提高产量和经济效益，达到肥料减施增效的目的。接种根瘤菌剂促进植株生长，提高叶面积指数，增加花生根瘤数，使饱果率和百果干重明显增加（刘佳等，2016）。章孜亮等（2020）的研究表明，适量减施氮肥配合接种根瘤菌可促进花生生长，减氮 20％条件下接种根瘤菌明显促进花生生长、增加花生产量。花生总分枝数、根瘤数量、下针数、植株鲜重、单株果数显著高于对照，产量比常规

施肥处理增加 5.8%~7.1%。适量减氮接种根瘤菌处理下氮吸收量、氮肥利用率和经济效益均明显提高。由此可知，当氮肥施用不足时，接种根瘤菌效果不明显，当氮肥施用适量时，接种根瘤菌可增产 5%以上。

(二)增加有机物料投入，减少化肥施用

花生是地下结果作物，土壤紧实状况对花生结荚影响较大，土壤紧实度过大会影响花生的荚果发育。深耕及深松等耕作方式对降低土壤容重、提高通透性、改变土壤氧化还原电位具有重要作用。深耕及深松耕作也能增强土壤养分的有效性，促进花生对养分的吸收利用，具有一定的节肥潜力。在化肥减施的条件下，增加有机物料的投入，是改良土壤、保证花生稳产增产的有效措施之一。目前增施有机肥和秸秆还田是增加有机物料投入的主要方式。现有研究表明，增加有机肥的施用量，可以有效改善土壤的理化性质，增加土壤有机质含量，从而促进花生的高效生长。有机肥与化肥配施比化肥单施能增加土壤速效氮、磷、钾养分含量，增加花生田细菌、真菌及放线菌数量，提高土壤脲酶、酸性磷酸酶及蔗糖酶活性，进而提高肥料利用率及花生产量（许小伟等，2014；王春晓等，2019）。

(三)增施钙肥，减少化学氮肥施用

钙是花生生长发育所必需的矿质营养元素，通过调节离子平衡、稳定细胞壁和细胞膜结构及诱导特异基因表达来提高抗逆性。史晓龙等（2018）研究发现，外施钙肥可以提高花生养分总吸收量。林松明等（2019）研究发现，施钙可以提高花生叶片叶绿素含量、光合速率、蔗糖含量及蔗糖代谢相关酶活性。山东省花生研究所研究发现，与传统基施氮肥用量相较，减氮 25%和减氮35%均降低了花生的主茎高、叶面积指数、净光合速率、SPAD 值、百果重、百仁重和产量，且减氮 35%处理的降幅高于减氮 25%处理。在氮肥用量不变的前提下，增施钙肥可促进花生主茎的生长，增加花生叶面积指数、SPAD值、净光合速率和产量。氮钙运筹情况下，减氮 25%配施 20 千克/亩钙肥处理的净光合速率、叶面积指数、产量、肥料贡献率最高（袁光等，2019；张冠初等，2020）。

(四)水肥一体化技术减施化肥

与常规施肥技术相比，在测土配方施肥的基础上应用膜下滴灌水肥一体化技术可节肥 30%~50%。研究表明，减量20%~30%施肥不影响荚果产

量，只是降低收获期绿叶数；减量 30％ 以内施肥，随着施肥量的降低肥料利用率提高（吕桂荣等，2018）。另有研究表明，在减量 40％ 施肥的基础上，荚果增产 15％ 以上，节肥增产潜力巨大。花生采用水肥一体化栽培技术能够显著提高肥料的利用率，使得花生施肥的增效比常规栽培提高 2 倍以上，从而降低了化学肥料施用量。张冠初等（2020）的研究表明，膜下滴灌水肥一体化条件下减量施用氮肥能够提高肥料利用率、增加经济效益。在确定花生水肥一体化技术模式下的化肥施用量时，参考当地花生生产常规施用量，按 60％ 的比例折算即最佳的水肥一体化化肥施用量（宋亚辉等，2015）。山东省花生研究所试验表明，基肥施用量为常规施肥量的 40％，将 60％ 的肥料在花生花针期和结荚期进行膜下滴灌追施，可提高花生的产量及肥料偏生产力。青岛农业大学对花生追施肥料减量施用研究表明，每亩追肥滴灌量为氮（N）1.5~2.0 千克、硼（B）0.3~0.5 千克，钙（CaO）1~1.5 千克时，可以有效保证花生高产同时减少肥料施用，提高肥料利用率（秦文洁等，2021）。

第五节 花生化肥减施技术体系

深入推广化肥减量增效技术，着力减少化肥施用量。在保证花生养分供应的基础上，坚持以产定肥、按需用肥，减少过量施肥和盲目施肥，推进生产生态协调发展。积极推广商品有机肥、生物肥和配方肥，引导农民自制自用农家肥、商品有机肥，并与配方肥、专用肥施用相结合，促进有机无机合理配施。优化施肥结构、施肥位置和施肥时期，调整养分形态配比，注重中、微量元素补充。加快推广水肥一体化、专用缓控释肥及水溶性肥料，提高水肥利用率，减少花生生产中化肥的不合理施用。根据化肥减施原则，建立花生化肥减施技术体系如下：

一、施肥原则及建议

（一）增施有机肥和生物菌肥

一般地块每亩施充分腐熟的农家肥 2 000~3 000 千克或商品有机肥 80~100 千克；高产田亩施充分腐熟的农家肥 3 000~4 000 千克或商品有机肥 120~150 千克。增施有机肥要配合施用生物菌肥，促进土壤肥力的快速提高。严禁施用未经腐熟的农家肥。

（二）平衡施用化肥

产量水平较高田块一般每亩施氮（N）12～14千克、磷（P_2O_5）10～11千克、钾（K_2O）14～17千克、钙（CaO）10～12千克；产量水平中等田块一般每亩施氮（N）8～10千克、磷（P_2O_5）6～8千克、钾（K_2O）9～12千克、钙（CaO）8～10千克；产量水平较低田块一般每亩施氮（N）4～7千克、磷（P_2O_5）3～5千克、钾（K_2O）5～6千克、钙（CaO）6～8千克。将常规化肥与缓控释肥配施，可将1/3的速效氮肥作种（苗）肥、2/3的缓控释氮肥作荚果肥，确保养分适期供应。重视钙肥的施用，促进结实和荚果饱满，酸化土壤施用生石灰、硅钙镁肥等生理碱性肥料，碱性土壤施用石膏等生理酸性含钙肥料，一般每亩基施石灰30～50千克或石灰氮20～30千克、其他商品土壤调理剂50～100千克。因地制宜施用硼、锌、铁等中微量元素肥料，以促进荚果发育。每亩施用硼砂0.5～1.0千克、硫酸锌1～2千克、硫酸亚铁2～3千克。

（三）施肥时期及方法

高产地块用肥较多，要采取集中和分散相结合的施肥方法，即耕地前撒施全部有机肥、磷钾肥和2/3的缓控释氮肥，耙地前铺施剩余的1/3的速效氮肥和其他肥料（钙肥等），机播地块可将部分化肥用播种机施肥器施在垄中间。起垄播种地块，可结合起垄将2/3的种肥包施在两个播种行下方10～15厘米处，将剩余的1/3的种肥施在垄中间，做到深施、匀施。中低产地块，可结合播种作种肥集中施用，但要种肥隔离，防止烧种。钙肥要与有机肥配合施用，防止过量施钙影响钾等营养元素的吸收。

（四）推广水肥一体化技术

进一步提高水肥利用率。滴灌肥料可选择适合花生的滴灌专用肥料或水溶性复合肥，也可选择尿素、硫酸铵、磷酸二氢钾、硫酸钾、硝酸钙等可溶性肥料。整地时每亩施氮（N）3千克、磷（P_2O_5）0.5千克、钾（K_2O）1千克；于花针期、结荚期和饱果期结合滴灌每亩分别追施氮（N）3千克、磷（P_2O_5）1.5千克、钾（K_2O）3千克、钙（CaO）2千克，氮（N）4千克、磷（P_2O_5）2千克、钾（K_2O）5千克、钙（CaO）5千克，氮（N）2千克、磷（P_2O_5）2千克、钾（K_2O）2千克、钙（CaO）3千克。

二、花生化学肥料减施关键技术

（一）花生根瘤菌剂接种、微生物菌剂施用技术

不同氮源的供氮水平为根瘤固氮＞土壤供氮＞肥料供氮，适当减少施氮量能够提高花生肥料利用率，氮肥减施 1/3 配合高效根瘤菌剂拌种提高花生产量和氮肥利用率。根瘤菌与有机肥或钼肥存在较大的交互效应。生产中在使用根瘤菌拌种的同时，当季每亩可施商品有机肥 150 千克左右。

选择微生物菌剂进行化肥的替代，科学合理配方施肥。综合参考地区土壤情况，包括目标产量、土壤养分情况等，确定化肥施用量。一般来说，选择 2/3 常规化肥用量＋微生物菌剂（有效活菌数 1.0 亿个/克）3 千克/亩，土壤调理剂 0.5 千克/亩，生物农药拌种剂 0.29 千克/亩。选择颗粒性微生物菌剂 3 千克/亩与化肥在料斗当中进行混合，将其作为底肥施用，随用随拌。

（二）秸秆还田配套深松技术

寒地花生生产中秸秆还田技术每亩还田 400 千克玉米秸秆，将玉米秸秆粉碎成长度 5 厘米左右小段，平铺后进行旋耕，保证秸秆大部分入土，再进行 25 厘米深松。秸秆还田配套深松技术可显著改善土壤的理化性状，增加土壤养分，促进花生根系的生长，提高水分和养分的吸收能力，进而提高花生产量。

（三）氮肥减施、增施钙肥协同增效技术

研究表明，花生氮累积量呈 S 形曲线变化，群体氮营养吸收高峰期的出现早于干物质积累，表明氮累积是干物质积累的基础。增施钙肥，花生氮最大累积量和速率提高，快速累积期起始时间提前，快速累积期终止时间和快速累积期持续时间缩短。增施钙肥（40 千克/亩）条件下，荚果产量提高 13.4% 以上，结果数增加 6.0% 以上；施氮量为 5 千克/亩，且配施 40 千克/亩 CaO，可获得稳产。

（四）花生专用炭基肥替代化肥施用技术

施用等量的花生专用炭基肥替代化肥促进了花生生长，显著增加了叶面积和净光合速率，且提升了土壤速效磷、速效钾含量。炭基肥的施用显著提高了土壤脲酶、蛋白酶的活性，增加了生长发育后期土壤过氧化氢酶活性。施用花

生专用炭基肥较常规复合肥增产 3.91%。

（五）膜下滴灌水肥一体化水肥高效利用技术

建立花生智能水肥一体化系统，该技术是利用互联网技术将灌溉和施肥融为一体的农业新技术，可以实现用电脑或手机进行远端控制，实现了物联网与节水灌溉技术的结合。对黄淮海花生产区的研究表明，基肥施用量为常规施肥量的 40%，将 60% 的肥料在花生花针期和结荚期进行膜下滴灌追施，可提高花生的产量及肥料偏生产力。对追施肥料减量施用的研究表明，追肥滴灌量每亩每次掌握在 20～30 米^3，花针期用肥量为 N 1.5 千克、P_2O_5 0.5 千克、K_2O 1.5 千克、B 0.5～1.0 千克、CaO 1.5 千克；结荚期用肥量为 N 1.5 千克、P_2O_5 0.5 千克、K_2O 1.5 千克、B 0.5～1.0 千克、CaO 1.5 千克；饱果期用肥量为 N 1.5 千克。对东北花生产区的研究表明，膜下滴灌水肥一体化肥料减施 25% 时效益最高，最佳施氮量（尿素）为 7.37 千克/亩、施钾量（硫酸钾）为 16.76 千克/亩、基追比例（复合肥）为 4∶6（辽宁省沙地治理与利用研究所，未发表数据）。

三、花生化肥减施技术

（一）地块选择

选择地势平坦、耕层深厚、理化性状良好的地块，土壤质地以壤土、轻壤土和沙壤土为宜，忌与豆类作物轮作和连作。地块位置应排灌方便、水源充足，便于安装滴灌设施。

（二）播前准备

1. 品种选择

选择优质高产、抗病且适合机械化生产并已登记的花生品种。

2. 种子处理

（1）种子包衣　播种前，为防治地下害虫和病害，可以根据防治要求选择相应的药剂进行种子包衣。

（2）根瘤菌剂拌种　根瘤菌剂粉剂和根瘤菌剂水剂均可使用，使其与种子充分拌匀后置于避光处晾干。花生根瘤菌剂应与硫酸铵、杀虫剂和杀菌剂分开使用。拌后及时播种，避免风吹日晒。也可以将根瘤菌剂兑水稀释后滴到播种穴内的土壤上，为土壤接种根瘤菌。

（三）施肥与整地

1. 化学肥料减施途径

根据前茬作物和土壤肥力水平，采取有机肥替代、秸秆还田、肥料深施、水肥一体化等技术降低化肥施用量。注重有机肥、生物菌肥、土壤调理剂与化肥配合施用，减轻土壤连作障碍。施足基肥，适当追肥。花生根瘤具有固氮作用，在施肥时应控制和减少氮肥，重视磷、钾、钙肥及硼、锌等微量元素的施用；中后期要对叶面喷施微肥和植物生长调节剂；确保养分持续、平衡供应。可将化肥总量的60%～70%改用缓控释肥，或全部使用缓控释肥，可有效避免前期徒长和后期早衰。

2. 施肥与整地

结合整地一次性基施肥料，增施有机肥和钙肥。在前茬作物收获后或于冬前：产量水平为300～400千克/亩的地块，每亩施用腐熟农家肥1 000～1 500千克或商品有机肥200～300千克；产量水平为400～500千克/亩的地块，每亩施用腐熟农家肥1 500～2 000千克或商品有机肥300～400千克。化肥施用量为常规施肥量的70%～80%。

（四）播种

1. 栽培模式

北方春花生采用垄作覆膜栽培方式，覆膜起垄一般垄距85厘米左右。双粒穴播垄顶宽50～55厘米，垄高10厘米，垄顶整平，一垄双行，垄上小行距25～30厘米，穴距15～18厘米，每亩播种9 000～11 000穴，每穴播2粒；单粒精播垄上种2行花生，垄上小行距25厘米，播种行距离垄边12.5厘米，穴距10～11厘米，每亩播种14 000～16 000穴，每穴播1粒。

麦后夏花生种植密度每亩用种20～25千克，种植11 000～12 000穴，每穴2粒。行距35～40厘米，穴距15～20厘米。播种深度4～5厘米。

2. 播种时期

春花生根据5厘米土层日平均地温确定适宜播种时期，一般要求大花生稳定在15℃以上、小花生稳定在12℃以上、高油酸花生稳定在17℃以上即可播种。夏花生前茬要求小麦成熟收获时间不能晚于6月10日，小麦收获后及时播种，播种不宜晚于6月15日。

3. 足墒播种

在土壤相对含水量为65%～70%时播种，或干播种后，通过滴灌湿润出苗。

4. 机械播种

实现起垄、播种、铺设滴灌管道、喷除草剂、覆膜等机械作业一次完成。覆膜时应做到铺平、拉紧、贴实、压严。播深 3～5 厘米，播种时镇压或播后镇压。

（五）田间管理

1. 水肥管理

根据土壤墒情，于开花下针期和结荚期进行滴灌追肥。每次每亩滴灌 20～30米^3，追肥量为氮（N）1.5～2.0 千克、硼（B）0.3～0.5 千克、钙（CaO）1～1.5 千克。

2. 防止徒长或倒伏

结荚初期当主茎高度达到 30～35 厘米时，及时喷施烯效唑等生长调节剂，施药后 10～15 天，如果主茎高度超过 40 厘米可再喷施一次。

（六）收获

当花生植株中、下部叶片枯黄脱落，大部分荚果果壳坚硬发青，网纹明显，荚果内果皮完全干缩变薄，并出现黑褐色斑纹，籽粒饱满，果皮和种皮基本呈现本品种固有的颜色时即可收获。当荚果含水量降至 10% 以下时可入库储藏。

第三章

花生农药减量增效关键技术

第一节　病虫草害发生规律与农药减施

目前农业生产中经常出现过度用药的现象，不仅造成人力物力的浪费，而且引起农药残留和环境污染。要想达到最佳的防治效果，掌握作物的病虫草害的发生规律和危害特点，防治适期、防治指标、农药品种、施用浓度、施药机械、施药方式等都是需要考虑的关键因素。

一、病虫草害发生规律与农药减量施用的关键点

掌握病虫草害的发生时期、发生量、发生部位、抗性水平、天敌情况对于保障农药减量施用非常重要。具体如下：

1. 精准预测预报支撑农药减量

以花生为对象，规范开展病虫草害调查与监测，及时汇总上报监测数据，提升重大病虫草害数字化监测预警能力，实行防治病虫从过去"见虫打药、见病喷药"向"预防病虫、精准防控"转变，确保农药及时施用、高效利用。

2. 准确用药时机支撑农药减量

各种病虫草害均需要掌握其发生规律，在其传播危害关键时期进行防治。只有了解病虫草害的发生规律，及时用药，才能起到事半功倍的作用。例如棉铃虫、甜菜夜蛾、斜纹夜蛾等害虫在低龄幼虫期防治、叶斑病在发病初期防治用药少、防治效果好。

3. 准确施药部位支撑农药减量

田间病虫草害的发生以及害虫的栖息地均有一定生态位，这个特定的部分

是我们使用农药的"箭"应该射中的"靶"，明确用药部位就可以有针对性地施药，减少农药用量。

4. 明确病虫草害抗性水平支撑农药减量

病原菌、害虫和杂草对农药的抵抗力是阻碍农药充分发挥预防和控制作用和潜在效率的实际因素。随着农药用量的快速增加和品种的不断变化，病虫草害的抗药性也日益增强，明确病虫草害抗药性对于药剂的选择、农药正确施用和减量施用非常重要。

5. 明确病虫草害及天敌发生规律支撑农药减量

田间生态系统是一个复杂系统，天敌与害虫发生互相制衡，因此明确病虫草害及天敌发生规律，对于充分保护和利用生物多样性和天敌控害、对于农药减量应用具有重要意义，也是未来病虫草害防控的重要方向。

6. 优良的植保机械支撑农药减量

高效施药机械的应用是提高农药利用率的基础。当前，农村普遍使用小型手动喷雾器及背负式机动弥雾器等小型药械，仍以"人背机器"为主，效率低并存在"跑冒滴漏"问题，同时基本上是"一个喷头打遍天下"，缺少良好的喷头，特别是防飘失喷头。另外，农民习惯大雾滴、大容量喷洒，浪费严重，农药有效利用率低，因此应重点开展防飘移及利用助剂提高防治效果研究。

二、花生病虫草害发生种类及发生规律

近几年，北方春花生生产应重点关注的病虫草害有：苗期根、茎腐病；中晚期叶斑病（褐斑病、黑斑病）、网斑病；晚期荚果腐烂病、白绢病等土传病害；苗期蚜虫、前中期蓟马；中期棉铃虫、斜纹夜蛾、甜菜夜蛾等虫害；全生育期均需关注地下害虫蛴螬等；马唐、稗、藜、反枝苋、马齿苋，尤其需要关注恶性杂草碎米莎草、空心莲子草、香附子等。掌握主要病虫草害的发生规律可以有效地减少农药用量，提高防治效果。主要病虫草害如下：

（一）花生叶斑病

1. 分布和危害

花生叶斑病作为花生的重要病害之一，在我国所有花生产区均有发生。花生叶斑病能引起花生大量落叶，严重影响其光合作用、干物质积累、荚果饱满度和成熟度，空瘪果壳率增加，受害花生一般减产10%～20%，严重的达40%以上。花生叶斑病又分为褐斑病和黑斑病两种，褐斑病危害花生叶片常常形成明显黄色晕圈，病斑叶背面呈黄褐色，病斑常常大于黑斑病，黑斑病主要危害叶片，病斑呈黑褐色，病斑周围通常没有黄色晕圈，或有较窄不明显的淡黄色晕圈。叶背面病斑通常产生许多黑色小点，呈同心轮纹状，并有一层黑褐色的霉状物（徐秀娟等，2009）。

2. 发病规律

刁立功等（2016）研究发现，褐斑病病原菌菌落生长最适温度为 25 ℃左右，存在 3 个生理小种。在北方 7 月下旬开始，在南方一般从 4 月开始，6—7月危害最重。在北方花生产区，黑斑病始发期和盛发期均较褐斑病晚10～15天。病菌最适温度 25～28 ℃，低于 10 ℃或高于 37 ℃均不能生长，病害适宜湿度 80％以上，湿度往往是决定病害能否流行的限制性因素。品种间抗病性存在差异，如鲁花 11、鲁花 14 等具有较强抗病性；新生叶片比老叶片抗病，幼嫩器官比老龄组织抗病；叶片小而厚、叶色深绿、气孔较小的品种病情发展较缓慢。病害发生与花生连作、生长势明显相关。连作地菌源基数高，病害加重；连作年限越长，病害越重。因此，将花生与玉米、甘薯、水稻等作物轮作可以减少田间菌源。通常土质好、肥力水平高、花生长势好的地块病害轻；而山坡地沙性强、肥力低、花生长势弱的地块病害重。

（二）花生网斑病

1. 分布和危害

花生网斑病在我国北方花生产区发生普遍，能导致花生生长后期快速大量落叶，严重影响花生产量，一般可减产 10％～20％，严重的达 30％以上（许曼琳等，2021），流行年份可造成 20％～40％的产量损失。花生网斑病分为污斑型和网斑型两种类型，污斑型病斑较小，近圆形，黑褐色，病斑边缘较清晰，病斑周围有黄色晕圈，病斑可以穿透叶片，但在叶片背面形成的病斑比正面小。网纹型病斑较大，在叶正面边缘产生白色网纹状或星芒状、中间褐色病斑，病斑呈不规则状，边缘不清或模糊，周围无黄色晕圈，病斑着色不均匀，一般不透过叶面。

2. 发病规律

一般在花生花针期发生，在山东 7 月上中旬开始发生，8 月、9 月是发病盛期，病害严重地块造成花生多数叶片脱落，严重影响花生产量。网斑病发生和气候条件、品种和栽培条件关系密切，其发生及流行适宜温度低于其他叶斑病害，湿度往往是该病害发生和流行的一个限制性因素。花生生长中后期，遇持续阴雨天气，病害严重流行。花生网斑病菌以菌丝、分生孢子器、厚垣孢子和分生孢子等在病残体上越冬，为翌年的初侵染来源。条件适宜时，分生孢子借风雨、气流传播到达寄主叶片，萌发产生芽管直接侵入。网斑病病原菌菌丝在5～35℃条件下均可生长，谢瑾卉等（2020）研究了不同温度对花生网斑病病原菌菌落生长的影响，发现病原菌最适生长温度为23℃，23℃和25℃条件下的病原菌的菌落平均直径显著高于其他温度下的菌落平均直径。在花生旺盛生长的7—8月，持续阴雨和偏低的温度对病害发生极为有利，尤其是阴湿与干燥交替的天气，极易导致病害大流行。平坡地发病明显重于山岗地；耕作制度变更，花生种植密度增加，透风透光条件差，温度降低，湿度增大。重茬连作加重病情，覆膜花生重于露地花生。该病菌寄主范围很窄，分生孢子生命力不超1年，因此合理轮作1～2年，即可减轻病害发生，与甘薯、玉米或大豆轮作，发病率明显降低（李绍建等，2022）。

（三）花生茎腐病

1. 分布和危害

花生茎腐病在国内各花生产区均有发生，以黄淮海、长江流域及南方产区最为严重。近几年来该病害发生呈增加趋势，尤其是重茬地块。该病从苗期到成株期均可发生，主要危害花生子叶、根和茎等部位，根颈部和茎基部受害最重，造成植株枯死。一般发病地块病株率15%～20%，重者达到50%以上，引起整株死亡，造成花生缺苗断垄，甚至成片死亡，导致颗粒无收（徐秀娟等，2009）。

2. 发病规律

花生茎腐病病原菌寄主有20多种植物，0～15厘米土层病菌最多。该菌不耐高温、耐低温，影响因素很多，主要有种子质量、播种时期和温湿度；播种霉捂种子平均发病率可达30%；连作发病重，轮作田病轻，轮作年限越长，发病越轻；春播花生病重，夏播花生病轻，早播前期低温病重，晚播病轻；施用有机肥多的病轻，反之病重；深翻病轻，不深翻病重；沙薄地漏水漏肥，花生生长不良，病害严重，沙壤肥地，保水、保肥、生长健壮，病害较轻。品种间抗病性有差异，一般直立型花生易感病，蔓生型早熟发病轻。茎腐病的发生很大一部分取决于上一年花生生长期的发病程度和收获期的降雨情况。当春末夏初平均气温稳定升至20℃以上时，进入第一个发病盛期，夏末秋初平均气温降至25℃时，进入第二个发病盛期。花生茎腐病的最佳防治时期是播种期，其次是田间发病初期，防治最重要的一点是把好种子质量关。在保证种子质量的前提下，做好种子的消毒工作。张建航等（2017）研究得出，25%戊唑醇可湿性粉剂抑菌效果最好，60％唑醚·代森联水分散粒剂次之，70％甲基硫菌灵可湿性粉剂、80％多菌灵进口原药及50％醚菌酯水分散粒剂与对照无显著差异。目前无免疫品种，但不同品种之间抗性差异较大，抗性较强的品种有鲁花11等。防治要点在于防止种子霉捂、保证种子质量，建立花生留种田，北方可选用夏花生留种，避免在阴雨天收获，收获后及时晾干。安全储藏，荚果含水量降至8％才可储藏。仓库要通风防潮，阴雨天收的花生不能留种。播种前要晒种、选种，选好的种子要消毒，拌种或种子包衣。也可以采用轮作，轻病田轮作1～2年，重病田轮作2～3年，不要与棉花、大豆等易感病品种轮作，更不要用这些作物作前茬。

（四）花生白绢病

1. 分布和危害

花生白绢病在世界各地均有发生，我国大部分花生产区都有白绢病的分布，一般在黄淮海和南方花生产区发生较多，特别是在多雨潮湿的年份，危害更为严重，病株率一般在5％左右，严重的达30％，个别田块60％以上。近几年来，由于耕作制度的改变，花生高产田面积的不断扩大，田间小气候发生显著变化，导致花生白绢病的发病范围逐年扩大，成为北方花生生产上的重要病害。白绢病多发生在花生生长中后期，前期在近地面形成白色菌丝、后期形成菌核，菌核初期白色，后变褐色，造成花生大量枯死（于东洋等，2023）。

2. 发病规律

病原菌对温度较为敏感，菌丝适宜生长温度为25～30 ℃，最适温度为30 ℃，湿度为90％～100％，土壤含水量为40％～50％，在此条件下产菌核最多；病原菌对酸碱度的适应性较强，周锋等（2022）研究培养温度与pH对齐整小核菌菌丝生长及产核菌的影响，得出pH在4.0～10.0条件下菌丝均能较好地生长，pH为5.0和6.0时菌丝生长最快，产生菌核最多。该菌寄主植物有120多种。菌核可以在土壤中存活5～6年，在干旱土壤中存活时间更长，菌核多存于3～7厘米的表土层，连作田发病重。春播重于夏播，前茬是水稻或其他禾本科作物的发病较少，前茬是烟草、马铃薯、甘蔗、甘薯等易感病作物的发病较重。此病在酸性土壤上发生较多，在土质疏松、通气良好的沙性土壤上发病重。高温高湿发病重，珍珠豆小花生较大花生发病重。温度高低决定发病早晚，湿度大小影响发病轻重。不同药剂对白绢病病原菌的抑制作用不同。对不同杀菌剂对齐整小核菌的室内毒力研究表明，吡唑醚菌酯抑菌活性最高，氟吡菌酰胺抑菌活性最低（周锋等，2022年）。田间7月上旬可见病株，随着温湿度升高，8月达到发病高峰。生长上无免疫品种，直立型品种比一般蔓生型易感病，果壳厚度与荚果感染程度成正比，白沙1016较抗病，且地膜地发病重。白绢病寄主植物种类很多，不同寄主植物感病程度有很大差异，其中禾本科植物较抗病，同时该病是土壤传染病害，病菌在土壤中存活时间较长，因此与禾本科植物实现3～5年轮作可大大减少发病。科学施用氮、磷、钾肥，增施锌肥、钙肥和生物菌肥，既能调节花生植株营养平衡，又可增加土壤微生物，抑制白绢病发生。部分除草剂对花生白绢病的菌丝具有显著抑制作用。株高密度大的田块，病株率高，适时化控，防止徒长，改善田间小气候。花生收获后，及时清除田间的病株残体，集中处理，及时深翻，将菌核和病残体翻入土中。

（五）花生青枯病

1. 分布和危害

花生青枯病是花生上危害最重、对花生生产威胁最大的病害之一，发病轻者减产20%～30%、重者减产50%～80%，甚至颗粒无收。目前，我国、印度尼西亚、越南、泰国等国受害严重。我国此病以长江流域以南为发病严重区，在山东南部产区的发生也呈增加趋势。花生青枯病属于细菌性维管束病害，危害40多科200多种植物，发病初期顶端嫩叶萎蔫，继而整株枯死。开花初期开始发生，结荚盛期达到发病高峰（巩佳莉等，2022）。

2. 发病规律

病原菌发育的最适温度为28～33℃，生长温度为10～40℃，致病温度52～54℃，10分钟即可侵染。此菌不耐光，不耐干燥，在干燥条件下10分钟即死亡。在长期脱离寄主人工培养条件下，青枯病菌的致病力容易丧失，随着菌种移植次数增多，致病力下降。每2天移植一次，移植5次致病力丧失30%以上，移植10次致病力丧失50%～70%，移植20次后致病力完全丧失。青枯病菌主要在土壤中、病残体上以及未充分腐熟的堆肥中越冬，成为主要的初侵染源，目前有研究结果表明，种子带菌也可以传播青枯病菌。植株从发病到枯死，快则1～2周，慢则3周以上。青枯病原菌是一种典型土传病害，能在土壤中长期存活，一般3～5年仍具有致病力，一旦土壤带菌，很难根除，但及时清除田间病残体，对控制病害效果显著。土壤酸化、种植感病品种、高温、高湿均可诱导此菌发病。选用抗病品种对于病害管理至关重要，可选择中花6号等抗病品种。对重病区水源条件较好的地块实行水旱轮作是最有效措施。不能水旱轮作的地块，可与青枯病菌非寄主植物轮作，如与玉米、甘薯、大豆等轮作 2～3 年，具有明显减轻病害的作用。对于旱坡地，在播种花生前进行短期灌水浸泡，可促使土壤中病株大量死亡。田间增施有机肥，增施磷钾肥，酸性土壤可施用石灰，降低土壤酸度，减轻病害发生。清沟排水，防止雨后积水，及时拔除病株并集中处理。应注重苗期病情调查，发病率达 1％以上时应及时防治。

（六）果腐病

1. 分布与危害

果腐病又称烂果病，在我国普遍发生，防治困难，一旦发病病情传播迅速，一般发病田可减产 15％左右，严重时颗粒无收。发病时，花生荚果果皮先出现深褐色的病斑，随后病斑逐渐扩展到整个荚果，最终荚变黑、腐烂，不同发育阶段的荚果均可受害。此外，果柄与荚果的结合部位容易染病，发病后果柄与荚果结合不牢固，收获时极易落果，花生籽仁也会发黑霉烂，严重影响花生的产量和品质。近年来，此病在我国北方产区呈连年加重之势，已成为花生生产上的主要病害，对花生产量和品质构成严重威胁（张建航等，2023）。

2. 发病规律

果腐病为镰刀菌、腐霉菌等病原菌复合侵染，其中镰刀菌能够引起多种植物染病，是花生果腐病的主要致病菌，包括无性时期和有性时期，因其无性繁殖产生的大型分生孢子外形似镰刀而得名。镰刀菌主要产生厚垣孢子、小型分生孢子和大型分生孢子，有性时期产生的有性子囊孢子比分生孢子传播的距离远，能够侵染植物根、茎、叶等不同器官，引起根腐病、冠腐病等多种病害。镰刀菌能够存在于土壤、带菌种子和病残体中，以菌丝体、孢子形式越冬，可通过母系传播或侵染伤口使植株发病。在高温高湿、干旱高温后低温灌溉情况下易发病，且品种敏感性差异大，被病原菌侵染后，果壳和茎基部颜色变红。生产上可以选用抗病品种，合理轮作，避免高温条件下灌水。在发病初期，要及时灌根防治。

（七）蛴螬

1. 分布和危害

蛴螬是金龟子类幼虫的总称，可危害多种农作物、经济作物和花卉林木，喜食刚播的种子、根、块茎以及幼苗，不同蛴螬对不同的植物有不同喜好。危害花生的蛴螬种类主要有 3 种，分别为大黑鳃金龟、暗黑鳃金龟、铜绿丽金龟。大黑鳃金龟幼虫危害花生和多种作物以及林木等的地下部分，3 龄幼虫为暴食期，可将花生根茎部咬断吃光后再转移危害，主要分布在华北北部地区。暗黑鳃金龟分布较为广泛，黄淮海区域和长江流域发生最重，危害性居三大金龟子之首，成虫可取食榆、杨、柳、槐等的叶子，具有暴食特点。幼虫主要取食花生、大豆、薯类、麦类等作物的地下部分。铜绿丽金龟在国内分布较广，主要分布于长江以北的部分花生产区。受蛴螬危害，花生一般减产 10%～30%，严重时绝收，蛴螬是花生上的第一大害虫（徐秀娟等，2009）。

2. 发生规律

不同种类的蛴螬习性、适应条件各不相同，耕作制度、作物类型等均对蛴螬种类的分布有明显的影响。在两年三作的长期旱作地区，作物种类以小麦、玉米、油料及其他经济作物为主，有利于大黑鳃金龟的发生与繁殖，易形成明显的老虫窝地带，可能加重大黑鳃金龟和暗黑鳃金龟的发生。一年两熟旱作区，作物种类以粮食、蔬菜为主，土壤耕翻的次数多，不利于两年完成一代的大黑鳃金龟的生存，但这类地区一般林木繁多，土壤有机质较为丰富，有利于暗黑鳃金龟和铜绿丽金龟的生存与繁殖。大部分一年两熟水旱轮作区铜绿丽金龟的发生量最大；在湖洼地区，地下水位高，土壤湿度大，不利于铜绿丽金龟的生存，优势虫种多为暗黑鳃金龟和黄褐丽金龟。不同作物类型对蛴螬发生量的影响也较大。花生田的蛴螬发生量最大，其次是大豆田和甘薯田，玉米和高粱地发生量较少。就虫种而言，大黑鳃金龟幼虫在花生田和大豆田的发生量最大，暗黑鳃金龟产卵有选择性，在花生、大豆、甘薯、玉米、瓜菜、花卉等并存时，尤其喜欢在花生、大豆等豆科作物田产卵，食玉米根的幼虫比食花生果的幼虫平均体长少 3.4 毫米、个体轻 0.25 克、成活率低 33.7%。蛴螬种群分布与土壤质地也有密切关系，壤土较沙土和黏土更适宜蛴螬生长。刘福顺等（2022）研究了土壤质地、周围林木布局、秸秆还田对花生田蛴螬数量的影响，发现榆、杨、柳混交林周边花生田蛴螬发生量大，秸秆还田的花生田蛴螬发生量显著高于不还田花生田。温度对金龟子的出土及蛴螬在土壤中的活动规律有极其重要的影响。4 月上中旬，平均气温达到 10 ℃以上、5 厘米地温达到 15 ℃左右时，大黑鳃金龟开始出土，气温达到 15～16 ℃、5 厘米地温升到 17～18 ℃时，大黑鳃金龟进入出土活动高峰。暗黑鳃金龟的出土适宜气温为 22～25 ℃。低于上述温度，风大、雨天则基本不出土。采用目前生产上常用的防蛴螬杀虫剂 30%毒死蜱微囊悬浮剂等防治时，防治经济阈值为 3.2～4.1 头/米²（表 3-1）。

表 3-1　四种药剂防治蛴螬的经济允许水平和经济阈值（李晓等，2016）

药剂	施药方式	防治成本（元/亩）	防治效果（%）	经济损害允许水平（%）	经济阈值（头/米²）
30%毒死蜱微囊悬浮剂	拌种	35	83.0	3.2	3.2
30%辛硫磷微囊悬浮剂	拌种	35	82.3	3.2	3.2
60%吡虫啉悬浮种衣剂	拌种	50	78.1	4.8	4.1
10%二嗪磷颗粒剂	拌毒土	45	72.3	4.6	4.0

（八）花生蚜虫

1. 分布与危害

花生蚜虫又称豆蚜、苜蓿蚜、槐蚜，寄主植物 200 余种，是花生上的一种常发性害虫，在世界各花生生产国家普遍发生。在我国分布很广，在全国各花生产区均有发生，但各地危害程度不一，各产地以及同一产地年度之间的危害程度均存在差异，受害花生一般减产 20%～30%，严重时达 50%以上，甚至绝产。花生从播种、出苗到收获，均可受到蚜虫的危害。在花生幼苗顶盖尚未出土时，花生蚜虫就能钻入土缝在幼茎嫩芽上危害，花生出土后，多在顶端心叶及幼嫩的叶背面吸取汁液，开花后危害花萼管、果针。受害花生植株矮小，叶片卷缩，严重影响开花下针和结果。蚜虫猖獗时，排出的大量蜜露黏附在花生植株上而引起霉菌寄生，使茎叶发黑，甚至整株枯萎死亡。因此，花生蚜虫除有直接危害外，还是多种花生病毒病最重要的传播介体（徐秀娟等，2009）。

2. 发生规律

花生蚜虫的发生与天敌、气象因素、寄主、品种抗性、耕作方式有关。湿度直接影响其扩散繁殖能力，降水量越大，湿度越高，流行程度越轻，反之，则较重（曲春娟等，2020）。四周杂草多且靠近三槐（刺槐、国槐、棉槐）的花生田，蚜害点片发生早、危害严重，因此及时清除越冬寄主可以减少花生蚜虫繁殖、迁飞和危害。花生蚜虫天敌 20 余种，主要有瓢虫、草蛉、蜘蛛、食蚜蝇和蚜茧蜂等。七星瓢虫不耐高温，是花生苗期蚜虫的重要天敌，5 月下旬至 6 月初，从麦田大量迁入花生田，对蚜虫的控制效果明显。龟纹瓢虫发生晚，定居时间长，对后期发生的蚜虫有一定的控制效果。花生品种间抗蚜性存在显著差异，蔓生大花生受害重，茎叶茸毛较少的品种受害重。地膜覆盖有反光作用，有利于减轻蚜虫发生。另外，播种期不同蚜虫受害不同，夏播花生受害轻，春播花生受害重。山坡地的下坡地花生田比上坡田蚜虫密度大，危害重。在蚜害点片发生并向全田扩展危害之前，正值花生开花期，如果天气干旱、气温高，虫口密度剧增，危害加重，这个时期是防治的关键，一般蚜墩率20%～30%、一墩蚜量30头左右时为施药期，若雨量偏大，湿度85%以上或田间瓢蚜比1：100时，可暂时不施药。

（九）蓟马

1. 分布与危害

花生田蓟马主要是烟蓟马、西花蓟马、花蓟马、普通大蓟马等。在全国所有花生产区都有发生，近几年发生数量呈迅速上升趋势。受到锉吸的花生叶片生长受到抑制，皱缩失绿，严重时茎秆也受到锉吸，整个花生植株矮小，生长受到抑制，苗期受影响最重。

2. 发生规律

蓟马的发生受天气、食料、天敌、植株生长状况的影响。干旱条件有利于蓟马发生，温度高、降雨多对其发生不利，发生适宜温度23～28 ℃、湿度40%～60%，较耐寒，不耐湿，春暖、干旱季节及天气有利于其发生危害。大雨、阵雨天气频繁对其发生危害有一定抑制作用。温度上升到26 ℃，危害下降，湿度超过75%，幼虫不能正常生长发育，湿度达到100%时幼虫不能存活。蓟马的发生受周围植物的影响很大，春季开花植物多，食料丰富，靠近葱、蒜和附近杂草多的花生田常危害较重。天敌蜘蛛、小花蝽和捕食性蓟马多时能有效控制其危害。防治适期必须在掌握历年消长规律的基础上准确测报盛发期，百株虫数达330头以上时应及时进行防治（徐秀娟等，2009）。

（十）棉铃虫

1. 分布与危害

棉铃虫属鳞翅目夜蛾科害虫，寄主种类多，可危害200多种植物。近年来，随着苏云金芽孢杆菌（Bt）抗虫棉的大面积推广，棉铃虫逐渐向大面积花生产区转移，已上升为花生田主要害虫之一。棉铃虫以幼虫危害花生，其中1～2龄幼虫取食嫩叶肉和花蕊，3龄幼虫食量大，从叶缘取食或将嫩叶咬穿取食，4龄幼虫进入暴食期，同时幼虫喜食花，危害盛期可取食花生当天开的全部花（徐秀娟等，2009）。

2. 发生规律

棉铃虫一年发生3～8代，以蛹在5～10厘米深的土壤中越冬，春花生田以第2代和第3代危害，幼虫孵化高峰期为6月下旬至7月上旬和7月下旬至8月上旬，完成一个世代需30天，9月下旬至10月上旬棉铃虫在末代寄主田中入土化蛹越冬。成虫具有较强的趋光性，产卵具有趋嫩习性。一般干旱年份、氮肥施用过量、某些敏感品种可能都会促进该类型虫害的发生。棉铃虫的发生期和发生量与温湿度有密切关系，其适宜发生温度为22～28℃，湿度为70％～80％，7—8月降雨次数多、雨量适中、湿度适宜，则棉铃虫的产卵期延长，发生严重，反之则轻。花生生长茂密，田间荫蔽，枝叶鲜嫩，湿度较大，为棉铃虫提供了很好的食料来源和良好的生存环境。暴风雨对卵及幼虫有冲刷作用，土壤湿度过大（含水量超过30％），蛹的死亡率增加，不利于羽化。氮肥增加，植株长势旺盛、叶片鲜嫩，有利于棉铃虫的生长发育。磷钾肥施用量大幅度增加，加之有利的灌溉条件和气候条件，6—8月土壤保持湿润状态，有利于棉铃虫化蛹和羽化，为棉铃虫的发生危害提供了适宜条件（徐秀娟等，2009）。

（十一）斜纹夜蛾

1. 分布与危害

斜纹夜蛾是一种世界性分布的重要农业害虫，为杂食性害虫，危害作物有200多种，也是一种重要的迁飞性害虫，在我国长江流域的江西、湖北、湖南、江苏、浙江、安徽以及黄河流域的河南、河北、山东等地发生密度较大。斜纹夜蛾在花生整个生育期均可危害，开花下针至结荚期危害最重。3龄前幼虫聚集啃食叶肉，造成不规则的透明白斑，留下叶片透明的上表皮呈窗纱状。4龄后幼虫分散危害，取食量激增，取食造成叶片缺刻，严重时只剩叶脉部分，呈扫帚状。

2. 发生规律

斜纹夜蛾一年发生多代，世代重叠严重，不同地区发生代数不同，东北地区一年3～4代，华南地区一年7～8代。老熟幼虫10月下旬在土表下化蛹越冬，在广东、南宁以南各地斜纹夜蛾没有越冬现象。斜纹夜蛾生长发育温度为20～38℃，最适环境温度为28～32℃。长江流域危害期为7—10月，2～3代幼虫危害最重，10月下旬，老熟幼虫在花生、甘薯、棉花田的表土下化蛹越冬。其发生时间、发生量与营养条件、生态环境、当年的气候条件、天敌的种类、天敌数量等因素有关。斜纹夜蛾是喜温又耐高温的害虫，但抗寒能力弱，各地均以全年温度最高的季节发生危害最严重。温度高于 38 ℃和冬季低温都不利于卵、幼虫和蛹的发育。暴风雨对初孵幼虫有很强的冲刷作用。一般高温年份和温暖、干燥、少暴雨的条件有利于其发育、繁殖，易猖獗危害，低温则易引起虫蛹大量死亡。该虫食性虽杂，但食料情况（包括不同的寄主，甚至同一寄主不同发育阶段或器官，以及食料的丰缺）对其生育繁殖都有明显的影响。连作地、田间及四周杂草多，害虫寄生的虫卵量大。氮肥施用过多或过迟，植株生长过嫩，生长期延长或有机肥未充分腐熟的情况下也容易形成适宜发生的环境。不同寄主营养对幼虫的发育和成虫繁殖力有着不同的影响，通过十字花科和水生蔬菜（如莲藕、蕹菜等）生长的幼虫发育快、成活率高，成虫产卵量大，因此，在蔬菜地或邻接菜地的花生田往往危害严重。复种指数高或过度密植的田块有利于其发生。栽培过密、株行间通风透光性差有利于虫害的发生与发展（徐秀娟等，2009）。

（十二）甜菜夜蛾

1. 分布与危害

甜菜夜蛾是一种世界性分布、间歇性大发生的多食性害虫，为重要的农业害虫之一，危害 170 多种植物。近几年来，在我国南方危害尤为严重，局部地区暴发成灾，其以幼虫危害，初龄至 2 龄幼虫在叶背面群聚结网，啃食叶背叶肉，只留上表皮，形成天窗；3 龄后分散危害；4 龄后取食量剧增，将花生叶片咬成不规则破孔，严重的把叶片吃光，仅残留叶脉、叶柄，极大地影响花生产量。

2. 发生规律

甜菜夜蛾繁殖力强、世代重叠严重，具有喜旱、耐高温，抗药性强和迁飞能力强等特点，是重要的农业害虫之一。在北方地区不能在野外越冬，傍晚前后，气温降低，幼虫陆续爬出活动，夜间及阴雨天危害最盛。成虫昼伏夜出，有较强的趋光性，产卵趋嫩性，卵成块产于叶片背面或叶柄。甜菜夜蛾适应温度范围很广，18～38 ℃范围内各虫期的生长发育速度与温度线性相关，高温干旱是甜菜夜蛾大发生的重要原因之一，温度越高，生长速度越快，在高温条件下，甜菜夜蛾生殖力旺盛，且飞行、交配、产卵等活动较为活跃，发育历期短，存活率高，造成世代重叠。降雨能提高大气湿度，不利于甜菜夜蛾的生长发育。沙壤土发生重于黏土，其原因是沙壤土疏松，适于幼虫的栖息和繁殖，黏土土块大，不太利于幼虫的栖息和繁殖。近些年来，随着防治越来越频繁，甜菜夜蛾对化学农药的敏感性逐年降低，抗药性水平提高，化学防治效果越来越差，因而造成了甜菜夜蛾的暴发危害（徐秀娟等，2009）。

(十三) 花生田杂草

1. 分布与危害

花生田杂草的分布在我国呈现一定的区域性特点，东北花生产区主要杂草群落为铁苋菜＋马唐＋藜，该区域是我国温带的南缘，作物一年一熟，杂草种类少，唯有铁苋菜危害比其他地区严重。黄淮海区域的山东、河南、河北由于花生生长期正值雨季，杂草茂盛、危害重，主要杂草种类有马唐、马齿苋、刺儿菜、铁苋菜、狗尾草等，另外，也分布有一些喜暖的杂草，如香附子、狗牙根、牛筋草等。黄土高原和新疆花生产区，因降水量较小，气候和辽宁南部类似，主要杂草有龙葵和藜。南方花生产区除马唐、马齿苋、狗尾草、藜等外，香附子、空心莲子草等杂草发生重于北方。

2. 发生规律

花生田杂草的田间消长动态受温度和土壤水分等因素影响，一般是随着花生播种出苗，杂草也开始出土，春播露地栽培，因温度低，北方地区多数年份春季干旱，地表 5 厘米土层水分不足，影响杂草出土生长，出草高峰期出现较晚，一般在花生播种后一个月以上。地膜覆盖栽培及麦套和夏直播花生，由于温度高，土壤水分含量较高，出草高峰期出现较早，一般在花生播种后 20～30 天。由于花生及已出土生长杂草的遮阳及肥水竞争，露地栽培春播花生一般在花生播种后 60 天左右再萌发出土的杂草很少，麦套及夏直播花生一般在花生播种后 45～50 天较少再有杂草萌发出土。地膜覆盖栽培则在花生播种后 30 天不再有杂草萌发出土。对青岛地区观察发现，在覆膜及不施用除草剂的情况下，田间共有 2 个杂草出土高峰，分别集中在 5 月中下旬、6 月下旬至 7 月初。在自然混生状态下，田间杂草出土量在花生整个生长季节内呈单峰变化，杂草总量在 6 月中旬达到峰值，6 月下旬后数量开始减少，但杂草生物量持续增加，竞争作用持续增强。杂草第一个萌发高峰以膜下杂草为主，覆膜是导致第一个杂草发生高峰的关键因素，此时杂草发生集中，禾本科杂草发生略重，但生长较慢，生物量积累不大。花生播种至 6 月中旬，降雨较少，膜外杂草量不大（图 3-1）。

第二节　品种筛选与农药减施

花生是山东重要的油料作物之一，种植面积位居全国第二，随着农业产业结构调整、耕作制度变化和规模化种植面积扩大，花生病虫害发生日趋严重，

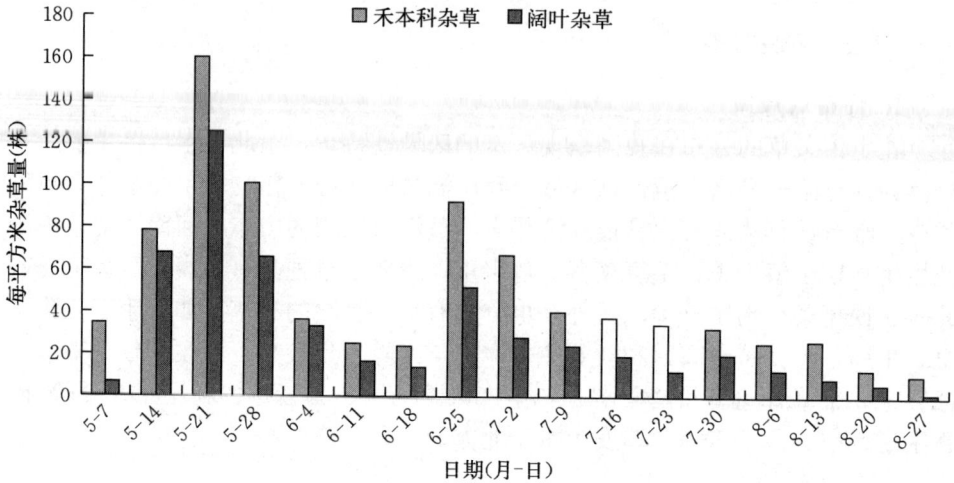

图 3-1　青岛花生田杂草出土规律（曲明静等，2023）

严重影响花生的产量和品质，已成为花生可持续发展的障碍。筛选和种植抗病虫品种可以有效减少农药用量，是增产保质的有效途径，目前生产上的品种以抗病为主，应重点关注的病虫害有花生网斑病、白绢病、黑斑病、疮痂病、果腐病和病毒病及蚜虫、蛴螬等部分害虫。针对以上高发易流行病虫害，筛选并种植抗性品种，可以有效地减少病害发生、繁殖、传播和积累，减少农药用量。已报道的抗病虫品种如下：

一、花生网斑病抗病品种

由花生茎点霉（*Phoma arachidicola* Marasas Pauer & Boerema）引起的花生网斑病近年来在山东、河南、辽宁等重要花生产区均有发生流行，成为危害花生生产的重要因素之一。花生网斑病从花期到收获期均可发生，中、后期发病较重，主要危害叶片，严重时危害叶柄和茎秆，导致叶片大量脱落，一般可减产 10%～20%，严重时可达 30% 以上，对花生的产量和品质有很大影响。不同病斑类型和不同地理来源的网斑病菌致病力存在明显差异，新的生理小种产生以及地区间的调种都是网斑病突发流行的潜在影响因素，种植抗病品种是目前防治花生网斑病最为经济有效的措施（李绍建等，2018）。2018—2019年，许曼琳等（2019）对 65 份国内花生种质资源的抗花生网斑病菌特性进行测定与评价（表 3-2），田间鉴定试验结果显示，抗病品种有冀 0608-4-9、青花 1 号、圣濮花 1 号、商花 4 号、潍 215、豫花 9805、邢 9710 和濮花 26 共

8个品种；中抗品种有冀0212-4、青花503、粮花2号、开17-2、山花11、开19-2、花育43、源花8号和开17-15共9个品种。对研究所得各个抗病级别品种的产量损失率进行统计，结果显示，花生品种的抗病性越强，产量损失越低。品种筛选地在山东省莱西市，环境和气候条件有其独特性，抗病性与产量损失可作为相似气候条件地区的参考数据。

二、花生白绢病抗病品种

由齐整小核菌（*Sclerotium rolfsii* Sacc.）引起的花生白绢病是影响花生生产的重要土传真菌病害。该病原菌的寄主范围非常广泛，除花生外还可侵染小麦、大豆等重要农作物，花生白绢病在世界各个花生产区均有发生，主要侵染花生的根茎基部以及果针和荚果，形成白色菌丝层，严重时往往导致花生整株枯萎死亡，荚果一般腐烂，发病植株一般无产量。在我国花生产区发病率一般在10%～30%，连作地块如遇排水不畅则发病率更高，病原菌传播速度快，甚至完全绝收（徐秀娟等，2009）。晏立英等（2019）结合田间和温室接种，明确中抗品种为中花212和麻阳小籽，其中中花212对青枯病也有较好的抗性。

三、花生黑斑病抗病品种

花生黑斑病病原菌一般在花生生育期的中后期开始危害，7月上旬发病，8月至收获期可达到发病高峰（鄢洪海等，2015）。从20世纪90年代开始，我国开展了大量花生黑斑病抗病品种研究，并育成了一些抗或耐黑斑病的花生品种。世界上已公布育成的抗黑斑病花生栽培种至少185份，按品种来源划分，印度84份，乌干达38份，我国31份，美国24份，秘鲁5份，毛里求斯、澳大利亚、津巴布韦各1份。2017—2019年，山东省花生研究所对三年间在北方产区推广的品种进行的田间试验和温室接种试验结果显示，总体缺乏免疫、高抗和抗病品种，中抗品种有冀农G94、晋花10号、豫花47和宇花16共4个品种。花育33、郑农花15为感病；另有14个品种在不同调查年份对花生黑斑病的抗病表型存在差异，还需进一步调查研究（课题组未发表资料）。花生黑斑病在北方花生产区的发生逐年加重，在种植抗病品种的基础上，应密切关注气候条件变化，结合科学合理的栽培措施，减少病原菌的繁殖扩散和积累。

表 3-2 花生资源对网斑病抗性的鉴定结果 (许曼琳等, 2019)

编号	品种	2018年		2019年		R/S
		DI	RI	DI	RI	
1	远杂9805	65	0.33	67.5	0.27	S
2	豫花9803-A1	92.5	0.05	90	0.03	HS
3	山花12	95	0.03	92	0.01	S
4	开17-15	58.33	0.40	48	0.48	MR
5	青花503	48	0.51	55.0	0.41	MR
6	粮花2号	46	0.53	50	0.46	MR
7	冀0608-4-9	30	0.69	24	0.74	R
8	冀0607-17	70	0.28	64	0.31	S
9	徐9825	90	0.08	87	0.06	HS
10	花育34	82.5	0.15	73.8	0.20	S
11	源花6号	90	0.08	92.5	0.00	HS
12	商花4号	29	0.70	35	0.62	R
13	农大361	72.5	0.26	69	0.25	S
14	青花05-3	60.0	0.38	59	0.36	S
15	濮花28	85.0	0.13	81	0.12	HS
16	农大521	75.0	0.23	72	0.22	S
17	潍215	25.0	0.74	24	0.74	R
18	花育20	62.5	0.36	59	0.36	S
19	豫花9805	37.5	0.62	52	0.44	R
20	远杂0025	70	0.28	72	0.22	S
21	濮花28	60	0.38	62	0.33	S
22	开17-6	70	0.28	64	0.31	S
23	开17-7	92.5	0.05	88	0.05	HS
24	邢9710	36.5	0.63	32.5	0.65	R
25	濮花26	30	0.69	25	0.73	R
26	冀0212-4	42.5	0.56	44	0.52	MR
27	花选11	70	0.28	65	0.30	S
28	花选12	85	0.13	74	0.20	S
29	邢9917	60	0.38	60	0.35	S
30	濮花30	80	0.18	85	0.08	HS
31	商花6号	72.2	0.26	67.5	0.27	S
32	徐9812	70	0.28	67	0.28	S
33	青花505	60	0.38	62	0.33	S
34	开17-2	58	0.41	50	0.43	MR

（续）

编号	品种	2018年		2019年			编号	品种	2018年		2019年		
		DI	RI	DI	RI	R/S			DI	RI	DI	RI	R/S
35	郑农花9710	90	0.08	87	0.06	HS	51	郑花6号	65	0.33	62	0.33	S
36	青花1号	37.5	0.62	38	0.59	R	52	郑农13	67	0.31	72	0.22	S
37	山花11	55	0.44	52	0.44	MR	53	闽花7号	69	0.29	60	0.35	S
38	606	75	0.23	87.5	0.05	S	54	海花3号	95.0	0.03	90	0.03	HS
39	漯花9号	62.5	0.36	57	0.38	S	55	菏99-26	77.5	0.21	72	0.22	S
40	花育19	92.5	0.05	82	0.11	HS	56	临8707	82.5	0.15	80	0.14	HS
41	冀0607-19	70.5	0.28	69	0.25	S	57	鲁星1号	72.5	0.26	69	0.25	S
42	泛花3号	63	0.35	62.5	0.32	S	58	菁兰6号	80.0	0.18	72	0.22	S
43	豫花41	62.5	0.36	57	0.38	S	59	青花05-2	75.0	0.23	72.5	0.22	S
44	圣濮花1	37.5	0.62	52	0.44	R	60	鲁花A-5	65.0	0.33	57	0.38	S
45	开19-2	54	0.45	52	0.44	MR	61	抗青8号	75.0	0.23	72.5	0.22	S
46	漯花6号	67	0.31	57	0.38	S	62	金花6号	72.5	0.26	72.5	0.22	S
47	秋乐606	62	0.36	60	0.35	S	63	源花8号	57.5	0.41	54	0.42	MR
48	花U101	67.5	0.31	62	0.33	S	64	农大716	87.5	0.10	79	0.15	HS
49	花育43	53.5	0.45	49	0.47	MR	65	阳光31	82.5	0.15	74	0.20	S
50	花选18	71.5	0.27	72	0.22	S	CK	WB-S	97.5	0.00	92.5	0.00	HS

注：R 为抗病，HR 为高抗，MR 为中抗；S 为感病，HS 为高感，MS 为中感；DI 为病情指数；RI 为相对抗病指数。

四、花生疮痂病抗病品种

花生疮痂病于 1940 年首次在巴西出现，之后日本、阿根廷和我国南方花生产区相继报道。该病病原菌为落花生疮圆孢菌（*Sphaceloma arachidis*），主要以菌丝体和分生孢子盘在病残体上越冬，翌年产生分生孢子，借助气流和雨水传播（薛彩云等，2017）。花生疮痂病在山东省多个花生产区暴发成灾，2007 年在胶东半岛大面积发生，2009—2014 年在全省各花生产区暴发。2018 年和 2019 年田间接种和温室鉴定结果显示，泉花 646、泉花 10 号、金花 21、闽花 6 号、花育 20、白沙 1016、鲁花 8 和花育 21 共 8 个品种表现为高感；鲁花 10 号、山花 11、花育 31、鲁花 14 共 4 个品种表现为感病；花育 24、花育 25 共 2 个品种表现为中抗；丰花 6 号、青花 1 号、花育 18、花育 22、莒南 2 号、花育 33、菏 99 - 26、丰华 1 号、鲁花 11、山花 12 和丰花 5 号共 11 个品种表现为抗病；徐州直立、潍花 6 号、花育 16、花育 17、濮花 25、花育 19、青兰 2 号、群育 101、群 501、濮花 25 和徐州 8 号共 11 个品种表现为高抗（课题组未发表资料）。气候条件是疮痂病发生流行的重要影响因素，山东省在花生生长中后期往往高温多雨，湿度大，昼夜温差大，有利于疮痂病的发生流行，要注意加强监测与防治。

五、花生果腐病抗病品种

花生果腐病又称烂果病，主要危害花生荚果，造成荚果腐烂，近年来随着种子调运和种植产业结构的变化，该病害的发生流行逐年加重。特别是在我国北方花生种植区的山东、河北、吉林和河南等地，一般田块的产量损失高达 15%，重病地块甚至颗粒无收。花生果腐病病原复杂，由群结腐霉（*Pythium myriotylum*）、立枯丝核菌（*Rhizoctonia solani*）、镰刀菌（*Fusarium*）等多种病菌单独侵染或者复合侵染，不同地区致病菌有所不同（徐秀娟等，2009）。山东省花生研究所在 2018 年和 2019 年连续两年的多点试验结果显示：在 76 个供试品种中未发现免疫品种；高抗品种有花育 9115 和豫航花 7 号共 2 个；抗病品种有潍花 20、濮花 55、潍花 25、花育 9111、漯花 13、安花 3 号和漯花 18 共 7 个品种；中抗品种有花育 9510、花育 9301、花育 958、鲁花 19、商花 29、桂花 37、金花 19、冀农 G94、花育 6306、潍花 26、宇花 18 和冀花 915 共 12 个品种；感病品种 21 个；高感品种 33 个。所有材料中花育 9115 相对抗病指数最高，抗性最好。研究表明，花生品种的抗感性与荚果大小没有相关性（于静等，2020）。病原菌的繁殖与侵染与花生种植的土壤温度和湿度密切相关，排水不好，花生种植密度过大的地块往往发病严重，因此气候和环境条件的差别也会造成花生抗性的差异。另外，不同地区的病原菌种类也有差别，尽量根据各地情况，有针对性地选择抗病品种，以减少花生果腐病的发生。

六、花生病毒病抗病品种

危害山东花生生产的病毒主要有 4 种：花生条纹病毒（Peanut stripe virus，PStV）、黄瓜花叶病毒（Cucumber mosaic virus，CMV）、花生矮化病毒（Peanut stunt virus，PSV）和花生斑驳病毒（Peanut mottle virus，PMV），以 PStV 侵染流行最为严重，其次为 CMV、PSV，以上 3 种病毒有混合侵染现象，PMV 仅在青岛地区分离发现（许曼琳等，2015）。山东、河北、辽宁、陕西、河南、江苏、安徽和北京等省（市）花生产区，一般发病率在 50% 以上，部分地块达到 100%，可造成 30% 的产量损失。经鉴定，抗病毒病（花生条纹病毒）品种有 3 个，分别是花育 22、花育 33 和花育 36（课题组未发表资料）。生产中发现海花 1 号等普通型品种种传率低，而白沙 1016 等珍珠豆型品种种传率高。地膜覆盖花生病害轻，种传率也低。大粒种子带毒率低，小粒种子带毒率高（徐秀娟等，2009）。除种子带毒率，花生病毒病的发生也与气候条件、田间环境条件和传毒昆虫基数密切相关。气温高，雨水少，田间湿度小，蚜虫、蓟马等虫口数量大，发病严重，反之则发病较轻。

七、花生青枯病抗病品种

青枯病是由青枯雷尔氏菌引起的土传性细菌病害，有植物"癌症"之称，可侵染 54 个科 450 余种植物，目前按其寄主范围将青枯菌分为 5 个小种，其中侵染花生的青枯菌属 1 号小种寄主范围最广，除侵染花生以外，还可以侵染番茄、马铃薯、茄子、辣椒和烟草等。病原茄科雷尔氏菌学名为 *Ralstonia solanacearum*，属革兰氏阴性、严格好氧型棒状杆菌，菌体大小为（0.5～0.7）微米×（1.5～2.0）微米，无芽孢，无荚膜，有端生鞭毛 1～4 根。花生青枯病作为一种土传性细菌病害，也是典型的维管束病害，在花生整个生育期均可发生，以盛花期最为严重，其造成的经济影响在花生细菌病害中居首位。花生青枯病抗性在植物青枯菌抗性的研究中占有重要的地位，许多专家一直将其作为一个典型来研究。到 2000 年，世界范围内鉴定出高抗青枯病花生种质资源120 余份、二倍体野生花生抗青枯病种质 20 余份。我国自 20 世纪 70 年代以来陆续鉴定出协抗青、台山二粒肉等多个抗青枯病花生种质资源，此后国内育种单位相继开展了花生抗青枯病育种研究，通过常规杂交和远缘杂交的方法，已选育出 30 多个高抗青枯病花生品种，如中花 6 号、鄂花 6 号、贺油 14、豫花 14 等，这些品种主要来自长江以南地区，包括湖北、广东和广西等地，这些地区也是我国花生青枯病重病区，而长江以北的高抗青枯病花生品种主要来自河南地区。通过在我国各花生青枯病区大力推广应用这些抗性品种，目前花生死苗的问题已得到了有效缓解，但依旧存在区域适应性有限等问题。近年来，国内各育种单位通过对地方种质、国外引进种质以及野生种质中的高抗青枯病资源的利用，加以诱变及现代生物技术手段等的辅助，育成了多个综合品质优良的抗青枯病新品种，如桂花 39、濮花 36、农大花 108、泉花 27、鄂花 7 号等，这些品种在高抗青枯病的基础之上，还兼具丰产、早熟或适宜机械化收获等特点，使品种的种植效益及区域适应性得到了很大的提高，进一步满足了我国市场上多元化的花生种植需求（巩佳丽等，2022）。

八、蛴螬耐性品种

真正的抗虫品种的选育相对较难，尤其是蛴螬抗性品种选育，但生产中有报道指出不同品种（系）受蛴螬危害是存在差异的。如雷群奎等（2009）对 15 个花生品种（系）的抗蛴螬能力进行了研究，结果表明，参试花生品种（系）均不同程度地受到蛴螬危害，品种间的抗性差异极显著，其中漯花 1 号和远育 1628 对蛴螬的抗性较强，产量损失和经济损失较小。刘顺通等（2008）的研究表明，不同花生品种对地下害虫的危害存在显著的抗性差异，其中 E12、冀 2008 两个品系表现出较强的抗蛴螬能力，产量损失率和经济损失较小。

九、蓟马抗性资源

张彬等（2015）以 11 - 107 和 11 - 4 两个花生品系作为试验寄主组建 25 ℃ 下西花蓟马生命表，发现西花蓟马的繁殖力及其他生命表参数差异显著，净生殖率分别为 5.26 和 2.32，内禀增长率分别为 0.118 72 和 0.061 2。相对来说，11 - 107 品系更有利于西花蓟马的发育和繁殖，11 - 4 品系对西花蓟马的抗性高于 11 - 107 品系，因此，11 - 4 品系可作为抗虫育种的备选品系。

十、斜纹夜蛾抗性品种

王传堂等（2020）在田间进行了 27 个花生品种和 16 个花生品系对叶蝉和斜纹夜蛾的抗性鉴定，结果表明，花生品种叶蝉和斜纹夜蛾虫害级别广义遗传力均高，说明针对这两种害虫的抗性遗传改良具有可行性；鉴定出中抗叶蝉的花生品种 18 个，中抗斜纹夜蛾的花生品种 19 个（表 3 - 3），其中两者兼抗的普通油酸花生品种 9 个（花育 31、花育 41、花育 6610、花育 9610、花育 9612、花育 9613、花育 9615、花育 9616、花育 9617）、兼抗的高油酸品种 4 个（花育 661、花育 664、花育 666 和花育 963）。这些抗性花生品种（系）的获得为进一步研究其抗虫机制、进行抗虫育种提供了有价值的材料，同时也有助于建立健全花生有害生物综合治理体系。

表 3 - 3　27 个花生品种对斜纹夜蛾的抗性（王传堂等，2020）

品种名称	虫害级别均值	5%显著水平	1%显著水平	虫害别高值	抗感反应
花育 963	2.00	e	D	2	中抗
花育 9616	2.00	e	D	2	中抗
花育 9614	2.33	de	CD	3	中抗
花育 9617	2.33	de	CD	3	中抗
花育 663	2.33	de	CD	3	中抗
花育 9611	2.33	de	CD	3	中抗
花育 44	2.33	de	CD	3	中抗
花育 664	2.33	de	CD	3	中抗
花育 41	2.67	cde	BCD	3	中抗
花育 9615	2.67	cde	BCD	3	中抗
花育 6610	2.67	cde	BCD	3	中抗
花育 666	2.67	cde	BCD	3	中抗
花育 962	3.00	bcd	ABCD	3	中抗
花育 9612	3.00	bcd	ABCD	3	中抗
花育 9610	3.00	bcd	ABCD	3	中抗
花育 9613	3.00	bcd	ABCD	3	中抗
花育 31	3.00	bcd	ABCD	3	中抗

（续）

品种名称	虫害级别均值	5％显著水平	1％显著水平	虫害别高值	抗感反应
花育 667	3.00	bcd	ABCD	3	中抗
花育 661	3.00	bcd	ABCD	3	中抗
花育 662	3.33	bcd	ABC	4	感
花育 965	3.33	abc	ABC	4	感
恭扮育 966	3.33	abc	ABC	4	感
花育 40	3.33	abc	ABC	4	感
花育 57	3.33	abc	ABC	4	感
花育 961	3.67	abc	AB	4	感
花育 9618	3.67	abc	AB	4	感
花育 964	4.00	a	A	4	感

十一、花生蚜抗性资源

张宗义等（1993）对引进花生抗蚜材料（Ec36892）和我国 3 个花生栽培品种进行花生蚜虫和花生条纹病毒（PStV）病抗（耐）性鉴定，发现 Ec36892 表现出较强的抗蚜作用，可作为一个很好的抗蚜材料。

第三节　替代产品筛选与农药减施

替代产品筛选是农药减量施用的重要手段之一，通过淘汰一些高毒高抗性的老产品，引入一些安全低毒高效的新产品、新剂型及其助剂，以提高农药利用率，从而达到高效防控且减少农药用量的目的。

一、生物防治类产品

生物防治是指利用有益生物及其产物防治病虫草害，可减少化学农药的使用，还能减少花生因病虫危害造成的产量损失。保障我国农田生态和粮食供给安全，研究和集成生物防治技术，开展大面积害虫生物防治，是时势之需。针对北方春花生高发易流行病虫草害，筛选生物防治类产品并规模化应用，可以有效地减少病虫草害发生、繁殖、传播和积累，减少农药用量。已明确的生物防治类产品种类有如下几种。

（一）杀菌剂

1. 生防细菌

细菌具有分布广、种类多、繁殖快、易培养、作用方式多样等特点，是最具生防潜力和应用价值的微生物，其中以芽孢杆菌最为普遍。据报道，解淀粉芽孢杆菌 *Bacillus amyloliquefaciens* 41B-1 不仅能抑制白绢病菌的菌丝生长、破坏菌丝结构、减少菌核数量，还能诱导植株产生防御反应，提高植株对白绢病的抗性，防治效果高达 93.9%（陆燕等，2016）。短小芽孢杆菌 *Bacillus pumilus* LX11 对花生白绢病菌表现出显著的抗菌活性，田间防治效果超过 65%（Xu et al.，2020）。暹罗芽孢杆菌 *Bacillus siamensis* ZHX-10 对花生白绢病菌（张霞等，2020a）和花生冠腐病菌（张霞等，2020）均具有很好的拮抗作用。绿脓假单胞菌 *Pesudomonas pyocyaneum* A38 能够有效防治花生青枯病（陆济等，2019）。曹伟平等（2021）将贝莱斯芽孢杆菌 Hsg1949 菌液喷淋于花生茎基部，发现其对花生果腐病具有较好的田间防治效果。杨富军等（2015）对感病花生品种 JYZH-12 和 JYJH-4 施用生物菌剂 SWM-1 发现，SWM-1 对 JYZH-12 和 JYJH-4 花生果腐病具有较好的防治效果。

2. 生防真菌

真菌是目前用于植物病虫草害防治的生物菌种之一。常用的是丛枝菌根（arbuscular mycorrhiza，AM），AM 真菌是一种很古老的真菌，在地球上存在了至少 4.6 亿年，能与 80% 以上的陆生植物共生，具有促进植物抵抗生物胁迫和非生物胁迫的作用。摩西球囊霉（*Glomus mosseae*）不但能促进花生生长，还对花生黑斑病和网斑病两种叶部病害具有一定的生防作用（鄢洪海等，2011）。康彦平等（2017）发现，拟康宁木霉（*Trichoderma koningiopsis*）对花生菌核病的主要生防机制是在重寄生过程中产生抗菌类代谢产物，通过协同作用消解花生核盘菌菌丝，抑制菌核形成。

3. 放线菌

放线菌可以通过与病原微生物竞争营养和植物根际的空间来抑制病原菌的生长（Siddikee et al.，2010），也可以通过产生抗生素和细胞壁降解酶、发挥寄生作用以及诱导植物抗性来抑制病原菌的生长，这类微生物是开发生物防治类产品的优先选择。链霉菌属是放线菌门中种类最多的一个属，有 600 多种，占放线菌总数的 90% 左右。用链霉菌菌株 CBE、MDU 和 PDK 处理种子和土壤，可显著降低温室和田间条件下花生白绢病发病率（Adhilakshmi et al.，2014）。链霉菌菌株 RP1A-12 能促进花生的生长，并能提高对花生白绢病的抗性（Jacob et al.，2018）。

4. 植物源制剂

植物源制剂是运用植物体内的特殊物质，对相关病虫草害起到拒食、引诱、毒杀的效果，这种物质一方面不会对人类和牲畜构成威胁，另一方面也不会让病虫草害产生抗药性。用丁香油叶面喷施花生叶片可使黑斑病发病率降低58%（Kishore et al.，2017）。芸薹素内酯作为第六类植物生长调节剂，广谱、高效、安全、抗逆性强，被广泛应用于粮食作物、蔬菜和水果，在促进花生生长和增产方面效果明显（冯渊等，2017），还具有一定抗病能力（张霞等，2020b；许曼琳等，2020）。另外，木霉菌是一种常用的生防真菌，其次生代谢产物能与病原菌产生拮抗作用，具有多种生防机制。

（二）杀虫剂

生物防治类产品病原线虫、白僵菌、绿僵菌和 Bt 制剂均对蛴螬具有良好的防治效果，在一定程度上可以替代化学药剂，实现对花生田害虫的绿色防控。

1. 生防细菌

Bt 是目前应用最广的病原微生物，据统计，其制剂产量占生物农药产量的 70% 以上（初立良等，2010）。冯书亮等（2006）研究发现，BtHBF-1 对褐异丽金龟幼虫的毒杀作用可达 100%，并且对多种金龟幼虫有极高的杀虫活性，铜绿丽金龟幼虫感染菌株 HBF-21 4 天后，幼虫死亡率达 80%。HBF-1 菌株悬浮剂防治花生田金龟子幼虫的田间小区试验结果表明：50 倍液处理的虫口减退率为 71.4%～75.4%，保果效果为 58.7%～72.9%，每亩比对照区的产量增加 24.2～60.2 千克。将 HBF-1 菌株悬浮剂施入草坪后，可使其免受阳光中紫外线的照射，从而使杀虫活性持续较长时间，经调查，其在土壤中经过 120 天后仍保持杀虫活性。

2. 生防真菌

绿僵菌被证实对蛴螬等花生害虫有控害作用。谢宁等（2010）研究发现，绿僵菌 CQMa128 乳粉剂对蛴螬有较强的致病力，当每克土壤中含有大于等于 5×10^7 个孢子时，对蛴螬有很好的防治效果。殷幼平等（2010）研究发现，金龟子绿僵菌 CQMa128 微粒剂和乳粉剂对田间花生蛴螬的防治效果达 77.59% 以上，且对主要蛴螬天敌臀钩土蜂无明显不良影响。金龟子绿僵菌在生产上应用潜力很大，裴松松等（2021）研究发现，金龟子绿僵菌 F2-M18-8-4 对花生田西花蓟马的校正虫口减退率显著高于乙基多杀菌素，达 79.52%，花生保叶效果最好，达 63.58%。用绿僵菌原液和 5 倍液处理棉铃虫一代幼虫，3 天后棉铃虫死亡率达 100％（徐秀娟等，2009）。田间白僵菌也被证明对蛴螬致病力明显，陈正州等（2011）利用球孢白僵菌药剂与麦麸按 1 : 5 的比例湿润拌匀后，对花生蛴螬的防治效果为 67.2％～74.0％，平均为 71.7％，虫果率为 4.3％～5.3％，平均为 4.9％，远低于对照区的平均虫果率 16.3％，说明其能够有效地防止蛴螬对花生的危害。用摩西管柄囊霉、根内球囊霉和地表球囊霉 3 种 AM 真菌处理花生，当甜菜夜蛾取食花生后，幼虫存活率下降，幼虫历期和蛹期明显延长，其中摩西管柄囊霉的影响最显著，甜菜夜蛾在花生上的存活率、幼虫历期和蛹期分别为 26.67％、26.78 天和 10.67 天，与取食非菌根植株处理差异显著（何磊等，2017），具有应用潜力。

3. 昆虫病原线虫

昆虫病原线虫是一种具有应用潜力的地下害虫生物防治因子。刘树森等（2009）对嗜菌异小杆线虫研究发现，线虫对华北大黑鳃金龟、暗黑鳃金龟和铜绿丽金龟 3 种金龟子的 2 龄幼虫均有一定致病力，处理 72 小时后，暗黑鳃金龟幼虫死亡率显著高于另外两种金龟子幼虫，处理 120 小时后，暗黑鳃金龟和铜绿丽金龟幼虫的死亡率分别达到 93.3％和 80.0％，说明嗜菌异小杆线虫对它们有较强的致病力。李素春等（1993）在花生田用昆虫病原线虫泰山 1 号防治华北大黑鳃金龟及暗黑鳃金龟幼虫，使每亩花生田蛴螬的残虫量由 8 083 头减少到 167 头，花生的损失率由原来的 38.7％降至 0.2％。线虫防治区比施药区每亩增收花生 150 千克以上，较空白对照区每亩增收花生 237.5 千克。刘奇志等（2009）在田间施用长尾斯氏线虫 BPS 侵染期线虫 6 000 条/穴，可将蛴螬控制在 0.33 头/米²（对照 40％甲基异柳磷、生物植物保护剂及清水处理的蛴螬量分别为 1.33 头/米²、1.00 头/米²、7.67 头/米²），蛴螬减退率达 95.7％。线虫处理区花生干果重为 385.57 千克/亩，为清水对照区的 2.2 倍，为 40％甲基异柳磷和生物植物保护剂处理的 1.3 倍。上述数据表明，长尾斯氏线虫 BPS 品系具有显著的花生田防虫效果。

4. 天敌防治

利用天敌昆虫是害虫生物防治的重要手段之一，具有环境友好、可维持食物链平衡等优点。弧丽钩土蜂是蛴螬的主要寄生天敌之一，可以采取插种红麻等蜜源植物、采茧助迁、正确运用化防技术等保护措施来有效控制暗黑鳃金龟幼虫对花生的危害（时玉娟等，2014）。花生蚜虫的天敌种类很多，主要有瓢虫、草蛉、食蚜蝇等，田间百墩花生蚜量 4 头左右、瓢：蚜为 1 :（100～120）时，蚜虫危害可以靠天敌得到有效控制，也可在花生田旁边种植玉米等功能植物涵养天敌控制花生蚜虫危害（Ju et al.，2019）。棉铃虫的天敌种类很多，分为寄生性天敌和捕食性天敌两类，捕食性天敌有草蛉、蜘蛛和瓢虫等，寄生性天敌有唇齿姬蜂、方室姬蜂、红尾寄生蝇等，它们对棉铃虫幼虫的寄生率为15％～45％；而赤眼蜂对第四代卵的寄生率为30％左右（徐秀娟等，2009）。

5. 病毒防治

田间有应用昆虫多角体病毒防治棉铃虫和斜纹夜蛾的实践，前期药效比较迟缓，7 天后防治效果可达 50％以上，与其他生物药剂相比，防治效果较好。另外，也可以利用苜蓿银纹夜蛾核型多角体病毒 500 倍液或含孢子量 100 亿/克以上的 Bt 制剂 500～800 倍液，在斜纹夜蛾幼虫 3 龄期前点片发生期喷雾，防治效果较好。

6. 植物源农药

人们很早就开始使用植物源农药进行地下害虫的防治，如将油桐叶、蓖麻叶、马醉木、苦参碱、苦皮藤和臭椿等的茎、根皮磨成粉用来防治地下害虫，以及用蓖麻叶浸液杀灭金龟子等。

（三）除草剂

化学除草剂过量施用，不但破坏自然生物群落、污染环境，而且危及人类的健康与生存，因此生物除草日益引起人们的重视。国内外研究利用动物、真菌、细菌和病毒等防除农田杂草，取得了不少成果，有的已转化，如真菌除草剂对人无害、专化寄生性强，能保持较长的有效期，在美国市场上已有两种商品真菌除草剂出售。美国密西根大学在 23 个土壤试样中分离筛选出一种具有强烈抑制稗生长作用的微生物，在此基础上再进行纯化，发现有的可抑制马唐等杂草。以虫治草的事例更多，虽然我国生物除草起步较晚，但也取得了一些成绩，如以香附子尖翅小卷蛾、萹蓄角胫叶甲、稗草螟等昆虫除草，已取得成效（徐秀娟等，2009）。

二、理化诱控类产品

（一）害虫防控

1. 生物引诱剂

性诱剂和生物食诱剂是开展农作物虫害绿色防控、推进农药减量控害的重要技术措施。性诱剂又称性信息素，利用其能有效诱杀花生田斜纹夜蛾、金龟子、地老虎、棉铃虫成虫或阻止其交配，从而大幅降低田间幼虫发生率。使用棉铃虫性诱剂时，将其悬挂在花生上方 60 厘米处诱捕效果较好，而小地老虎性诱剂最佳位置则为 20～60 厘米处，连续诱捕 2 年后，防治效果明显提高。邹永辉等（2009）研究发现，性引诱剂对斜纹夜蛾诱杀效果很好，平均防治效果达89.71％，可有效控制斜纹夜蛾危害，并且安全环保、操作简单，是斜纹夜蛾测报及防治的有效产品。李晓等（2013）研究发现，暗黑鳃金龟性诱剂对成虫有很强的引诱效果，并能明显减轻幼虫危害，保果效果最高达 68.6％。食诱剂是通过模拟植物气味，然后进行人工合成和组配得到的一种生物诱捕器，相比于性诱剂，食诱剂突破了只能诱集到雄性昆虫的限制，相比于诱集植物、引诱枝把等传统的害虫引诱方式，食诱剂具有可标准化生产、使用方法简单、效果稳定等优点。同时，人们进行食诱剂与性诱剂、化学药剂组合使用发现，在田间悬挂性诱剂和食诱剂＋茎叶滴洒较悬挂食诱剂处理简便、诱虫量大，是有效防治棉铃虫、推进农药减量控害的绿色植保新技术（孔德生等，2016）。食诱剂诱捕盒技术与化学防治组合应用防控效果更好，如棉铃虫生物食诱剂＋化学数剂，将圆盘诱捕器投放于田间，能诱杀棉铃虫、二点委夜蛾、甜菜夜蛾、金龟子、银纹夜蛾等多种害虫，使虫害减少、叶片被害率降低。

2. 灯光诱杀

灯光诱杀是利用害虫趋光性进行预测预报及防治农林业害虫的一种常用的技术，同时诱虫灯是监测田间害虫种群数量动态的有效手段，可为虫情预测预报提供基础数据，并且通过诱捕大量成虫降低其交配率、减少田间落卵量。生产中有害虫诱捕效果好和天敌昆虫杀伤力弱的频振灯光源可以选择（徐秀娟等，2009）。

3. 色板诱杀

利用昆虫对特定颜色的趋向性这一特点，诱集昆虫对害虫进行预测预报，具有成本低、易操作、可实施性较强、诱集效果显著等优点。蓟马、蚜虫等因为隐蔽性、藏匿性较强而不易被察觉，暴发时容易对农业产生重大危害，因此，在发生前期，使用粘虫板可以有效减小其种群密度，也可以帮助监测虫口密度，从而降低生产损失。可利用花生蚜对黄板的趋性、蓟马对蓝板黄板的趋性进行监测与防治，每亩一般用 20～30 片。

（二）杂草防治

1. 除草地膜

用于生产的有色地膜主要有黑色地膜、银灰地膜、绿色地膜，还有黑白相间地膜等。有色地膜除草效果较好，防除夏花生田的杂草效果突出，据山东省花生研究所试验，有色地膜除草效果达 100％。在除草的同时，银灰地膜，还可驱避花生蚜等害虫，黑色地膜既还可以提高地温、增加产量。有色地膜无化学除草剂，因此无毒无残留，适用于生产无公害花生、绿色和有机花生，是农业可持续发展的理想产品。

2. 火焰除草

一种较为特殊的物理除草方式，目前在我国应用较少。火焰除草是指通过可燃气体燃烧产生高温火焰进行除草，是国外有机农产品生产中常用的除草方法，此种除草方法也可用于有机花生生产。

三、高效低毒新产品

（一）新型杀菌剂

应用杀菌剂是防治花生褐斑病的重要措施之一。传统用于褐斑病（包括黑斑病）防治的杀菌剂有50％多菌灵可湿性粉剂800～1 500倍液和70％代森锰锌可湿性粉剂600～800倍液、75％百菌清可湿性粉剂500～800倍液、70％甲基硫菌灵可湿性粉剂1 000倍液，普遍存在有效成分含量高、用药量高、防治效果差等风险。

目前生产中应用较多的替代产品有12.5％烯唑醇可湿性粉剂1 500～2 000倍液、12.5％氟环唑悬浮剂2 000倍液、18.3％ Opera乳油（由吡唑醚菌酯和氟环唑混配）、50％咪酰胺锰盐500～1 000倍液、20％戊唑醇·烯肟菌胺悬浮剂、12.5％戊唑醇水乳剂等新型杀菌剂，这些药剂均具备有效成分低、用药量低、防治效果较传统药剂好等特点。

（二）新型杀虫剂

随着六六六等高毒农药的限用与禁用，生产上较多采用辛硫磷颗粒剂、毒死蜱颗粒剂等传统药剂及剂型，存在用药量高、毒性大等问题。因此，目前生产上辛硫磷和毒死蜱类药剂逐渐被吡虫啉、噻虫嗪、噻虫胺、氯虫苯甲酰胺等单剂或混剂替代，剂型由颗粒剂向微胶囊剂、悬浮种衣剂等长效剂型转变。噻虫嗪拌种剂由于容易被淋洗掉，目前已经向噻虫胺优化，可以进一步减少农药用量。

同一种药剂的不同施药方法药效不同。赵志强等（2012）以25％毒死蜱微囊悬浮剂为供试药剂，研究不同施药方法（喷穴、拌种、灌根）对暗黑鳃金龟的防治效果，发现喷穴效果最好。陈浩梁等（2014）比较了30％辛硫磷微囊悬浮剂、30％毒死蜱微囊悬浮剂和吡虫啉悬浮种衣剂3种不同药剂，以及拌种、灌根和穴喷雾3种不同施药方法对花生蛴螬的防治效果及对花生的保果效果，结果表明，采用穴喷雾法对花生的保果效果最好，穴喷雾法施用毒死蜱的防虫效果最好，辛硫磷灌根处理的产量最高。刘爱芝等（2012）研究了新烟碱类杀虫剂吡虫啉不同施药方法（拌种、播种穴施药和开花下针前撒施毒土）对花生蛴螬的防控效果和对花生产量的影响，发现开花下针期前撒施毒土效果最好。

（三）新型除草剂

1. 芽前除草剂

芽前除草剂又称土壤处理剂，常用的高效低毒药剂有960克/升精异丙甲草胺乳油、450克/升二甲戊灵微囊悬浮剂、48%仲丁灵乳油、40%扑草净可湿性粉剂、240克/升乙氧氟草醚乳油、250克/升噁草酮乳油、50%丙炔氟草胺可湿性粉剂等，参照说明使用。

2. 芽后除草剂

茎叶处理剂的施药适期应为杂草敏感而花生安全的生育阶段，一般以杂草幼苗期即1～5叶期为宜。常用的茎叶处理除草剂有10%乙羧氟草醚乳油、250克/升氟磺胺草醚水剂、240克/升乳氟禾草灵、480克/升灭草松水剂、240克/升甲咪唑烟酸水剂等，参照说明使用。

（四）其他减药措施

1. 种植载体植物

在现代农业特别是有机农业的害虫防治系统中，除有益生物（主要指节肢动物）在害虫防治中发挥关键作用外，一些植物本身也发挥了重要的作用。这些植物包括抗虫植物、诱集植物、拒避植物、杀虫植物、载体植物、养虫植物以及显花（虫媒）植物等，它们是害虫生物防治的重要组成部分，并在害虫生物防治中起着越来越重要的作用，如可以种植蓖麻等对大黑鳃金龟进行引诱后使其麻痹死亡（张艳玲等，2006）。

2. 药枝诱杀

在成虫盛发期，对成虫喜食的杨、榆等树木枝条进行药剂涂抹，药杀成虫。具体做法：将新鲜的杨、榆树枝条截至50～90厘米长度，5～7枝捆成1把，树枝用90%敌百虫500～800倍液均匀喷布，傍晚插于花生田内，每亩插4～5把，效果较好；在7月上中旬成虫发生盛期，可大面积推广此项技术。

3. 糖醋液诱杀

越冬成虫出土时可用糖醋液诱杀，配方比例：糖5份、醋20份、白酒2份、水80份。具体做法：将配好的糖醋液装入罐头瓶悬挂在树上，诱引金龟子飞入瓶中，倒出集中杀灭。

4. 食物诱杀

吃剩的西瓜皮、西红柿都是金龟子喜欢的。具体做法：在吃过的西瓜皮残瓢上涂抹高浓度敌百虫药液，置于苗圃间步道沟，每 7 米放置一块，瓜瓢朝上，隔 3～4 天换 1 次瓜皮，可起到诱杀金龟子成虫的作用。

5. 人工防治

根据成虫傍晚出土栖集于花生田活动、取食植株叶片的生活习惯，4 月中下旬和 5 月上旬初，选择 20：00—21：00，提灯到花生田里抓捕金龟子成虫，有条件的可以架设诱虫灯诱捕成虫。在花生收获前取样调查发现，无诱捕成虫的花生田平均有蛴螬 30.1 头/米^2，诱捕成虫的花生田平均有蛴螬 7.9 头/米^2，虫口减退率达 73.75％，因此，捕杀金龟子成虫是压低当年虫源既经济又有效的措施。另外，在花生播种前翻犁、整畦和收获后施夹边肥时人工拾除幼虫也是一个简单经济的好办法。

第四节　病虫草害防治关键技术与农药减施

通过近十年在花生产区的调查分析发现，发生的主要病害包括：褐斑病、黑斑病、网斑病、锈病、茎腐病、烂果病、白绢病、疮痂病、病毒病等 10 余种；发生的主要害虫包括：蛴螬、地老虎、金针虫、花生蚜、蓟马、棉铃虫、甜菜夜蛾、斜纹夜蛾、大灰象甲、造桥虫等 10 余种；花生田常见杂草包括：稗草、狗尾草、马唐、苍耳、刺儿菜、苋科杂草、黎、铁苋菜、苘麻、马齿苋等 10 余种（高华援等，2018）。病虫草害对花生危害极大，花生发生病虫害后轻者减产 10％～20％，严重的减产 50％以上，甚至绝收。针对花生种植特点和"整地、播种、田间管理"等诸多生产环节中农药高效使用和主要病虫草害防控的技术问题，在防控上要贯彻"预防为主、综合防治"的方针，加强病虫草害的预测预报工作，以选育抗病虫品种、优化作物布局、培育健康种苗、改善水肥管理等生态调控措施为基础，以理化诱控技术为重点，以科学用药为保障，有效控制花生病虫害（陈小妹等，2020）。病虫草害防控关键技术主要有以下几点。

一、建立抗、耐品种的种植模式与筛选体系

（一）种植抗、耐病品种，合理轮作，适期播种，健康栽培

在病害方面，花生叶部病害仍是花生发生最严重的病害，应加强花生栽培

管理及药剂防治。在土传病害方面，多年重茬种植的地块，在雨水较多年份花生结荚期果腐病和白绢病发病严重。该病主要是腐霉菌、镰刀菌等真菌土传病菌的感染，还有土壤缺钙加重病害发生，在生产上，可采用轮作倒茬和平衡施肥的方法控制病害发生。不同种植区可根据当地主要病害种类合理利用抗、耐病品种，实行多个品种搭配种植与轮换种植，并且与玉米、高粱、谷子等禾本科作物轮作 2 年以上；病害发生特别严重的地段，避免秸秆还田（陈小姝等，2020）。

（二）建立花生抗性品种筛选体系

针对东北春花生区花生主要病害的发生情况，依托东北春花生区花生品种测试网进行花生品种产量、丰产性、稳产性和田间抗性评价，筛选出适宜本区域的抗性花生品种，结合已有栽培技术，进行大面积推广种植（课题组未发表资料）。在 15 个供试品种中：对花生褐斑病表现为高抗的品种有 5 个，分别为锦花 25、锦花 26、铁花 11、阜花 29 和吉花 22；表现为抗病的品种有 7 个，分别为铁花 12、阜花 28、阜花 Y1、阜花 12、吉花 16、双英 5 和濮花 57；表现为中抗的品种有 3 个，分别为双英 6 号、科富 5 号和科富 6 号，未发现免疫品种、高感品种和感病品种。对花生网斑病表现为中抗的品种有 7 个，分别为阜花 Y1、吉花 16、吉花 22、双英 5 号、双英 6 号、科富 5 号和濮花 57；表现为感病的品种有 7 个，分别为锦花 26、铁花 11、铁花 12、阜花 28、阜花 29、阜花 12 和科富 6 号；表现为高感的品种有 1 个，该品种为锦花 25；未发现免疫品种、高抗品种和抗病品种。结合品种抗病性，综合荚果产量比对照增产 5%以上、籽仁产量增加 3%以上，建立抗性品种筛选体系，发现适合东北花生产区的品种有吉花 22、锦花 26、阜花 29、铁花 11、阜花 Y1、双英 6 号 6 个品种。

二、叶斑病防治关键技术与农药减施

花生叶斑病是褐斑病、黑斑病和网斑病的统称，主要危害叶片，此病在我国花生产区普遍发生，危害较重。花生褐斑病发生较早，初花期即开始在田间出现；花生黑斑病发生较晚，大多在盛花期才开始在田间出现；花生网斑病则是一种针对花生发生的真菌性病害，主要危害花生的叶片和茎部，生产上往往 3 种病害能混合发生于同一植株甚至同一叶片上，至收获前 20 天达到高峰，造成叶片大量脱落，籽粒不饱满，一般减产 20%左右，发病严重时可减产

40%以上，并严重影响花生品质（吴薇薇，2004；王才斌等，2005）。

（一）不同杀菌剂对花生叶斑病的防治效果

杨富军等（2015）的研究结果表明，在全生育期喷施3次杀菌剂的情况下，每种药剂均有一定的防治效果，但防治效果有差异（表3-4）。第1次喷药后，各种杀菌剂对叶斑病的防治效果均在80%以上，其中60%唑醚·代森联、325克/升嘧菌酯·苯醚甲、32%内环·嘧菌酯、250克/升吡唑醚菌酯和400克/升戊唑·咪酰胺的防治效果最好，较对照药剂（50%多菌灵）高。随时间推移，病害加剧，13种杀菌剂的防治效果均有所降低，喷施3次后，46%氢氧化铜、430克/升戊唑醇、70%代森锰锌、400克/升戊唑·咪酰胺和50%多菌灵的防治效果下降明显，均低于40%，其中46%氢氧化铜的防治效果最低，仅为28.89%；而60%唑醚·代森联、250克/升吡唑醚菌酯、325克/升嘧菌酯·苯醚甲和32%丙环·嘧菌酯的防治效果较稳定，收获前调查较第1次药后分别下降2.92%、11.04%、21.64%和20.32%，明显低于对照（50%多菌灵），且4种杀菌剂防治效果保持在69%以上，分别较对照药剂（50%多菌灵）高48.83%、39.09%、29.52%和30.32%。综上可知，60%唑醚·代森联、325克/升嘧菌酯·苯醚甲、250克/升吡唑醚菌酯和32%丙环·嘧菌酯分别喷施50毫升/亩、12.5毫升/亩、20毫升/亩和25毫升/亩时，对叶斑病防治效果好且效果持久稳定。

（二）不同杀菌剂对花生产量性状的影响

杨富军等（2015）研究发现，13种杀菌剂处理的花生荚果产量差异显著，其中喷施32%丙环·嘧菌酯处理的荚果产量最高，达370.47千克/亩，其次是60%唑醚·代森联、325克/升嘧菌酯·苯醚甲和250克/升吡唑醚菌酯处理，产量均在350.00千克/亩以上（表3-5）。不同处理产量的差异来自产量性状构成因素的差别，从表3-5还可以看出，相比于清水和50%多菌灵，喷施这4种杀菌剂的单株结果数分别增加2.33~4.78个和2.22~4.67个，饱果率分别提高5.99%~9.62%和2.88%~6.51%，双仁果率分别提高6.29%~9.92%和3.41%~7.04%，千克果数分别减少13.34~29.34个和10.67~26.67个。这4种杀菌剂对单株结果数、千克果数、饱果率和双仁果率均有显著影响，且对饱果率的影响明显大于对单株结果数的影响，而对出仁率的影响不明显。研究表明，喷施32%丙环·嘧菌酯、60%唑醚·代森联、325克/升嘧菌酯·苯醚甲和250克/升吡唑醚菌酯之所以增产，主要是因为提高了花生的饱果率、

表 3 - 4　不同杀菌剂处理对叶斑病的防治效果

杀菌剂	药前病指	第 1 次喷药后		第 2 次喷药后		第 3 次喷药后	
		药后病指	防治效果	药后病指	防治效果	药后病指	防治效果
250 克/升吡唑醚菌酯	0.30±0.04c	0.37±0.01i	89.92±2.64ab	0.89±0.06h	79.34±1.98b	1.10±0.06j	78.88±1.62b
60%唑醚·代森联	0.38±0.07bc	0.38±0.01i	91.54±2.13a	0.49±0.02i	90.81±1.57a	0.85±0.03j	88.62±1.73a
125 克/升氟环唑	0.55±0.08ab	0.71±0.01cd	87.74±1.09abc	2.49±0.06de	68.09±1.22de	3.14±0.07h	64.19±2.19c
325 克/升嘧菌酯·苯醚甲	0.59±0.11ab	0.60±0.01ef	90.95±3.46ab	2.33±0.12ef	72.75±0.62c	3.04±0.11h	69.31±4.14c
300 克/升苯甲·丙环唑	0.51±0.07abc	0.64±0.02def	86.51±2.21abcd	2.70±0.17d	63.63±0.16fgh	3.58±0.13g	57.43±2.45d
400 克/升氟硅唑	0.51±0.07abc	0.69±0.01cde	85.80±2.03bcde	3.03±0.07c	59.95±1.06h	4.50±0.02e	47.29±1.47e
46%氢氧化铜	0.51±0.07abc	0.50±0.02gh	81.90±3.05de	3.64±0.12b	50.21±1.15i	5.77±0.16c	28.89±1.61e
430 克/升戊唑醇	0.633±0.07a	0.75±0.02c	87.10±2.28abcd	3.12±0.06c	66.30±2.19efg	6.43±0.10b	38.64±1.50f
32%丙环·嘧菌酯	0.42±0.04abc	0.43±0.03hi	90.43±1.07ab	1.39±0.08g	77.61±0.88b	2.07±0.03i	70.11±0.84c
70%代森锰锌	0.51±0.07abc	0.58±0.03fg	85.81±0.71bcde	2.11±0.06f	71.15±1.11cd	5.08±0.10d	37.55±0.29f
200 克/升萎锈灵 + 200 克/升福美双	0.65±0.02a	0.90±0.03b	81.12±2.40e	3.40±0.09b	64.87±1.64efg	6.32±0.16b	43.12±1.16ef
400 克/升戊唑·咪鲜胺	0.38±0.01bc	0.73±0.05cd	89.03±0.91ab	2.16±0.07f	63.02±2.19gh	4.06±0.16f	38.95±3.67f
50%多菌灵	0.57±0.10ab	0.74±0.04cd	83.02±2.12cde	2.67±0.13d	67.57±0.66def	5.58±0.08c	39.79±0.24f
清水对照	0.51±0.07abc	6.33±0.08a	—	7.30±0.09a	—	8.15±0.09a	—

注：数值后小写字母表示在 0.05 水平上差异显著。

表 3 - 5　不同杀菌剂处理的产量、产量构成和药害等级（杨富军等，2015）

杀菌剂	单株结果数（个/株）	饱果率（%）	双仁果率（%）	千克果数（个）	出仁率（%）	荚果产量（千克/亩）	药害等级
250克/升吡唑醚菌酯	19.22±2.00ab	77.46±1.32bc	69.46±1.32ab	424.00±10.07b	67.53±0.58	350.24±5.46cd	—
60%唑醚·代森联	20.89±3.39a	77.89±0.66b	73.09±2.64a	421.33±9.33b	67.98±0.18	366.69±2.69ab	—
125克/升氟环唑	18.22±1.56ab	74.80±1.53bcd	66.80±5.98ab	458.67±10.91a	67.16±0.24	321.57±2.12efg	—
325克/升嘧菌酯·苯醚甲	21.67±2.22a	77.69±1.16bc	69.69±2.72ab	437.33±10.91ab	66.38±1.21	354.69±2.14bc	—
300克/升苯甲·丙环唑	17.22±0.99ab	75.72±0.49bcd	67.72±1.94ab	426.67±5.33ab	57.55±0.58	337.13±1.16de	+
400克/升氟硅唑	18.89±2.11ab	73.37±0.72de	66.58±0.36ab	420.00±6.11b	67.35±0.20	313.35±4.07g	—
46%氢化铜	17.89±0.87ab	71.17±0.91e	63.46±0.85b	437.33±7.42ab	66.56±0.33	312.24±3.23g	—
430克/升戊唑醇	13.56±2.62b	74.05±0.81de	66.37±1.72ab	440.00±11.55ab	67.72±0.49	310.24±2.62g	—
32%丙环·嘧菌酯	21.67±1.39a	81.09±0.64a	69.89±2.73ab	424.00±17.44b	67.32±0.42	370.47±6.23a	—
70%代森锰锌	17.00±0.51ab	74.94±1.34bcd	66.94±1.34ab	428.00±12.86ab	66.48±0.33	323.13±10.43eg	—
200克/升萎锈灵＋200克/升福美双	17.33±3.95ab	71.46±0.85e	63.47±2.57b	453.33±7.42ab	67.02±0.36	289.57±9.46h	+
400克/升戊唑·咪鲜胺	17.78±1.24ab	74.75±0.92bcd	66.75±2.31ab	432.00±9.24ab	66.83±0.15	329.58±1.82e	—
50%多菌灵	17.00±1.71ab	74.58±0.36cd	66.05±1.98ab	448.00±4.62ab	66.78±0.62	322.24±2.73eg	—
清水对照	16.89±1.82ab	71.47±0.85ab	63.17±0.91b	450.67±5.81ab	67.53±0.58	317.13±2.56fg	—

增加了果重。

(三) 安全性调查

在喷施杀菌剂后，对花生植株进行药害症状观察。喷施300克/升苯甲·丙环唑和200克/升萎锈灵＋200克/升福美双处理的花生药害等级为"＋"，表示有轻微药害；喷施其余11种杀菌剂的花生未观察到药害症状，说明这11种杀菌剂对花生安全（表3-5）。

(四) 叶斑病、网斑病防治与农药减施关键技术

花生叶斑病应以预防为主、以药剂防治为辅。当前，杀菌剂施用品种单一、更新换代缓慢，而市场上销售的新杀菌剂防治效果参差不齐，加之种植户对叶斑病的关注度不够、防治积极性差，导致叶斑病危害蔓延，好在已引起当地花生科研工作者的重视。

由表3-4可知，第1次（播后65天）喷施后，各种杀菌剂对叶斑病的防治效果均在80％以上，其中60％唑醚·代森联、325克/升嘧菌酯·苯醚甲、32％丙环·嘧菌酯、250克/升吡唑醚菌酯和400克/升戊唑·咪酰胺的防治效果较好；喷施第3次（播后95天）后，除60％唑醚·代森联、250克/升吡唑醚菌酯、325克/升嘧菌酯·苯醚甲、32％丙环·嘧菌酯处理外，其他杀菌剂的防治效果都在65％以下，防治效果不明显，因此可以将喷药次数由3次减为2次。60％唑醚·代森联、325克/升嘧菌酯·苯醚甲、250克/升吡唑醚菌酯和32％丙环·嘧菌酯用药量依次为50毫升/亩、12.5毫升/亩、20毫升/亩和25毫升/亩时，对花生叶斑病的防治效果好且效果持久稳定，与对照药剂（50％多菌灵）效果的差异均达到显著水平。花生生长发育后期，叶片保存完整，有效绿叶面积大，有利于群体光能利用、干物质积累和分配，有助于荚果饱满度提高（王才斌等，1992，2004）。田间调查结果表明，60％唑醚·代森联、325克/升嘧菌酯·苯醚甲、250克/升吡唑醚菌酯和32％丙环·嘧菌酯处理的花生叶斑病发生轻，叶色鲜绿，有效提高了单株结果数和果重，故增产效果明显，分别较50％多菌灵处理增产13.79％、10.07％、8.69％、14.96％，且安全性较好，未发现药害症状。

因此，在花生生产上，应优先选择高产抗（耐）叶斑病品种，并于开花下针期喷施60％唑醚·代森联、325克/升嘧菌酯·苯醚甲、250克/升吡唑醚菌酯或32％丙环·嘧菌酯等杀菌剂进一步预防，能有效降低叶斑病造成的减产减收危害。

三、虫害防治关键技术与农药减施

(一) 理化诱控技术

理化诱控技术主要是利用害虫的一些生活习性对其进行防治。杀虫灯是利用害虫的趋光性，在害虫盛发期傍晚开灯诱捕金龟子、地老虎和蝼蛄等地下害虫（曹欢欢等，2006）。色板诱集是利用害虫趋色性，在田间挂置害虫偏好颜色的粘虫板以诱集害虫（张纯胄等，2007）。光脉冲干扰技术是利用光脉冲抑制害虫的正常发育，以达到防虫目的（张纯胄等，2007）。有色材料避虫是利用害虫对一些有色材料的趋避性来防治害虫（杨菁，2003）。糖醋液诱杀是利用地下害虫对糖醋液的趋性进行诱杀（陈建明等，2004）。人工捕杀是利用地下害虫成虫的假死性进行人工捕捉（王光全等，2004）。

(二) 种衣剂对花生虫害防治的效果评价

种衣剂是用于种子包衣、具有成膜特性的一类制剂。种衣剂的使用对促使良种标准化、丸粒化和商品化，提高种子质量，保证苗齐、苗全、苗壮，节省种子，综合防治病虫害及缺素症，促进生根发芽，刺激植株生长，提高产量等均有积极作用。花生在生长过程中会受到多种害虫的危害，其中蛴螬、金针虫、花生蚜是危害花生的主要害虫，蛴螬和金针虫等地下害虫咬食花生幼苗根茎，根茎常被平截咬断，严重者造成田间缺苗断垄（岳静慧等，2004；马慧萍等，2010）。花生蚜等刺吸式口器害虫会吸取花生嫩茎、幼芽、幼叶等部位的汁液，同时分泌大量蜜露引起煤烟菌，并可传播病毒病，对花生产量和品质造成严重影响（李军华等，2007）。目前对于这几种害虫的防治，使用种子包衣剂是比较理想的防治方法（周长勇等，2012；陆秀华等，2013；张文丹等，2015）。目前市场上种子包衣剂种类繁多，质量参差不齐，药剂选择或剂量使用不当均会对种子造成生理上的危害，不仅导致出苗率降低，还会抑制幼苗生长，并且由于不同花生种植地区气候和生态条件差别较大，在生产实践中也存在药剂拌种后产生药害的现象。为此，作者课题组对常见的5种花生种衣剂的安全性和产量影响进行了评价试验，由表3-6（课题组未发表资料）可以看出，各处理的出苗率因种衣剂组分不同而存在明显差异，经过种衣剂包衣处理的花生出苗率显著高于对照。

由表3-7可以看出，6个处理花生植株高度较接近，600克/升吡虫啉＋400克/升萎锈·福美双处理的单株结果数和产量最高，种衣剂拌种处理的产量均高于对照。

表 3-6 不同种衣剂的出苗情况（课题组未发表资料）

处理	出苗率（%）	较对照提高（%）
30%辛硫磷	55.33±0.945 Ab	1.44
600 克/升吡虫啉＋400 克/升萎锈·福美双	73.67±0.089 6 Aa	2.25
25%噻虫·咯·霜灵	71.33±0.066 Aa	2.15
35%噻虫·福·萎锈	67.33±0.061 1 Aab	1.97
11%精甲·咯·嘧菌酯＋600 克/升吡虫啉	68.33±0.045 1 Aa	2.01
清水对照	22.67±0.040 4 Bc	—

注：表中数字后不同大写字母表示在 0.01 水平上差异显著，不同小写字母表示在 0.05 水平上差异显著。

表 3-7 不同处理的农艺性状、产量及产量性状

处理	主茎高（厘米）	侧枝长（厘米）	分枝数（个）	单株荚果数（个）	千克果数（个）	出仁率（%）	荚果产量（千克/亩）
30%辛硫磷	32.67	36.00	7.73	26.73	0.67	986.67	237.93
600 克/升吡虫啉＋400 克/升萎锈·福美双	33.87	37.40	8.47	35.13	0.68	1 034.67	270.67
25%噻虫·咯·霜灵	31.92	35.03	8.40	26.80	0.74	1 032.00	259.11
35%噻虫·福·萎锈	31.47	34.58	7.67	23.08	0.71	1 004.00	250.52
11%精甲·咯·嘧菌酯＋600 克/升吡虫啉	35.20	38.80	7.40	31.47	0.72	1 013.33	258.52
清水对照	32.87	36.67	8.07	27.20	0.58	1 029.33	193.33

四、草害防治关键技术与农药减施

花生田草害是指在花生田内与花生共同生长的杂草所造成的危害。杂草是经过长期的自然选择而生存下来的适应性和生命力都很强的非人为栽培的植物类群。我国花生田杂草种类繁多，数量较大，发生普遍，与花生争光、争肥、争水，直接影响到花生的产量和质量，同时杂草还是病虫害的寄主，有助于病虫害的发生蔓延。若要有效控制杂草危害，就要了解杂草的种类及发生、危害的特点，准确把握防治适期，科学防治，这样才能收到良好的防除效果。

（一）土壤封闭除草剂筛选及除草技术优化

随着花生种植面积不断扩大，田间杂草防除已成为生产上的一大难题。种植户通过施用土壤封闭处理除草剂的方式，在一定程度上做到了杂草防控（梁巧玲等，2007），然而市场上土壤封闭处理除草剂品种繁多、防除效果良莠不齐，且受杀草谱限制、除草不净，后期仍需二次用药或人工除草，费时费工；另外，在实际用药时农民常任意加大剂量来增强防除效果，易造成除草剂药害和土壤污染（孙明海等，2006）。

自土壤封闭处理除草剂投入应用以来，科研人员就对不同除草剂的安全性、用量和防治效果进行了大量研究，筛选出大量安全性良好的花生田土壤封闭处理除草剂，其共同表现为前期防治效果卓著，但当持效期过后需及时进行二次防控。另外，实践表明，除草剂合理混用可以产生增效作用，减少单剂用药量，扩大杀草谱，延长施药适期，降低在作物和土壤中的残留，减轻药害，提高对作物的安全性，还可以省工、降低防治成本等，因此配施也得以广泛应用。但针对杂草的发生情况不同、土壤地力差异，开展科学合理的混配尤为重要。现在市场上安全性和防除效果较好的花生土壤封闭处理除草剂有96％精异丙甲草胺乳油、33％二甲戊灵乳油和23.5％乙氧氟草醚乳油，前两者主要防除禾本科杂草及部分阔叶杂草，后者对阔叶杂草的防除效果高于禾本科杂草，且与96％精异丙甲草胺乳油等酰胺类除草剂互补（郭晓强等，2015；肖红等，2003；封海胜等，1998；张田田等，2011；蔡洪文等，2006）。作者课题组选择96％精异丙甲草胺乳油、33％二甲戊灵乳油和23.5％乙氧氟草醚乳油3个因素，以杂草干重和花生荚果产量为目标函数，采用二次饱和D-最优设计布置田间参数开展试验（杨富军等，2018）。结果表明，整体来看，除草剂配施较单施杀草谱广，杂草防除效果和花生产量效果均为3种除草剂配施＞2种除草剂配施＞1种除草剂单施＞未施除草剂；配施浓度升高除草效果增强，但浓度过高就会引起产量效果和安全性下降。因此，除草剂配施时应注意配施比例和剂量，防止造成除草剂药害。3种除草剂对花生田杂草均有明显的防除效果，其除草效果和产量效果均为23.5％乙氧氟草醚乳油＞33％二甲戊灵乳油＞96％精异丙甲草胺乳油。

（二）无人机喷施苗后除草剂优化配施技术

目前，花生田间杂草防除主要依靠化学除草技术，以喷施除草剂为主，因此，寻求快速高效的除草模式和适宜的药剂种类、剂量及配比是加强田间除草的最佳途径。无人机飞防技术是目前最为高效的防控技术手段，效率远远高于现有的人工施药和农机施药模式，但对无人机除草的安全性和用药量应给予重视。作者课题组选用28%精喹·三氟乳油、10%乙羧氟草醚乳油、480克/升灭草松水剂和108克/升高效氟吡甲禾灵乳油4种花生田间除草剂，利用无人机喷施不同配比除草剂（表3-8），优化及减施苗后除草剂配比和剂量。

表3-8　除草剂种类、配比组合及试验剂量（课题组待发表资料）

处理	除草剂	田间推荐剂量（毫升/亩）	试验剂量（毫升/亩）
T1	28%精喹·三氟乳油	40～50	40
T2	10%乙羧氟草醚乳油	20～30	20
T3	480克/升灭草松水剂	150～200	150
T4	108克/升高效氟吡甲禾灵乳油	20～30	20
T5	精喹·三氟＋高效氟吡甲禾灵		40+20
T6	乙羧氟草醚＋高效氟吡甲禾灵		20+20
T7	灭草松＋高效氟吡甲禾灵		150+20
T8	精喹·三氟＋灭草松＋高效氟吡甲禾灵		20+75+10

1. 除草效果评价

如表3-9、表3-10所示（课题组待发表资料），选择的4种除草剂均适宜无人机施药，其防除效果与传统人工喷药无明显差异。传统背负式喷雾器喷洒的农药为水滴状，而无人机喷洒农药时，在旋翼产生的下压气流中药液加速形成气雾流，覆盖密度大，喷施均匀，药液沉积量和覆盖率都显著高于前者。在达到相同防除效果的基础上，本试验中每公顷无人机喷施所用除草剂的药量和喷洒用水都缩小至传统手持式喷雾器用量的1/30。40天防除效果调查结果显示，480克/升灭草松水剂组、108克/升高效氟吡甲禾灵乳油和灭草松＋高效氟吡甲禾灵组，无人机喷施后的总体防除效果要高于人工喷施模式。不同药剂及组合中，28%精喹·三氟乳油、108克/升高效氟吡甲禾灵乳油单独使用时对牛筋草、马唐的防除效果为87%～97%，但是对苘麻的防除效果不佳，10%乙羧氟草醚乳油、480克/升灭草松水剂对反枝苋的防除效果均在90%以上。将不同除草剂组合，能显著提高对田间杂草的综合防除效果。精喹·三氟＋高效氟吡甲禾灵的除草组合对牛筋草和马唐的防除效果高达100%，但对苘麻的防除效果并未提升；灭草松＋高效氟吡甲禾灵组合的综合防除效果最高，均在90%以上。28%精喹·三氟乳油20毫升/亩、480克/升灭草松水剂75毫

表 3 - 9　各处理无人机与人工施药的防除效果

处理	防除效果（%）								总体防除效果（%）	
	尚麻		反枝苋		牛筋草		马唐			
	无人机	人工	无人机	人工	无人机	人工	无人机	人工	无人机	人工
28%精喹·三氟乳油	48.3d±0.3	44.5e±0.3	73.1e±0.5	71.5d±0.5	88.2e±0.2	87.80e±0.2	93.6d±0.6	95.0e±0.7	86.3f±0.3	87.9d±0.5
10%乙羧氟草醚乳油	35.2g±0.2	41.1f±0.6	92.1d±0.5	91.6c±0.5	—	—	—	—	74.4h±0.2	74.2f±0.6
480克/升灭草松水剂	97.2b±0.5	96.0b±0.5	93.2c±0.3	93.0ab±0.6	—	—	—	—	94.8c±0.3	94.1c±0.4
108克/升高效氟吡甲禾灵乳油	—	—	—	—	91.4d±0.5	94.3d±0.4	98.2c±0.5	95.9d±0.4	95.8b±0.4	95.2b±0.7
精喹·三氟+高效氟吡甲禾灵	47.3e±0.6	50.6d±0.5	71.7f±0.3	68.9e±0.2	100a±0.0	100a±0.0	100a±0.0	100a±0.0	84.9g±0.6	86.5e±0.3
乙羧氟草醚+高效氟吡甲禾灵	43.4f±0.3	40.2g±0.7	94.3a±0.4	92.6b±0.4	93.5c±0.3	94.8b±0.5	98.0c±0.6	97.7c±0.5	87.3e±0.5	86.4e±0.4
灭草松+高效氟吡甲禾灵	98.8a±0.5	98.7a±0.3	93.7b±0.3	93.6a±0.3	94.0c±0.3	92.9d±0.3	100a±0.0	100a±0.0	98.2a±0.5	87.9a±0.4
精喹·三氟+灭草松+高效氟吡甲禾灵	83.4c±0.4	87.2c±0.4	93.6bc±0.4	92.7b±0.4	95.5b±0.7	94.9b±0.3	99.3ab±0.2	99.0b±0.3	93.3d±0.3	84.7b±0.2

表3-10 各处理无人机与人工施药40天后对杂草的防除效果

处理	防除效果（%）								总体防除效果（%）	
	苘麻		反枝苋		牛筋草		马唐			
	无人机	人工	无人机	人工	无人机	人工	无人机	人工	无人机	人工
28%精喹·三氟乳油	47.2d±0.5	43.1e±0.5	72.3d±0.4	70.7d±0.6	87.5e±0.3	87.1d±0.4	92.8c±0.4	94.5e±0.2	85.6e±0.5	87.5d±0.3
10%乙羧氟草醚乳油	34.5f±0.7	40.7f±0.6	9_.4c±0.8	90.7c±0.4	—	—	—	—	73.6g±0.5	73.9g±0.4
480克/升灭草松水剂	96.7b±0.6	95.7b±0.6	92.7ab±0.8	92.5a±0.4	—	—	—	—	94.4c±0.6	93.4c±0.2
108克/升高效氟吡甲禾灵乳油	—	—	—	—	90.5d±1.0	93.5b±0.7	97.8b±0.6	95.1d±0.2	95.4b±0.4	94.7b±0.5
精喹·三氟+高效氟吡甲禾灵	46.5d±0.3	49.7d±0.5	7_.2d±0.6	68.4e±0.6	100a±0.0	100a±0.0	100a±0.0	100a±0.0	84.4f±0.4	86.1e±0.6
乙羧氟草醚+高效氟吡甲禾灵	41.9e±0.6	38.2g±0.4	93.5a±0.9	91.7b±0.6	92.8c±0.3	94.3b±0.4	97.5b±0.9	97.1c±0.3	86.1e±0.4	85.4f±0.6
灭草松+高效氟吡甲禾灵	98.2a±0.3	98.7a±0.6	91.8bc±0.7	93.1a±0.6	93.4bc±0.7	91.8c±0.6	99.5a±0.4	99.4b±0.3	97.6a±0.2	97.1a±0.2
精喹·三氟+灭草松+高效氟吡甲禾灵	82.6c±0.5	86.3c±0.5	92.8ab±0.5	91.2bc±0.4	94.2b±0.5	94.1b±0.4	97.5b±0.6	99.0b±0.5	92.8d±0.5	94.2b±0.4

升/亩与108克/升高效氟吡甲禾灵配施后，因灭草松用量远低于推荐剂量，其对苘麻的防除效果低于480克/升灭草松水剂150毫升/亩＋108克/升高效氟吡甲禾灵乳油20毫升/亩处理。

2. 花生性状调查结果

无人机的调查结果显示，各处理的田间杂草对主茎高、侧枝长、分枝数影响并不显著，处理组与无杂草对照组相比，百果重、百仁重和出仁率也没有出现显著差异，但是28%精喹·三氟乳油组、10%乙羧氟草醚乳油组、108克/升高效氟吡甲禾灵乳油组和乙羧氟草醚＋高效氟吡甲禾灵组4组处理中，花生单株荚果数下降明显，单株生产力显著降低。480克/升灭草松水剂组下降程度较小，灭草松＋高效氟吡甲禾灵组和精喹·三氟＋灭草松＋高效氟吡甲禾灵组并未出现显著差异。结合上述田间杂草防除效果，可知防除效果不佳的处理单株荚果数下降显著，且苘麻的防除效果对单株荚果数的影响最为明显。调查结果如表3－11所示。

3. 花生产量调查结果

通过对每个处理3次重复及对照的10米^{2}取点称重，折合亩产，如表3－12所示，结果显示，28%精喹·三氟乳油、10%乙羧氟草醚乳油、108克/升高效氟吡甲禾灵乳油、精喹·三氟＋高效氟吡甲禾灵、乙羧氟草醚＋高效氟吡甲禾灵5个处理中，花生产量较无杂草对照下降显著，荚果减产48.5%～69.5%，籽仁减产49.2%～70.2%。480克/升灭草松水剂组比无杂草对照组产量降幅小，荚果和籽仁分别降低了20.3%和15.6%，印证了苘麻的防除情况对花生产量的影响最为明显。灭草松＋高效氟吡甲禾灵组和精喹·三氟＋灭草松＋高效氟吡甲禾灵组产量基本与无杂草对照组持平。测产结果与杂草防除结果和性状调查结果一致，表明不同除草剂及组合配比的防除效果存在差异，草害造成花生单株荚果数减少、单株生产力降低，进而造成减产。在主要杂草中，对苘麻的作用效果最为显著。

4种除草剂及不同配比组合均对花生田间杂草具有一定的防除效果，但由于所作用的杂草科属不同，不同药剂和不同组合配比的防除效果存在差异。花生性状和产量调查结果显示，在一定数量内，杂草对花生植株的长势影响并不明显，对荚果和籽仁品质的影响也不是很大，与前人测试花生田间杂草对花生农艺性状的影响所获得的结果基本一致（管晓志等，2015；吴菊香等，2015；权保全等，2017）。但田间杂草明显干扰了单个花生植株的荚果数量，使单株生产力降低，进而造成花生田间减产，且草害越严重，减产量越大。因试验地块苘麻是优势种群，药剂对该杂草的防除效果会明显影响对杂草的整体防除效

表3-11 不同除草剂处理对花生植株性状的影响

处理	主茎高(厘米)	侧枝长(厘米)	分枝数	单株荚果数(个)	单株生产力(克)	百果重(克)	百仁重(克)	出仁率(%)
28%精喹·三氟乳油	43.7±2.5bc	50.3±2.5a	7.3±0.6c	5.7±0.2d	10.7±0.9e	184.7±10.7ab	76.9±4.6a	52.7±2.8b
10%乙羧氟草醚乳油	48±2a	51.3±1.5a	7.7±0.6c	6.7±0.3cd	13±0.7de	187.9±6.7a	77.3±2.3a	63.2±2.9a
480克/升灭草松水剂	39.3±1.5d	47±1a	7.7±0.6c	13.6±0.9b	23.1±2.1b	180.2±3.8ab	80.7±4a	61.9±1.2a
108克/升高效氟吡甲禾灵乳油	40.7±1.5cd	52.7±4.2a	9.3±1.5ab	8.8±1c	15.6±2.1cd	169.6±2.8ab	69±5b	62±8.8a
精喹·三氟+高效氟吡甲禾灵	38.3±1.5d	48.3±3.2a	8±1bc	8.2±0.5c	16.3±0.6c	182.5±10.7ab	82±5.3a	60.3±7.5ab
乙羧氟草醚+高效氟吡甲禾灵	44±2bc	51.3±2.5a	9.3±0.6ab	8.5±0.8c	15.2±0.6cd	173.9±11.5ab	79.5±5.9a	60.5±2.6ab
灭草松+高效氟吡甲禾灵	40±2c	47.7±3.1a	7.3±0.6c	23.1±2.4a	44.9±3.3a	179.4±10.9ab	81.5±3a	65.6±1.8a
精喹·三氟+灭草松+高效氟吡甲禾灵	46.3±2.1ab	51±4.4a	10±1a	21.4±1.9a	42.3±2.7a	176.9±8ab	76.2±3ab	65.3±3.1a
无杂草对照组(CK)	45.7±1.5ab	50.3±2.1a	9.3±0.6ab	22.3±1.7a	43.3±2a	187.9±5.3a	78.9±1.9a	63.7±1.7a

表 3 - 12   不同除草剂处理对花生产量的影响

处理	产量（千克/亩）		比对照增减产（%）	
	荚果	籽仁	荚果	籽仁
28％精喹·三氟乳油	100.4±1.7e	58.4±4.1f	−69.5	−70.2
10％乙羧氟草醚乳油	134.1±0.2d	79.2±7.2e	−59.3	−59.5
480克/升灭草松水剂	262.7±7.0b	165.1±2.1b	−20.3	−15.6
108克/升高效氟吡甲禾灵乳油	166.1±4.6c	94.0±3.6cd	−49.6	−52.0
精喹·三氟＋高效氟吡甲禾灵	169.8±13.0c	99.5±11.1c	−48.5	−49.2
乙羧氟草醚＋高效氟吡甲禾灵	148.6±7.6d	89.0±2.9d	−54.9	−54.5
灭草松＋高效氟吡甲禾灵	331.2±4.4a	196.2±3.4a	0.5	0.3
精喹·三氟＋灭草松＋高效氟吡甲禾灵	325.9±5.5a	194.0±0.9a	−1.1	−0.8
无杂草对照组（CK）	329.7±10.5a	195.7±3.6a	—	—

果，在荷麻多发区域，建议使用 480 克/升灭草松水剂 150 克/亩进行防除。针对荷麻及禾本科杂草发生严重的地区，推荐 480 克/升灭草松水剂 150 克/亩与108 克/升高效氟吡甲禾灵乳油 20 克/亩混用进行无人机喷雾，其对杂草的综合防除效果在 90％以上。

第五节   花生农药减施技术体系

花生农药减施技术体系的建立需要充分把握病虫草害的防控机理，协调七大要素：品种抗性、药剂拌种、生态调控、物理防治、生物防治、科学用药、机械融合。花生病虫草害防控遵循策略为一选一拌五灵活。一选：尽量选择抗病抗虫抗逆的优质高产品种，并精选种子；一拌：以高效低毒杀菌剂和杀虫剂拌种，必要时加入微量元素肥料拌种；五灵活：针对不同地区的主要病虫草问题，灵活开展生态调控（栽培防治）、物理防治、生物防治、药剂防治、机械融合。具体实施操作如下。

一、播种前准备

（一）优化产地环境

选择地势平坦、土壤肥沃、通透性较好的土壤，土壤秋冬季耕翻 25～30厘米，起垄栽培。

（二）科学合理施肥

亩产 300 千克的中等肥力地块，亩施腐熟农家肥 2 000～3 000 千克、N 6～7 千克、P_2O_5 7.5～10.0 千克、K_2O 7.5～10.0 千克、CaO 6～8 千克。中后期喷施叶面肥。

（三）选择优良品种

选择抗逆性强、增产潜力大、品质优良、适合机械化并通过国家登记的抗病虫草品种，注意不从疫区调种。

（四）精选晾晒种子

剥壳前晾晒种子果，播种前精选并分级种子米，保证发芽率在 95％以上。

（五）合理轮作间作

将花生与玉米等禾本科作物轮作，不使用长残效除草剂的前茬。选择玉米、蛇床子等作物间套作，增强天敌的控害作用。

二、播种期处理

（一）种子包衣，及时播种

1. 病害

冠腐病、根茎腐病、果腐病可选择 25％噻虫·咯·精甲悬浮剂 600～800 克（100 千克种子）播种前包衣，或选择 400 克/升萎锈·福美双悬浮剂 200～300 毫升（100 千克种子）播前拌种；白绢病可选择 6％嘧菌酯·噻虫·噻呋悬浮剂 4.0～5.3 升（100 千克种子）包衣。

2. 虫害

蛴螬可采用 30％辛硫磷微囊悬浮剂 1 500 毫升（100 千克种子）包衣，或选择 16％噻虫嗪悬浮剂 500～1 000 克（100 千克种子）、600 克/升吡虫啉悬浮剂 300～400 毫升（100 千克种子）包衣兼防花生蚜。苗期蚜虫可选择 35％噻虫·福·萎锈悬浮剂 500～570 毫升（100 千克种子）包衣。

（二）适期播种，合理密植

选择防控花生主要病虫害的抗低温种衣剂包衣后，5 厘米地温连续 5 天稳定在 16 ℃以上时播种，播种密度为 9 000～10 000 穴/亩，每穴 2 粒。

三、生长期防治

（一）科学预测、适时防治

1. 病害预测

对于根茎腐病、白绢病、果腐病等病害可在花生齐苗后到 7 月中旬前，每天调查一次田间发病情况，当田间出现中心病株后拔除并及时用药防治。对于叶斑病，在田间初见病斑时，采用对角线 5 点取样法，每隔 5 天调查一次，严重度达到 3 级或发病率为 5％～7％时即开始防治。

2. 虫害预测

在花生田间放置涂有不干胶的蓝板黄板监测蓟马、蚜虫，板高于花生 10～20 厘米，每隔 30～50 米一个，板上虫数较多且迅速上升时即为防治适机。田间每 40.5～49.5 亩放置一台杀虫灯，挂灯高度为 2 米，监测金龟子、棉铃虫、甜菜夜蛾、斜纹夜蛾等害虫，也可以在田间挂置少量金龟子诱捕器（离地 1.5 米，10 亩 1 个）、夜蛾类害虫性诱剂或食诱剂诱捕器（高度为 1 米，每亩 1 个）监测金龟子和棉铃虫、甜菜夜蛾、斜纹夜蛾等害虫的种群密度。当虫数较大且持续增加时，确定幼虫防治适期，也可采用智能虫情监测系统进行监测。

（二）多措并举，综合防控

1. 病害

白绢病：可在发生初期选择 27％噻呋·戊唑醇悬浮剂 40～45 毫升/亩叶面和茎基部喷施，14～21 天施药 1 次，共施药 2～3 次。叶斑病、网斑病：可选择 60％唑醚·代森联水分散粒剂 60～100 克/亩，或选择 300 克/升苯甲·丙环唑乳油 20～30 毫升/亩，于发病初期均匀喷施于叶面，10～15 天施药 1 次，共施药 2～3 次。

2. 虫害

用涂有不干胶的黄板蓝板防治蓟马和花生蚜，板高于花生 10～20 厘米，每亩 20～30 个，或选用 5％吡虫啉乳油 2 000 倍液 60 克/升、乙基多杀菌素悬浮剂 40 克/亩，施药 1～2 次；也可用灯光诱杀，田间每 40.5～49.5 亩放置 1 台杀虫灯，挂灯高度为 2 米，诱杀金龟子、棉铃虫等害虫；也可采用性诱剂或食诱剂诱杀，每 60 米放置 1 个诱捕器，20～30 天更换一次性诱剂或食诱剂诱芯，诱捕高度为 1.5 米；在棉铃虫、甜菜夜蛾、斜纹夜蛾等食叶成虫羽化前，每亩悬挂相应昆虫性诱剂或食诱剂 3 个，20～30天更换一次，诱捕器应挂在通风处，悬挂高度为 1 米。或采用金龟子绿僵菌、苏云金杆菌等生物制剂在低龄幼虫期进行防治。

四、收获后处理

（一）适时收获、科学晾晒

当 70％以上荚果果壳硬化，网纹清晰，果壳内壁呈青褐色斑块时，采用分段收获方法，及时收获与晾晒，收获后 3 天内气温不低于 5 ℃，7～10 天内将籽仁含水量降到 10％以下。

（二）安全储藏、清除病株

当籽仁含水量降至 10％以下时，采用透气包装袋，入库时包装袋与地面应有垫木，与仓库墙面保持 20 厘米以上的间隔。严禁与农药化肥和农药等有毒有害物品混存。清除田间残株病叶，病害严重地块，避免秸秆还田。

第四章

花生化肥农药减量技术集成与示范

第一节　花生高产高效栽培技术

　　高产是提高花生种植效益的基础。花生高产高效栽培是在充分考虑绿色生产、机械化生产要求的基础上，通过提高物质利用率，增强群体光合生产能力和物质积累能力，实现扩大面积、提高单产、增加总产量的目标，具有资源节约的基本特征。在生产中，为达到高产高效的目的，除正常双粒播种外，还可以采用单粒精播和膜下滴灌水肥一体化技术进行花生高产栽培。单粒精播能够保证花生苗全、苗齐、苗匀、苗壮，进一步提高幼苗素质，再配套合理密植、优化肥水、中耕培土等措施，能够显著提高群体质量和经济系数，有效解决花生生产中存在的花多不齐、针多不实、果多不饱的主要问题，充分挖掘花生高产潜力，同时节约生产用种，对进一步提高我国花生生产水平具有十分重要的意义。膜下滴灌水肥一体化施肥技术是在地膜覆盖栽培的基础上，将施肥与灌溉结合在一起的一项农业新技术。这种灌水施肥方法是通过滴灌系统，在灌溉的同时将肥料配兑成肥液一起输送到作物根部土壤，供作物根系直接吸收利用。根据生产需求集成花生高产高效栽培技术如下。

一、品种选择和精选种子

　　选用高产、综合抗性好并已通过登记的品种。精选籽粒饱满、活力高、大小均匀一致、发芽率≥95％的种子播种。精播花生对种子质量要求特别高，否则单粒穴播容易造成断穴现象。剥壳前带壳晒种 2～3 天，播种前 7～10 天剥壳。剥壳时随时剔除虫、芽、霉烂果。剥壳后将种子分成 1、2、3 级，籽仁大而饱满的为 1 级，不足 1 级重量 2/3 的为 3 级，1 级和 3 级之间的为 2 级。分级时同时剔除与所用品种不符的杂色种子和异形种子。选用 1、2 级种子播种，先播 1 级种，再播 2 级种。对放置不当容易受潮的花生种子，最好在剥壳前至少晒果 2 次。要求人工剥壳，剥壳后，要细心捡出颜色鲜艳、饱满光亮的 1 级种作为高产种子，不用或少用 2 级种。

播种前，进行药剂拌种或种子包衣防治花生病虫害。冠腐病、根茎腐病、果腐病的防治，每 100 千克种子可选择 25％噻虫·咯·精甲悬浮剂 600～800 克进行包衣，或选择 400 克/升萎锈·福美双悬浮剂 200～300 毫升拌种；白绢病的防治，每 100 千克种子可选择 6％嘧菌酯·噻虫·噻呋悬浮剂 4.0～5.3 升进行包衣，或选择 11％精甲·咯·嘧菌酯 40～60 克进行包衣。

蛴螬的防治，每 100 千克种子可采用 30％辛硫磷微囊悬浮剂 1 500 毫升包衣，或选择 16％噻虫嗪悬浮剂 500～1 000 克、600 克/升吡虫啉悬浮剂 300～400 毫升包衣，可兼防花生蚜。苗期蚜虫防治，每 100 千克种子可选择 35％噻虫·福·萎锈悬浮剂 500～570 毫升包衣。

二、耕地与平衡施肥

选择土壤肥力中等及以上地块，适时深耕翻，及时旋耕整地，随耕随耙耢，清除地膜、石块等杂物，做到地平、土细、肥匀。冬前耕地，耕地深度一般在 25 厘米左右，深耕 30～33 厘米，每 3～4 年进行一次深耕。根据地力情况，配方施用化肥，确保养分全面供应。增施有机肥，精准施用缓控释肥，确保养分平衡供应。施肥要做到深施，全层匀施。精播花生要想高产，需按照纯氮、纯磷、纯钾肥料科学配比原则施肥。根据目标产量施用肥料，施肥遵循减大量、增有机、补钙微的基本原则。每生产 100 千克花生荚果施商品有机肥 25～50 千克，或腐熟农家肥 50～100 千克、N 1.5～2.0 千克、P_2O_5 1.0～1.5 千克和 K_2O 2.0～2.5 千克，增量锌肥、钼肥、钙肥和硼肥等肥料。

三、适期足墒播种

当 5 厘米土层地温稳定在 15 ℃以上时，进行大粒花生播种；稳定在 12 ℃以上时进行小粒花生播种；稳定在 17 ℃以上时进行高油酸花生播种。土壤相对含水量保持在 65％～70％时可以播种，长期无雨条件下可造墒播种。北方春花生适期为 4 月下旬至 5 月中旬播种。

机械播种，起垄、播种、铺设滴灌管道、喷除草剂、覆膜作业一次完成。垄距85～90厘米，垄顶宽55～60厘米，垄高12厘米，双行播种，垄上小行距35～40厘米，穴距15～18厘米，每亩播种9 000～11 000穴，每穴播2粒。根据水源条件设置好滴灌管道干管和滴灌带。单粒播种时，每亩播13 000～16 000粒，播深2～3厘米，播后酌情镇压。密度要根据地力、品种、耕作方式和幼苗素质等情况来确定。肥力高、中晚熟品种、春播、覆膜、苗壮宜降低密度，反之则应增加密度。覆膜栽培，膜上筑土带3～4厘米高。当子叶节升至膜面时，及时将播种行上方的覆土摊至株行两侧，宽度约10厘米、厚度1厘米，将余下的土撒至垄沟。采用花生覆膜铺管播种机进行播种、铺管、覆膜一体化操作，在起垄覆膜种植的垄上、地膜下方、两行花生中间位置铺设滴灌带。

四、田间管理

（一）破膜引苗

花生出苗时，及时破膜引苗。在花生幼苗顶土时开孔放苗，放苗应在9:00前或16:00后进行。

（二）水肥管理

播种时如墒情不足，可先播种，然后利用滴灌设备每亩灌水8～10米^3。花生苗期可适度干旱蹲苗，一般不需浇水。

花针期和结荚期，根据土壤墒情进行滴灌施肥，每亩灌水20～25米^3，花针期施用尿素6.5千克，结荚期施用尿素4.3千克。饱果期（收获前1个月左右）如遇旱每亩灌水10米^3。

（三）中耕培土

春花生培土要在盛花期花生封垄前进行，麦套花生在始花前进行。培土要做到沟清、土松软、垄腰胖、垄顶凹，便于更多的果针入土结实。

（四）病虫草害防治

1. 防治原则

以"预防为主、综合防治"为方针，以物理防治为基础，配合科学用药技术，有效控制花生病虫草害。

2. 轮作防治

采取合理的轮作制度，花生与玉米、高粱、谷子等禾本科作物轮作 2 年以上。

3. 物理防治

地老虎成虫盛发期可用杀虫灯诱杀，也可将 30～40 厘米长的新鲜杨树枝绑成捆进行诱杀，每亩准备 10～20 个杨枝把，傍晚插入花生田，于翌日清晨人工收集；花生出苗后平铺长 80 厘米、宽 10 厘米的银灰膜条，高出地面 30 厘米驱蚜虫。田间间隔挂黄板诱杀棉铃虫、蚜虫等，悬挂的适宜高度为花生顶端以上 5～10 厘米处，每亩使用 30 块。每 20 000 米^2 安装一盏频振式杀虫灯，夜间开灯诱杀金龟子、棉铃虫等。

4. 生物防治

在田间种植蓖麻，引诱金龟子取食中毒死亡，或将其麻醉后集中杀死。在棉铃虫产卵初盛期，释放赤眼蜂 3～4 次，每次 15 000 头。保护与利用异色瓢虫、大草蛉等有益生物，防治花生蚜虫。

使用楝素、天然除虫菊素、白僵菌等药剂，作为合理耕作制度、田间管理技术和物理、生物防治技术的辅助或补充，防治花生虫害。选用生物药剂防治花生叶斑病、网斑病、土传病害及蚜虫等。

5. 化学防治

叶斑病、锈病、炭疽病等病害的防治，可用 10% 苯醚甲环唑水分散粒剂60～80 克/亩＋50% 嘧菌酯水分散粒剂 25～50 克/亩，兑水 30 千克，每隔 7～15 天叶面喷施 1 次，连续喷 2 次。甜菜夜蛾、斜纹夜蛾、棉铃虫、菜青虫等的防治，可喷施 5% 甲氨基阿维菌素水分散粒剂 5 克/亩＋20% 虫酰肼悬浮剂 20 克/亩或 4.5% 高效氯菊酯乳油 30～50 毫升/亩，兑水 40～50 千克，均匀喷雾。蚜虫、蓟马的防治，用 200 克/升吡虫啉可湿性粉剂 20 毫升/亩，兑水 30 千克，叶面喷雾防治。

6. 杂草防治

花生播种时及时喷施封闭型除草剂，出苗后在垄间及时喷施苗后除草剂。

五、适时化控

视花生长势进行化控。当主茎高度达到 35 厘米左右时，叶面喷施生长抑制剂，如每亩用 5% 的烯效唑 40～50 克（有效成分 2.0～2.5 克），兑水40～50 千克进行叶面喷施，或每亩用 15% 多效唑 50 克兑水 15 千克喷施，防

止植株徒长或倒伏。施药后 10～15 天，如果主茎高度超过 40 厘米可再喷 1
次。也可使用其他符合安全要求的药剂。

六、收获与晾晒

当植株还剩 3～4 片绿叶，75％以上荚果果壳硬化，网纹清晰，果壳内壁
呈青褐色斑块时应及时收获。采用花生联合收获机收获，将荚果在晒场晾晒；
或采用两段式收获，用花生起收机将花生条铺于田间晾晒 2～3 天，再采用自
动摘果机摘果，晾晒。荚果籽仁含水量降到 10％以下时入库储藏。

七、清除残膜

花生收获时，应将地里的残膜拣净。

第二节　花生"两减一增"高效绿色栽培技术

花生是重要的油料作物之一，是国民经济发展和维护国家粮食安全的重要
保障。农民为了确保高产常过量施肥化学氮肥和农药，这种长期不合理的过量
施肥导致土壤结构变差、土壤酸化和农药残留严重、农产品硝酸盐含量过高、
农产品重金属含量超标等。过量的氮肥和农药残留或流失于环境中，不仅污染
土壤、水体、空气，而且严重威胁人类的食物安全和健康。同时，作为花生所
需元素的钙以及有机肥被忽视，不同类型的钙肥以及有机肥施用极少或不施，
造成土壤板结，固态的钙得不到活化和释放，严重影响了花生对钙的吸收利
用，也逐渐成为花生产量进一步提高的主要限制因素之一。根据氮肥和农药的
施用情况，制定了"两减一增"栽培技术，技术的主要原则如下：①依据土壤
pH 合理选择相应的钙肥；②氮肥减施原则，根据土壤肥力、肥料类型确定氮
肥减施量；③减药减施原则，种子精细包衣＋综合防控。

一、花生"两减一增"高效绿色栽培技术

(一) 整地

秋季耕翻 25～33 厘米，早春顶凌耙耢；或春季耕翻，随后及时耙地、镇
压，耕翻深度 25～33 厘米。

（二）施肥

1. 钙肥施用原则

根据地力情况，特别是土壤交换性钙含量较低的地块，依据土壤 pH 合理选择相应的钙肥。碱性地块，pH 高于 8.0，适宜施用钙镁磷肥、石膏等。酸性地块，pH 低于 7.0，适宜施用熟石灰、生石灰等。

根据产量水平和土壤缺钙程度确定用量，一般情况下基肥用量为 30～50 千克/亩，缺钙严重地块可适当增加用量。

2. 氮肥减施原则

根据土壤肥力、肥料类型确定氮肥减施量。

高肥力地块施用复合肥或缓释掺混肥（15 - 15 - 15）40～50 千克/亩（施氮量为 6.0～7.5 千克/亩），比常规施肥减施复合肥 20～30 千克/亩（减施氮量为 3.0～4.5 千克/亩）。

中等肥力地块施用复合肥或缓释掺混肥（15 - 15 - 15）50～60 千克/亩（施氮量为 7.5～9.0 千克/亩），比常规施肥减施复合肥 10～20 千克/亩（减施氮量为 1.5～3.0 千克/亩）。

施肥要做到先施氮磷钾肥，旋耕，再施钙肥，旋耕，做到全层匀施。

（三）品种选择

高肥力地块，建议选用大粒花生品种；低肥力地块、碱性或酸性较强地块、土壤交换性钙含量低的地块，建议选用中小粒花生品种。

（四）种子处理

精选籽粒饱满、活力高、大小均匀一致、发芽率≥95％的一级种子播种，并进行精细包衣。采用杀菌剂（精甲·咯菌腈、噻呋酰胺、福美双等）与杀虫剂（吡虫啉、噻虫嗪等）复配的包衣方法，前期预防蛴螬、金针虫、根结线虫及蚜虫等害虫危害及土传病害和烂种，提高种子发芽率和成苗率。

（五）播种

1. 播期与土壤墒情

一般土壤 5 厘米日平均地温稳定在 15 ℃以上、土壤相对含水量保持在 65％～70％是培育全苗壮苗的必要条件。北方春花生播种适期为 4 月下旬至 5 月中旬，要求耕作层土壤手握能成团、手搓较松散，土壤相对含水量为60％～

70%，适合播种机进行作业（图 4-1）。若遇春旱，应小水润灌或喷灌造墒。

图 4-1　机械化播种

2. 种植规格与密度

宜采用起垄种植。垄距 85 厘米，垄面宽约 50 厘米，垄高 12 厘米，垄上种 2 行花生，垄上小行距 25 厘米。单粒播种时，13 000～14 000 穴/亩。双粒穴播时，春播花生密度为 8 000～9 000 穴/亩。播种深度为 3～5 厘米。露地栽培宜深，覆膜栽培宜浅。播种较早、地温较低，或土壤湿度大、土壤黏重，可适当浅播，反之，适当加深。

（六）田间管理

1. 水肥管理

花生幼苗可适度干旱，土壤含水量保持在田间持水量的 50% 左右。花针期和结荚期，如果天气持续干旱，花生叶片中午前后出现萎蔫时，应通过滴灌进行补充灌溉，控制灌水量为 10 米³/亩，使 0～20 厘米土层土壤含水量达到饱和状态后停止灌水。结荚期、饱果成熟期若天气持续干旱，容易造成荚果减少、饱果率低和空壳现象，应进行灌溉处理，灌溉水最好是河水，其次是井水。若遇持续阴雨、田间渍涝，应及时挖沟排水。

针对生育中后期花生植株早衰现象，每亩叶面喷施 1.0%～1.5% 的尿素水溶液和 0.2%～0.3% 的磷酸二氢钾水溶液 40～50 千克，连喷 2 次，间隔 7～10 天。

2. 病虫害防治

首选高效低毒的生物农药，同时在田间布设性诱剂、食诱剂等诱杀装置进行虫害的综合防控。

苗期预防蚜虫、蓟马：高效吡虫啉可湿性粉剂 3 克兑水 30 千克，叶面喷雾防治，可维持 10%～20% 的防治效果。生育中后期虫害防控：防治甜菜夜蛾、斜纹夜蛾、棉铃虫、菜青虫等，应及时喷施 3.4% 甲氨基阿维菌素 15 克/亩＋20% 虫酰肼 20 克/亩。

饱果成熟期，每亩用 325 克/升阿米妙收（苯醚甲环唑＋嘧菌酯悬浮剂）60～80 毫升兑水 30 千克，每隔 7～15 天叶面喷施 1 次，连续喷 2 次，可防治花生叶斑病、锈病、炭疽病等。

3. 化学除草

播后或出苗前趁土壤潮湿时进行。播种的同时覆膜、膜上筑土、每亩喷施除草剂二甲戊灵 100 毫升兑水 30 千克或精异丙甲草胺 100 毫升兑水 50 千克，做到及早防治，可喷施 5% 精喹禾灵乳油，每亩用 70～100 毫升兑水 15 千克，对杂草茎叶进行喷雾；或者对花生畦沟进行中耕，清除杂草，提高花生畦沟土壤的通透性。

4. 科学化控

土壤肥力较好地块，花生封垄前后，主茎高度达到 28 厘米左右时，每亩用 5% 烯效唑（多效唑）粉剂 40～50 克兑水 40～50 千克。若仍有徒长趋势，可以连喷 2～3 次，收获时主茎高 40～45 厘米为宜。

（七）适时收获与晾晒

70% 荚果网纹清晰、果壳硬化、内壁由白色的海绵组织变成青褐色的硬化斑块结构，种仁呈现品种特征时方可收获。

二、实施案例

对 50 亩技术攻关田进行测产，平均亩产 564.6 千克，比对照田增产 8.9%；80 万亩示范田，初测 80 个点，平均亩产 347.4 千克，比对照田增产 11.3%。每亩氮肥用量减少 3.75 千克，节氮 33.3%；农药使用次数减少 1 次，减施农药 25%。

第三节 花生智能水肥一体化技术

一、技术概况

针对目前花生生产中水肥一体化技术模式简单、与养分监测技术结合性差、水肥药供应不协调、供需不平衡，导致环境污染和农产品质量安全等问题，本节从研究花生持续高产优质的水肥需求规律与灌溉施肥制度入手，集成花生智能水肥一体化高效灌溉施肥调控技术模式，展开规模化示范应用。

水肥一体化技术是将灌溉与施肥融为一体的农业新技术。通过可控管道系统将可溶性固体或液体肥料，根据土壤养分含量和作物种类的需肥规律和特点，配兑成肥液与灌溉水一起，进行灌溉与施肥，可均匀、适时、适量地满足作物对水分和养分的需求，实现水肥同步管理和高效利用的节水农业技术。智能水肥一体化技术是指运用物联网系统的田间信息采集端传感器，如农田小气候传感器、土壤墒情传感器、土壤电导率传感器等监测设备，监测作物生长环境中的温度、相对湿度、土壤电导率等参数，通过各种仪器仪表实时显示或作为自动控制的参变量参与到水肥管理的自动控制中，保证作物有一个良好的、适宜的水肥环境。远程控制的实现使技术人员在办公室就能对多个地块的作物水肥环境进行监测控制，从而达到增产、改善品质、调节作物生长周期、节约水资源、防治耕地面源污染、提高经济效益的目的。

二、技术要点

(一) 智能水肥一体化系统的基本要求

1. 系统组成与安装

智能灌溉系统由田间灌溉管网系统、田间信息采集系统、信息采集控制传输系统和监控中心组成。其中：田间灌溉管网系统包括水源、首部枢纽、输水管网（干管、支管、毛管、流量表、电磁阀、管件及阀门）；田间信息采集系统安装土壤水分传感器；信息采集控制传输系统包括采集控制模块、存储传输模块等设备，采用有线或无线的数据传输方式；监控中心可使用本地局域网络或远程监控平台。

（1）田间灌溉管网系统

① 管道安装。根据需求完成水源、首部枢纽和输水管网干管部分的建设。按照滴灌工程设计的滴灌带规格和数量购置滴灌带，播种时，通过花生播种机或覆膜播种机一次完成起垄、喷除草剂、铺带、覆膜、播种、覆土、镇压等工作。在完成铺带、覆膜、播种工作后，采用地表 PE（聚乙烯）支管的，取出 PE 支管，经检查无破损后，按照其在滴灌系统中的位置铺设安装，然后与分干管和滴灌带连接。

② 灌溉管网自动监测控制设备选型与安装。在灌溉系统首部安装电磁阀、

电磁流量计、电子远传水表、压力表等。根据现场管道内尺寸或流量要求确定电磁阀通径尺寸；电磁阀最小工作压差范围为 0～1.0 兆帕，最大工作压差不应大于它的公称压力；额定供电电压优先选择 AC220 伏、DC24 伏，符合 JB/T 7352—2010 中的要求。通过现场施工布线，连接至耳房内的控制器。

③ 系统试运行。开启水泵，检查滴灌系统工作是否正常，若有漏水现象或其他问题应及时处理，逐级冲洗各级管道，使滴灌系统处于待运行状态。

④ 数据采集要求与安装。选择土壤温度、土壤湿度、土壤电导率等传感器。传感器的性能指标应符合表 4-1 的要求。利用传感器自动采集大田中 0～40 厘米土层土壤的温度、湿度和电导率，并每小时上传一次数据。

表 4-1 传感器技术性能要求

数据种类	测量范围	分辨率	测量精度
土壤温度（℃）	−50～80	0.1	±0.1
土壤湿度（%）	0～100	0.1	±2
土壤电导率（毫西/厘米）	0～20	0.1	±0.1

⑤ 田间信息采集监测安装。每 300～500 亩设置 1 个土壤墒情监测站点，站点应建立在灌溉控制区域具有代表性的地块，墒情监测站点的安装应符合 SL 364—2015 土壤墒情监测规范。通过 ZigBee、Wi-Fi 等短距离无线传输方式进行传感器与采集控制器之间的数据传输；通过 GPRS（通用分组无线业务）、网桥、光纤等远距离传输方式实现采集控制器与监控中心之间的数据交换。

信息采集控制传输系统包括采集控制模块、存储传输模块等设备，信息采集传输控制器安装在监测站支架上，高度以便于操作为准。

（2）系统运行与维护 监控中心负责接收采集控制器发送的土壤温度、湿度、电导率等数据，并完成对数据的存储、分析。通过与花生各个生育时期（苗期、开花下针期、结荚期、饱果期）的灌溉施肥控制参数进行分析、比对，形成最佳灌溉施肥方案，然后监控中心下发指令，控制电磁阀进行灌溉施肥作业，实现物联网水肥一体化。

为了确保系统稳定运行，保证监测数据的完整性与准确性，应对智能灌溉系统设备进行定期维护。

2. 播前准备

（1）品种选择 依据当地的气候条件和市场需求选择适宜的花生品种，葫芦岛市和大连市应选择产量潜力大、抗逆性好、通过国家登记的品种，如花育 23、花育51、冀花16、冀花18、阜花17、阜花30、青花6号、花育52、花育20等。

（2）剥壳与选种　播种前7～10天带壳晒种2～3天，然后剥壳。剥壳时随时剔除虫、芽、烂果和杂色、异形的种子。剥壳后依据种子大小分成1、2、3级，籽仁大而饱满的为1级，未成熟、干瘪、不能萌发出苗的种子为3级，重量介于1级和3级之间的为2级。选用1、2级果作为种子。

（3）种子处理　根据不同种衣剂剂型要求进行种子包衣，东北地区可选择耐低温的种衣剂，如噻虫·咯·精甲、吡虫啉＋萎锈·福美双、11%精甲·咯·嘧菌酯。药剂用量按照花生种子用种量及产品说明书标注的药种比确定。

3. 肥料施用

结合整地一次性施足基肥。依据高产田施肥水平，每亩施腐熟农家肥2 400～3 000千克，配施尿素10～12千克、生物磷钾肥30千克、钙肥（CaO）12～15千克，有机肥料和化学肥料的40%作基肥施用。

4. 播种

（1）播期　当地5厘米土层日平均地温稳定在12 ℃以上，辽宁大部分地区一般在5月10日至25日播种，播深3～5厘米，播种时镇压或播后镇压。播种期内长期无雨条件下，可采取干播湿出技术，在播种覆膜后将滴灌控制装置、预铺设的滴灌管道与水源连接进行灌溉，每亩控制灌水量为5～10米^3，使0～20厘米土层土壤含水量达饱和状态。

（2）播种规格　浅埋式滴灌技术下采用双行起垄栽培方式，或采用一播八行机械播种，中间铺设滴灌带。双粒穴播起垄一般垄距85～95厘米，垄顶宽50～60厘米，垄高10厘米，垄顶整平，一垄双行，垄上小行距35～40厘米，穴距15～18厘米，每亩9 000～11 000穴，每穴播2粒。

膜下滴灌技术下采用垄作覆膜栽培方式，膜下铺设滴灌带。传统双粒穴播覆膜起垄一般垄距90～100厘米，垄顶宽60～65厘米，垄高10厘米，垄顶整平，一垄双行，垄上小行距40～50厘米，穴距15～18厘米，每亩9 000～11 000穴，每穴播2粒。

5. 田间管理

（1）破膜引苗　覆膜栽培条件下花生出苗时，及时破膜引苗。在花生芽苗顶土和主茎出现2片真叶之前开孔放苗。如果幼苗露出绿叶，应在9:00前或16:00后破膜。由于花生出苗率的不同，可分批破膜、引苗。

（2）水肥一体化管理　生长期内采用滴灌补肥，于苗期、开花下针期、荚果期和饱果期进行4次追肥，分别以总肥量的10%、25%、20%、5%的比例滴灌施入。具体模式见图4-2。

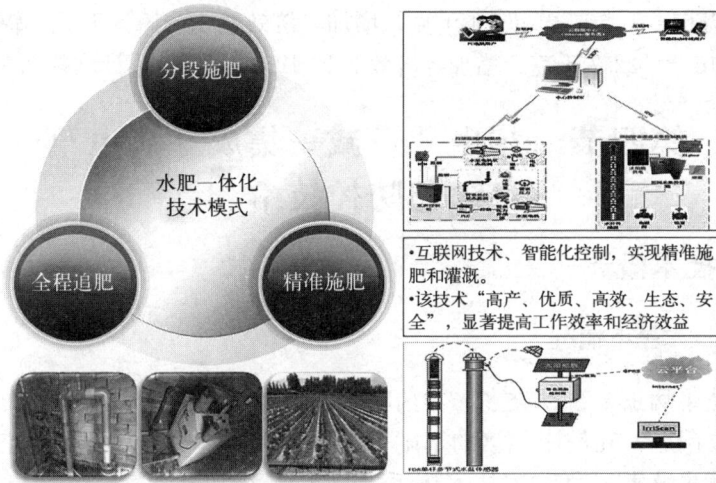

图 4-2 水肥一体化技术模式

开花下针期和结荚期，如果花生叶片中午前后出现萎蔫，应通过膜下滴灌进行补充灌溉，每亩控制灌水量为 20～30 米³，使 0～20 厘米土层土壤含水量达到饱和状态。饱果期（收获前 1 个月左右）遇旱应小水润浇，每亩控制灌水量为 6 米³。当开花下针期花生植株出现早衰现象时，每亩可随滴灌水施入尿素 3.0～4.5 千克、磷酸二氢钾 4～6 千克。大雨过后要及时排干花生田积水，待土壤落干后及时做好保墒和覆土工作，以保证花生及时下针、结荚。

（3）病虫草害防治 病虫草害防治同生产大田。

6. 回收管道和地膜

收获后及时回收主路管道和滴灌带，待翌年重复利用，同时回收残膜。

7. 收获与晾晒

当 70% 以上荚果果壳硬化，网纹清晰，果壳内壁呈青褐色斑块时，及时收获、晾晒，当荚果籽仁含水量降到 10% 以下时可入库储藏。

8. 清除残膜

花生收获时，应将地里的残膜拣净，减少田间污染。

三、实施案例

辽宁省沙地治理与利用研究所依靠自身技术、人才优势，建立了核心试验区和示范基地，通过技术推广产生了较好的示范效应，加速了科技成果向产业化的快速转化。水肥药一体化增效技术和微喷技术在辽宁省 8 个县、市建立示范区共计 16 万亩，平均亩产 369.4 千克，增加经济效益 17 219.6 万元；辐射区 29.5 万亩，平均亩产 322.7 千克，增加经济效益 21 126.3 万元，累计增效 3.83 亿元。

第四节　花生"三减一集成"病虫草害绿色防控技术

一、技术概述

（一）技术基本情况

针对花生病虫草害种类多，农药喷施次数多、用量大，喷施操作烦琐，成本高等主要问题，在健康栽培的基础上，结合机械化作业，集成了花生"三减一集成"病虫草害绿色防控技术体系。技术体系中的"三减"是指减人工成本、减农药用量、减喷施次数，"一集成"是指一次拌种（防土传病害和地下害虫）＋一次封闭（防除苗期杂草）＋一次喷施农药和叶面肥（防叶部病害、食叶性害虫和防早衰）。

（二）技术示范推广情况

本技术成果自 2011 年开发、试验以来，连续 9 年在吉林省等花生产区应用，实现了较大范围的推广应用。2017—2019 年防治面积 657 万亩次，经防治挽回花生产量损失 28 908 万千克，按花生 6.0 元/千克计算，挽回经济损失 17.34 亿元；实现了农药减量控害，促进了节本增效，提升了花生的产量和质量。

二、技术要点

（一）生态调控技术

1. 优化产地环境

选择地势平坦、土壤肥沃、通透性较好的土壤，秋季耕翻 20～30 厘米，减少翌年病虫害的发生。

2. 科学合理施肥

亩产 300 千克的中等肥力地块，亩施腐熟农家肥 2 000～3 000 千克、N 7～9 千克、P_2O_5 4～6 千克、K_2O 6～8 千克、CaO 6～8 千克。中后期喷施叶面肥。

3. 选择抗性品种

选择抗逆性强、增产潜力大、品质优良并通过国家或省级审定登记的中早熟直立型品种。精选分级种子，保证发芽率。

4. 合理轮作倒茬

花生与玉米等禾本科、非豆科作物轮作倒茬，避免选择使用长残效除草剂的前茬。

5. 适期播种，合理密植

多粒型花生和珍珠豆型花生在 5 厘米地温连续 5 天稳定通过 12 ℃时播种，播种密度为 9 000～10 000 穴/亩，每穴 2 粒。普通型花生在 5 厘米地温连续 5 天稳定通过 15 ℃时播种，播种密度为 8 000～9 000 穴/亩，每穴 2 粒。

6. 适时收获晾晒

适时收获，及时清除田间残株病叶。病害发生特别严重的地块，避免秸秆还田。注意田园卫生清洁。

（二）理化诱控技术

1. 地下害虫和食叶类害虫

（1）灯光诱杀　利用害虫的趋光性，田间每 40.5～49.5 亩放置 1 台杀虫灯，挂灯高度为 2 米，诱杀金龟子、棉铃虫等害虫。

（2）性诱剂或食诱剂诱杀　在金龟子发生时期，每 60 米放置一个诱捕器，20～30 天更换一次性诱剂或食诱剂诱芯，诱捕高度为 1.5 米。在棉铃虫和斜纹夜蛾等食叶成虫羽化前，每亩悬挂相应昆虫性诱剂或食诱剂 3 个，20～30 天更换一次。诱捕器应挂在通风处，悬挂高度为 1 米。

2. 刺吸式口器（含锉吸式）害虫

在花生田间放置涂有不干胶的黄板蓝板诱虫，板高 50～70 厘米，高于花生 10～20 厘米，每隔 30～50 米放置 1 个，可减少花生蚜虫和蓟马等成虫产卵和危害。

（三）科学用药技术

1. 根腐病

根据病害发生情况，选择 25％噻虫·咯·精甲悬浮剂 600～800 克（100 千克种子）播种前包衣，或选择 400 克/升萎锈·福美双悬浮剂 200～300 毫升（100 千克种子）进行播前拌种。

2. 白绢病

根据病害发生情况，选择 6％嘧菌酯·噻虫·噻呋悬浮剂 4.0～5.3 升（100 千克种子）包衣，或选择 27％噻呋·戊唑醇悬浮剂 40～45 毫升/亩叶面喷施，隔 14～21 天施药 1 次，共施药 2～3 次。

3. 叶斑病、网斑病

根据病害发生情况，选择 60% 唑醚·代森联水分散粒剂 60～100 克/亩，或选择 300 克/升苯甲·丙环唑乳油 20～30 毫升/亩，在花生生长期于叶面均匀喷施，隔 14～21 天施药 1 次，共施药 2 次。

4. 地下害虫

播种期，每 100 千克种子采用 30% 辛硫磷微囊悬浮剂 1 500 毫升进行包衣，防治蛴螬，或选择 16% 噻虫嗪悬浮剂 500～1 000 克、600 克/升吡虫啉悬浮剂 300～400 毫升包衣。

5. 地上害虫

播种前，可以选择 35% 噻虫·福·萎锈悬浮剂 500～570 毫升（100 千克种子）包衣。

(四) 主要实施技术

1. 播前种子处理

60% 吡虫啉＋40% 萎锈·福美双包衣 15 千克种子，防治蛴螬、金针虫及茎腐病等土传病害和地下害虫。

2. 播后至苗期化学除草

每亩用 96% 精异丙甲草胺 43 克＋33% 二甲戊灵 47 克＋23.5% 乙氧氟草醚 7.4 克，兑水 30 千克土壤封闭施用，可防治稗等常见禾本科杂草和苘麻、苋科杂草等一年生阔叶杂草，喷施 1 次。

3. 开花盛期至结荚期防治病虫害

每亩用 60% 唑醚·代森联 AS 40 克兑水 30 千克，可防治叶斑病。每亩用 2.5% 溴氰菊酯乳油 3 克兑水 30 千克喷雾，可防治斜纹夜蛾等食叶性害虫。

三、技术案例

无人机飞防复配组合防治效果提高 13.2%，每亩节省 2 个工，节约人工成本 160 元，农药减量 26.1%，花生平均增产 5.4%。2020 年在吉林省扶余市、双辽市等花生主产区示范、推广吉林省农业科学院提供的东北春花生减药关键技术，农药减量控害、提升花生质量效果明显。总示范推广面积 29.9 万亩，花生平均亩产量 292.0 千克，比当地亩产量 276.0 千克增加 5.8%。

第五节　黄淮海花生田主要害虫
减药控害增效技术

根据黄淮海产区害虫发生特点，创建"以行为调控为重点、农药精准利用为保障"的"1＋1＋2"春（夏）花生主要害虫绿色防控技术体系，即绿色专利农药拌种＋特色地膜物理驱虫＋性食双诱生物防治。

一、主要害虫减药控害增效技术

(一)播种前准备

1. 优化产地环境

选择地势平坦、土壤肥沃、通透性较好的土壤，秋冬季耕翻土壤 25～30 厘米，起垄栽培。

2. 科学合理施肥

亩产 300 千克的中等肥力地块，亩施腐熟农家肥 2 000～3 000 千克、N 6～7千克、P_2O_5 7.5～10.0千克、K_2O 7.5～10.0千克、CaO 6～8千克。中后期喷施叶面肥。

3. 选择优良品种

选择抗逆性强、增产潜力大、品质优良、适合机械化并通过国家登记的抗病虫高产品种，注意不从疫区调种。

4. 精选晾晒种子

剥壳前晾晒种子果，播种前精选并分级种子米，保证发芽率在95％以上。

5. 选择驱虫地膜

覆以银黑色驱虫地膜。

6. 合理轮作间作

将花生与玉米等禾本科作物轮作，不使用长残效除草剂的前茬。选择玉米、蛇床子等作物间套作，增强天敌控害作用。

(二)播种期处理

1. 种子包衣，及时播种

春花生选用35％辛硫磷微囊悬浮剂、30％辛硫磷微囊悬浮剂或吡·辛微囊悬浮种衣剂任1种，拌种施药，有效成分用药80～160克/亩。夏花生在春花生防控技术体系的基础上，可减少拌种药剂有效成分用量的 20%。

2. 适期播种，合理密植

选择防控花生主要病虫害的抗低温种衣剂包衣（春花生适用）后，5 厘米地温连续 5 天稳定在 16 ℃以上时播种，播种密度为 9 000～10 000 穴/亩，每穴 2 粒。

（三）生长期监测与防治

1. 重视预测、适时防治

在花生田间放置涂有不干胶的黄板、蓝板监测蓟马、蚜虫，板高于花生 10～20 厘米，每隔 30～50 米放置 1 个，板上虫数较多且迅速上升时即防治适机。田间每 40.5～49.5 亩放置 1 台杀虫灯，挂灯高度为 2 米，监测金龟子、棉铃虫、甜菜夜蛾、斜纹夜蛾等害虫，也可以在田间挂置少量金龟子诱捕器（离地 1.5 米，每 10 亩 1 个）、夜蛾类害虫性诱剂或食诱剂诱捕器（高度为 1 米，每亩 1 个）来监测金龟子和棉铃虫、甜菜夜蛾、斜纹夜蛾等害虫的种群密度。当虫数较大且持续增加时，确定幼虫防治最佳时期。也可采用智能虫情监测系统进行监测。在播种后立即使用暗黑鳃金龟、棉铃虫性食双诱增效剂。

2. 生防为主，综合防控

用黄板、蓝板防治蓟马和花生蚜，板高于花生 10～20 厘米，每亩 20～30 个，或选用 5% 吡虫啉乳油或乙基多杀菌素悬浮剂防治，施药 1～2 次。也可用灯光诱杀，每 40.5～49.5 亩放置 1 台杀虫灯，挂灯高度为 2 米，诱杀金龟子、棉铃虫等害虫。也可采用性诱剂或食诱剂诱杀，每 60 米放置一个诱捕器，20～30 天更换一次性诱剂或食诱剂诱芯，诱捕高度为 1.5 米。或采用金龟子绿僵菌、Bt 等生物制剂在低龄幼虫期进行防治。

（四）收获后处理

适时收获、安全储藏。当 70% 以上荚果果壳硬化、网纹清晰、果壳内壁呈青褐色斑块时，及时收获与晾晒，7 天内将籽仁含水量降到 10% 以下，采用透气包装袋储藏。注意清除田间残株病叶，病害严重地块，避免秸秆还田。

二、技术实施案例

（一）春花生

选用 35% 辛硫磷微囊悬浮剂、30% 辛硫磷微囊悬浮剂或吡·辛微囊悬浮种衣剂任 1 种，拌种施药，有效成分用药量为 80～160 克/亩；覆以特色驱虫地膜；开花下针初期开始使用暗黑鳃金龟性食双诱增效剂，7月、8月使用棉铃虫性食双诱剂协同防治。对金龟子防治效果79.5％以上，对花生蚜防治效果93.2％，对棉铃虫防治效果75.2％，对蓟马防治效果95.3％。产量增加4.1％，减药量为32.4％，成本降低21.9％。

（二）夏花生

选用35％辛硫磷微囊悬浮剂、30％辛硫磷微囊悬浮剂或吡·辛微囊悬浮种衣剂任1种，拌种施药，有效成分用药量为60.00～126.67克/亩；覆以特色驱虫地膜；播种后立即使用暗黑鳃金龟、棉铃虫性食双诱增效剂。对金龟子防治效果85.9％以上，对花生蚜防治效果92.8％，对棉铃虫防治效果74.5％，对蓟马防治效果94.3％。产量增加11.7％，减药量为44.3％，成本降低28.2％。

第六节　花生化肥农药减施技术集成与示范

我国目前氮肥施用过量，造成了污染严重、土质退化，同时，由于氮、磷、钾养分的不平衡供应、化学氮肥利用率低（仅30％左右），磷、钾肥利用率分别仅为10％～15％和40％～60％，损失严重。

目前，花生病虫害防治最主要的手段仍为化学农药防治。花生地下害虫呈全国性蔓延趋势，蓟马、蚜虫、夜蛾类害虫危害逐年加重；一些传统病害如叶斑病、网斑病等发生面积未见减少，而一些新的病害如疮痂病、果腐病、根茎腐病、白绢病、青枯病等在各地层出不穷，农民盲目加大用药量，导致农药使用量比前几年大大增长。而花生产业中农药减量施用技术和相应配套防控体系的研究相对较为薄弱，无法满足生产一线的植保需求。

化肥和农药的使用可以显著提高花生的产量，但盲目、过量施用降低了花生对化肥的利用率，同时造成环境污染等一系列问题。本研究通过筛选利用养分高效抗病品种、调整种植结构、科学施肥、绿色防控、科学用药、统防统治等一系列手段和措施，建立了花生化肥农药减施技术体系。

一、花生化肥农药减施技术

（一）播前准备

1. 品种选择

选择优质高产、抗病且适合机械化生产并已登记的花生品种。

2. 种子处理

（1）种子包衣　播种前，为防治地下害虫和病害，春花生选用35％辛硫磷微囊悬浮剂、30％辛硫磷微囊悬浮剂或吡·辛微囊悬浮种衣剂任1种，拌种施药，有效成分用药量为80～160克/亩。夏花生在春花生防控技术体系的基础上，减少拌种药剂有效成分用量20％。

（2）根瘤菌剂拌种　根瘤菌剂粉剂和根瘤菌剂水剂均可使用，使其与种子充分拌匀后置于避光处晾干。花生根瘤菌剂应与硫酸铵、杀虫剂和杀菌剂分开使用。拌后及时播种，避免风吹日晒。也可以将根瘤菌剂兑水稀释后滴到播种穴内的土壤上，使土壤含有根瘤菌。

（二）施肥与整地

1. 化肥减施途径

根据前茬作物和土壤肥力水平，采取有机肥替代、秸秆还田、肥料深施、水肥一体化等技术，以降低化肥的施用量。

2. 施肥与整地

结合整地一次性基施肥料，增施有机肥和钙肥。在前茬作物收获后或于冬前，产量水平为300～400千克/亩的地块，每亩施用腐熟农家肥1 000～1 500千克或商品有机肥200～300千克；产量水平为400～500千克/亩的地块，每亩施用腐熟农家肥1 500～2 000千克或商品有机肥300～400千克。化肥施用量为常规施肥量的70％～80％。

（三）播种

1. 栽培模式

北方春花生采用垄作覆膜栽培方式，覆膜起垄一般垄距85厘米左右。双粒穴播垄顶宽50～55厘米，垄高10厘米，垄顶整平，一垄双行，垄上小行距25～30厘米，穴距15～18厘米，每亩播种9 000～11 000穴，每穴播2粒；单粒精播垄上种2行花生，垄上小行距25厘米，播种行距离垄边12.5厘米，穴距10～11厘米，每亩播种14 000～16 000穴，每穴播1粒。

麦后夏花生种植密度每亩用种20～25千克，种植11 000～12 000穴，每穴2粒。行距35～40厘米，穴距15～20厘米，播种深度4～5厘米。

2. 播种时期

春花生根据5厘米土层日平均地温确定适宜播种时期，一般大花生要求稳定在15℃以上，小花生要求稳定在12℃以上，高油酸花生要求稳定在17℃

以上。夏花生前茬要求小麦成熟收获时间不能晚于 6 月 10 日，小麦收获后及时播种，花生播种不宜晚于 6 月 15 日。

3. 足墒播种

在土壤相对含水量为 65%～70% 时播种，或干旱播种后，通过滴灌湿润出苗。

4. 机械播种

春花生实现起垄、播种、铺设滴灌管道、喷除草剂、覆膜等机械作业一次完成。覆膜时应做到铺平、拉紧、贴实、压严。播深 3～5 厘米，播种时镇压或播后镇压。

麦后夏花生播种机械一次性可完成灭覆枯、精量播种、侧深施肥、喷洒农药、开沟、覆土、镇压等多重工序。

（四）田间管理

1. 水肥管理

根据土壤墒情，于开花下针期和结荚期进行滴灌追肥。每次每亩滴灌 20～30 米^3，追肥量为氮（N）1.5～2.0 千克、硼（B）0.3～0.5 千克、钙（CaO）1.0～1.5 千克。

2. 病虫害防治

（1）防治原则　以"预防为主、综合防治"为方针，以农业和物理防治为基础，配合科学用药技术，在降低农民常规施用量 25%～28% 的基础上，有效控制花生病虫害。

（2）轮作防治　采取合理轮作，花生与玉米、高粱、谷子等禾本科作物轮作 2 年以上。

（3）物理防治　物理措施防治主要害虫。如地老虎成虫盛发期可用杀虫灯诱杀，也可将 30～40 厘米长的新鲜杨树枝绑成捆进行诱杀，每亩准备 10～20 个杨枝把，傍晚插入花生田，于翌日清晨人工收集；花生出苗后平铺长 80 厘米、宽 10 厘米的银灰膜条，高出地面 30 厘米驱蚜虫。田间间隔挂黄板诱杀棉铃虫、蚜虫等，悬挂的适宜高度为植物顶端以上 5～10 厘米，每亩使用 30 块。每 20 000 米^2 安装一盏频振式杀虫灯，夜间开灯诱杀金龟子、棉铃虫等。

（4）生物防治　在田间种植蓖麻，引诱金龟子取食中毒死亡，或将其麻醉后集中杀死。在棉铃虫产卵初盛期，释放赤眼蜂 3～4 次，每次 15 000 头。保护与利用异色瓢虫、大草蛉等有益生物，防治花生蚜虫。

使用楝素、天然除虫菊素、白僵菌等药剂，作为合理耕作制度、田间管理技术和物理、生物防治技术的辅助或补充，防治花生虫害。选用生物药剂防治花生叶斑病、网斑病、土传病害及蚜虫等。

（5）化学防治　叶斑病、锈病、炭疽病等病害的防治，可用10％苯醚甲环唑水分散粒剂60～80克/亩＋50％嘧菌酯水分散粒剂25～50克/亩，兑水30千克，每隔7～15天叶面喷施1次，连续喷2次。甜菜夜蛾、斜纹夜蛾、棉铃虫、菜青虫等的防治，可喷施5％甲氨基阿维菌素水分散粒剂5克/亩＋20％虫酰肼悬浮剂20克/亩或4.5％高效氯菊酯乳油30～50毫升/亩，兑水40～50千克，均匀喷雾。蚜虫、蓟马的防治，用200克/升吡虫啉可湿性粉剂20毫升/亩，兑水30千克，叶面喷雾防治。

3. 防止徒长或倒伏

结荚初期，当主茎高度达到30～35厘米时，及时喷施符合施用要求的生长调节剂，施药后10～15天，如果主茎高度超过40厘米可再喷施一次。

（五）收获

当花生植株中、下部叶片枯黄脱落，大部分荚果果壳坚硬发青，网纹明显，荚果内果皮完全干缩变薄并出现黑褐色斑纹，籽粒饱满，果皮和种皮基本呈现本品种固有的颜色时可收获。当荚果籽仁含水量降至10％以下时可入库储藏。

二、实施案例

案例1：

2019年，在海阳市建立"春花生减肥减药轻简化技术集成"示范田200亩。对照一：常规施肥沟灌5亩；对照二：常规施肥膜下滴灌5亩，减肥减药轻简化技术190亩。经专家测产验收，对照一平均荚果产量416.6千克/亩，对照二平均荚果产量443.5千克/亩，减肥减药轻简化技术190亩，平均荚果产量463.8千克/亩，减肥减药轻简化技术在减肥减药各25％的基础上，比对照一和对照二分别增产11.3％和4.6％。

2019年，在烟台市推广"春花生减肥减药轻简化集成技术"，推广10.5万亩，该技术在较常规生产化肥减量25％、农药减量25％的前提下，平均荚果产量364.8千克/亩，比常规生产每亩增产13.7千克，亩增产3.9％，总增产143.85万千克，按每千克花生6.0元计算，共新增产值863.1万元（图4-3）。在烟台市、威海市、青岛市辐射15万亩。

图 4-3　"春花生减肥减药轻简化集成技术"示范推广

案例 2：

2018—2020 年，在山东临沂、青岛、烟台、济宁、聊城等地开展了"春花生减肥减药关键技术集成"示范。根据山东省农业农村厅花生测产验收有关规定的测产验收办法，验收组对沂南县苏村镇司马村的春花生减肥减药关键技术 25 亩攻关田进行测产，平均亩产 338.7 千克；30 万亩示范田，初测 30 个点，平均亩产 319.8 千克，比对照田增产 5.91％；每亩减施化肥 25.3％、减施农药 25.4%。

3 年中，北方春花生化肥农药减施技术在山东、吉林、辽宁等北方春花生主产区示范推广 320.2 万亩，辐射推广 465.2 万亩，示范区肥料用量降低 25%～33%、肥料利用率提高 12.5%～18.6%，化学农药减量 25%～30%，农药利用率提高 9.5%～13.1%，花生增产 3.8%～19.6%。通过室内及田间技术培训现场会、线上技术培训与媒体宣传相结合进行技术培训，累计培训农技人员 1 694 人次、培训农民 48 256 人次（图 4-4）。

图 4-4　"春花生减肥减药关键技术集成"培训推广

参考文献

蔡洪文，2006. 苄嘧磺隆与金都尔混用防除花生田杂草的效果．杂草科学（1）：47-48.

曹海潮，刘庆顺，白海秀，等，2019. 30%噻虫胺·吡唑醚菌酯·苯醚甲环唑悬浮种衣剂的研制及其在花生田应用的效果．中国农业科学，52（20）：3595-3604.

曹伟平，宋健，赵建江，等，2016. 球孢白僵菌与11种新型化学杀菌剂的相容性评价．中国生物防治学报，32（6）：749-755.

陈浩梁，谢明惠，林璐璐，等，2014. 三种不同药剂及施药方法对花生蛴螬的防效．安徽农业科学，42（6）：1688-1690.

陈建明，俞晓平，陈列忠，等，2004. 我国地下害虫的发生为害和治理策略．浙江农业学报（6）：389-394.

陈建生，李文金，康涛，等，2021. 花生上生物菌肥替代化肥减施增效技术研究．山东农业科学，53（7）：73-76.

陈文新，汪恩涛，陈文峰，2004. 根瘤菌-豆科植物共生多样性与地理环境的关系．中国农业科学，37（1）：81-86.

陈正州，薛兆银，周靖，等，2011. 球孢白僵菌防治花生田蛴螬药效试验研究．现代农业科技，546（4）：144-146.

初立良，郑桂玲，周洪旭，等，2010. 两株杀鞘翅目害虫Bt菌株的生物活性及杀虫蛋白基因鉴定．华北农学报，25（3）：235-238.

邓小强，李文雅，龚雪飞，等，2017. 油菜秸秆还田对水稻产量、经济效益与土壤理化性状的影响．耕作与栽培（4）：12-13.

刁立功，2016. 花生叶斑病原菌生物学特性及防治药剂筛选-以烟台市牟平区为例．安徽农业科学，44（35）：165-166.

丁红，张冠初，石程仁，等，2020. 膜下滴灌追肥对花生生长发育、光合特性及产量的影响．花生学报，49（3）：46-51.

封海胜，万书波，李轶女，等，1998. 施田补防除花生田杂草效果试验．花生科技（2）：23-24，32.

冯昊，王春晓，于天一，等，2018. 不同花生品种（系）磷素吸收及利用特性．南方农业学报，49（3）：454-461.

冯书亮，王容燕，王金耀，等，2006. 苏云金芽孢杆菌HBF-1菌株防治金龟科幼虫的效果评价．植物保护学报，30（4）：417-422.

冯渊，刘林业，2017. 芸薹素内酯在花生上的应用效果研究. 现代农业科技（12）：127-128.

高华援，凤桐，2016. 吉林花生. 北京：中国农业出版社.

高宇，曾瑞儿，姚苏哲，等，2023. 花生氮敏感品种及评价指标的筛选. 华南农业大学学报，44（5）：794-802.

巩佳莉，孙东雷，卞能飞，等，2022. 我国花生青枯病研究进展. 中国油料作物学报，44（6）：1159-1165.

管晓志，路兴涛，鞠倩，等，2015. 35％丁噁乳油防除夏花生田间杂草效果研究. 花生学报，44（2）：34-38.

郭晓强，路兴涛，曲明静，等，2015. 二甲戊灵微囊悬浮剂室内除草活性及田间效果研究. 花生学报，44（1）：23-28.

国家重点研发计划"化学肥料和农药减施增效综合技术研发"重点专项，2018. 农业科技管理，37（4）：2，97.

何磊，邹慧芳，李长友，等，2017. 丛枝菌根真菌和甜菜夜蛾的相互作用. 植物保护学报，44（3）：460-466.

侯凯旋，崔洁亚，张晓军，等，2019. 膜下滴灌花生适宜追肥时期和次数研究. 植物营养与肥料学报，25（6）：1056-1063.

胡宝忱，李绍会，2013. 花生膜下滴灌节水高产栽培技术. 园艺与种苗（5）：6-8.

胡波，2016. 花生化学调控和叶面施肥技术. 现代农业（3）：58.

姜涛，倪皖莉，王嵩，等，2018. 炭基缓释花生专用肥对砂姜黑土夏花生干物质积累及产量的影响. 花生学报，47（3）：75-80.

姜梓渔，2023. 生物炭对花生生长发育及土壤肥力的影响. 花生学报，52（2）：14-21.

蒋春姬，郭佩，王晓光，等，2020. 花生氮高效品种资源的苗期筛选研究. 花生学报，49（3）：40-45.

焦素芝，张福财，闫仁，等，2008. 喷施叶面肥对花生生育和产量的影响. 杂粮作物（3）：207-208.

康彦平，晏立英，雷永，等，2017. 拟康宁木霉对花生菌核病的生防机制. 中国油料作物学报，39（6）：842-847.

康玉洁，王月福，赵长星，等，2010. 不同施钾水平对花生衰老特性及产量的影响. 中国农学通报，26（4）：117-122.

孔德生，孙明海，赵艳丽，等，2016. 性诱剂和生物食诱剂对花生田棉铃虫的防控效果及效益分析. 山东农业科学，48（4）：102-105.

雷全奎，杨小兰，郭建秋，等，2009. 不同花生品种系抗蛴螬能力的研究. 河北农业科学，13（5）：22-23.

李峰，张甜，王铭伦，等，2022. 化肥减量配施生物肥对花生衰老特性、干物质积累及肥料利用效率的影响. 花生学报，51（1）：9-16.

李静，刘艳侠，郭振升，等，2020. 豫东平原花生化肥农药减量高产栽培技术. 陕西农业科学，66（7）：97-99.

李军华，李绍生，李绍伟，等，2007. 环境因子对花生蚜虫发生程度的影响. 浙江农业科学（6）：719-720.

李敏，梁伟健，付时丰，等，2022. 花生缓释专用肥配施根瘤菌菌剂的肥效和增产增效作用研究. 花生学报，51（2）：32-38.

李强，倪东衍，2023. 黄磊家庭农场的丰收密码. 农民科技培训（5）：29-31，2.

李庆康，张永春，杨其飞，等，2003. 生物有机肥肥效机理及应用前景展望. 中国生态农业学报，11（2）：78-80.

李绍建，高蒙，王娜，等，2018. 花生网斑病不同病斑类型及其病原菌致病力差异. 植物保护，44（3）：150-155.

李绍建，高蒙，王娜，等，2022. 花生网斑病原菌孢子差异及其致病力分析. 中国油料作物学报，44（6）：1341-1348.

李素春，丁文道，韩方胜，1993. 昆虫病原线虫泰山1号防治花生地蛴螬的方法及其效果. 植物保护学报（1）：55-59.

李晓，石程仁，鞠倩，等，2016. 蛴螬为害花生的产量损失及经济阈值研究. 花生学报，45（2）：54-57，67.

李晓，赵志强，鞠倩，等，2013. 性诱剂对花生田棉铃虫和小地老虎防治效果研究初探. 江西农业学报，25（4）：27-29.

李玥，韩萌，杨劲峰，等，2020. 炭基肥配施有机肥对风沙土养分含量及酶活性的影响. 花生学报，49（2）：1-7，15.

李岳，王月福，王铭伦，等，2012. 施钙对花生衰老特性和产量的影响. 青岛农业大学学报（自然科学版），29（2）：89-93.

梁东丽，吴庆强，1999. 施钾对花生养分吸收及生长的影响. 中国油料作物学报（2）：50-52.

梁巧玲，马德英，2007. 农田杂草综合防治研究进展. 杂草科学（2）：14-15，26.

梁裕元，袁笑娴，1991. 花生的钾素营养与钾肥的施用. 花生科技（3）：27-29.

林松明，张正，南镇武，等，2019. 施钙对不同种植模式下花生产量及生理特性的影响. 华北农学报，34（3）：111-118.

林肇信，刘天齐，刘逸农，2002. 环境保护概论. 北京：高等教育出版社：158-162.

刘爱芝，韩松，梁九进，2012. 吡虫啉不同施药方法对花生蛴螬防控效果以及对产量的影响. 植物保护，38（6）：161-165.

刘宝勇，刘欣玲，张成，等，2020. 水肥一体化模式下不同施肥处理对沙地土壤理化性状及土壤酶活性的影响. 安徽农业科学，48（9）：167-171.

刘保平，2005. 根瘤菌菌剂研究. 武汉：华中农业大学.

刘春鸽，赵丽伟，2018. 我国植保无人机现状及发展建议. 农业工程信息化（4）：39-42.

刘福顺，冯晓洁，刘春琴，等，2022. 河北沧州花生田蛴螬发生动态及影响因素分析. 中国植保导刊，42 (4)：33-37.

刘佳，张杰，秦文婧，等，2016. 施氮和接种根瘤菌对红壤旱地花生产量、氮素吸收利用及经济效益的影响. 中国油料作物学报，38 (4)：473-480.

刘奇志，杜小康，张丽娟，等，2009. 应用长尾斯氏线虫 BPS 品系防治花生田蛴螬效果评价. 植物保护，35 (6)：150-153.

刘树森，李克斌，刘春琴，等，2009. 河北异小杆线虫一品系的分类鉴定及其对蛴螬致病力的测定. 昆虫学报，52 (9)：959-966.

刘顺通，段爱菊，张自启，等，2008. 地下害虫对花生不同品种的危害及药剂防治试验. 河南农业科学，406 (11)：94-96.

刘妍，2018. 冬闲期耕作方式对连作花生土壤微环境、生理特性、产量和品质的影响. 泰安：山东农业大学.

柳开楼，胡惠文，余喜初，等，2022. 香根草秸秆覆盖和化肥减施对红壤花生产量的影响. 生态科学，41 (2)：220-226.

陆济，游春平，董章勇，2019. 花生青枯病生防细菌的筛选与鉴定. 广东农业科学，46 (2)：94-98.

陆秀华，金玉兰，曲田丽，2013. 吡虫啉单剂与混剂拌种对花生的控害增产效果. 中国植保导刊，32 (12)：50-52.

陆燕，李澄，陈志德，等，2016. 解淀粉芽孢杆菌 41B-1 对花生白绢病的生防效果. 中国油料作物学报，38 (4)：487-494.

吕桂荣，程亮，曲杰，等，2018. 减量施肥对膜下滴灌花生产量与肥料利用率的影响. 山东农业科学，50 (9)：94-96.

吕泰宗，王月福，王铭伦，等，2013. 氮磷钾配施对花生产量的影响及效应分析研究. 中国农学通报，29 (3)：136-140.

吕永超，陈小姝，曲明静，等，2020. 适于无人机喷施的花生田苗后除草剂配施技术研究. 花生学报，49 (3)：68-73.

马慧萍，潘涛，2010. 沟金针虫的发生与防治. 农业科技与信息 (5)：31-32.

裴松松，吴轩，李瑞军，等，2021. 对西花蓟马高效金龟子绿僵菌菌株筛选及在花生田间的应用效果. 中国生物防治学报，37 (4)：732-739.

彭智平，吴雪娜，于俊红，等，2013. 施钾量对花生养分吸收及产量品质的影响. 花生学报，42 (3)：27-31.

秦文洁，郭润泽，邹晓霞，等，2021a. 膜下滴灌追肥种类对花生结荚期茎叶干物重、矿质养分吸收和产量的影响. 作物学报，47 (3)：520-529.

秦文洁，郭润泽，邹晓霞，等，2021b. 膜下滴灌追肥种类对花生衰老特性和产量的影响. 中国农学通报，37 (7)：28-36.

邱文静，栾璐，郑洁，等，2021. 秸秆还田方式对根际固氮菌群落及花生产量的影响. 植物营养与肥料学报，27（12）：2063-2072.

曲春娟，曾庆朝，薛明，等，2020. 气象因子对青岛市花生田花生蚜虫种群数量的影响.
山东农业科学，52（8）：115-119.

曲明静，李红梅，库月明，等，2022. 青岛市花生田杂草种类及其发生规律. 花生学报，
51（4）：96-102.

权保全，白冬梅，田跃霞，等，2017. 不同土壤处理除草剂的除草效果及其对花生生长发
育的影响. 山西农业科学，45（5）：825-828.

饶庆琳，胡廷会，成良强，等，2019. 油菜秸秆还田与复合肥配施对花生生长及产量的影
响. 贵州农业科学，47（7）：18-20.

沈浦，冯昊，罗盛，等，2015. 油料作物对土壤紧实胁迫响应研究进展. 山东农业科学，
47（12）：111-114.

沈浦，罗盛，吴正锋，等，2015. 花生磷吸收分配及根系形态对不同酸碱度叶面磷肥的响
应特征. 核农学报，29（12）：2418-2424.

石程仁，罗盛，沈浦，等，2015. 花生栽培化学定向调控研究进展. 花生学报，20（15）：
61-64.

时玉娟，尹相甫，李志强，等，2014. 弧丽钩土蜂的生物学习性及其对暗黑鳃金龟幼虫寄
生效果的评价. 中国生物防治学报，30（5）：624-629.

史晓龙，张智猛，戴良香，等，2018. 外源施钙对盐胁迫下花生营养元素吸收与分配的影
响. 应用生态学报，29（10）：3302-3310.

司贤宗，张翔，毛家伟，等，2017. 耕作方式与秸秆覆盖对土壤理化性状及花生产量的影
响. 中国农学通报，33（5）：61-65.

宋大利，侯胜鹏，王秀斌，等，2018. 中国秸秆养分资源数量及替代化肥潜力. 植物营养
与肥料学报，24（1）：1-21.

宋亚辉，韩鹏，王瑾，等，2020. 花生膜下滴灌水肥一体化生产技术规程. 河北农业科学，
24（6）：45-48.

宋亚辉，刘朝芳，李玉荣，等，2015. 花生水肥一体化最佳施肥量研究. 现代农业科技
（17）：12-13.

宋以玲，马学文，于建，等，2019. 复合微生物肥料替代部分复合肥对花生生长及根际土
壤微生物和理化性质的影响. 山东科学，32（1）：38-45，123.

苏君伟，王慧新，吴占鹏，等，2012. 辽西半干旱区膜下滴灌条件下对花生田土壤微生物
量碳、产量及 WUE 的影响. 花生学报，41（4）：37-41.

孙虎，李尚霞，王月福，等，2010. 施氮量对不同花生品种积累氮素来源和产量的影响.
植物营养与肥料学报，16（1）：153-157.

孙明海，顾士莲，徐庆民，2006. 玉米除草剂药害产生的原因及预防措施. 作物杂志（3）：
60-61.

孙彦浩，梁裕元，余美炎，等，1979. 花生对氮磷钾三要素吸收运转规律的研究. 土壤肥

料（5）：42-45.

万书波，2003. 中国花生栽培学 . 上海：上海科学技术出版社：253.

万书波，封海胜，左学青，等，2000. 不同供氮水平花生的氮素利用效率 . 山东农业科学，32（1）：31-33.

力书波，封海胜，左学青，等，2001. 花生不同类型品种氮素利用效率的研究 . 山东农业科学（2）：18-20.

万书波，郭峰，2018. 花生单粒精播节本增效高产栽培技术 . 农业知识（10）：38-39.

万书波，郭峰，曾英松，2012. 花生适期晚收高产栽培技术 . 山东农业科学，44（8）：123-124.

万书波，王才斌，朱建华，2004. 山东省花生产业优势、问题及对策 . 山东农业科学（5）：5-8.

万书波，张佳蕾，张智猛，2020. 花生种植技术的重大变革：单粒精播 . 中国油料作物学报，42（6）：927-933.

王才斌，2018. 实施理性栽培，推进山东花生生产可持续发展 . 花生学报，47（1）：74-76，68.

王才斌，孙秀山，成波，等，2005. 不同杀菌剂对花生叶斑病的防效及公害研究 . 中国油料作物学报，27（4）：72-75.

王才斌，郑建强，万更波，等，2011. 花生高效施氮计算机专家决策系统 . 花生学报，40（4）：27-30.

王才斌，郑亚萍，张礼凤，等，2000. 花生高产栽培有机肥与无机肥产量效应及优化配施研究 . 花生科技（1）：23-25.

王传堂，吴小丽，陈傲，等，2020. 花生品种（系）对叶蝉和斜纹夜蛾的田间抗性鉴定与广义遗传力分析 . 山东农业科学，52（7）：113-117.

王春晓，高秀兰，李文金，等，2023. 不同氮肥用量与有机肥配施对花生衰老和结瘤的影响 . 花生学报，52（2）：22-27，51.

王春晓，王世福，鹿泽启，等，2019. 花生化肥减施途径与潜力 . 花生学报，48（3）：71-75.

王光全，孟庆杰，2004. 沂蒙山区东方金龟子发生危害特点及防治 . 昆虫知识，41（1）：73-74.

王建国，唐朝辉，杨莎，等，2020. 钙在花生抗逆高产和减肥增效栽培中的应用 . 中国油料作物学报，42（6）：951-955.

王建国，尹金，郭峰，等，2020. 新型缓释掺混肥对花生产量和肥料利用的影响 . 花生学报，49（3）：64-67，73.

王建国，张佳蕾，郭峰，等，2021. 钙与氮肥互作对花生干物质和氮素积累分配及产量的影响 . 作物学报，47（9）：1666-1679.

王建国，张佳蕾，郭峰，等，2022. 花生专用缓释复混肥分层条施促进花生根系生长、产量形成及氮素利用．植物营养与肥料学报，28（12）：2274-2286．

王凯，吴正锋，郑亚萍，等，2018．我国花生优质高效栽培技术研究进展与展望．山东农业科学，50（12）：138-143．

王立峰，2016．滴灌条件下施氮时期对花生生理特性、产量和品质的影响．泰安：山东农业大学．

王敏，刘学勋，臧贺藏，等，2020．作物水氮智能管理系统的设计与验证．河南农业科学，49（12）：172-180．

王庆峰，高华援，凤桐，等，2011．不同植物生长调节剂在花生栽培上的试验与示范研究．现代农业科技（24）：202，207．

王鑫悦，曾瑞儿，黄活志，等，2022．耐低钙花生品种的筛选研究．花生学报，51（1）：49-58．

王秀娟，李波，何志刚，等，2014．花生干物质积累、养分吸收及分配规律．湖北农业科学，53（13）：2992-2994，3065．

王一波，张丽丽，王海新，等，2023．追施不同量氮肥对连作花生土壤理化性质和生物学性质的影响．农业科技通讯（8）：92-97．

王以兵，雒天峰，张新民，等，2010．干旱区垄作不同覆盖条件对花生水分利用的影响．水土保持通报，30（2）：75-78．

王毅，武维华，2009．植物钾营养高效分子遗传机制．植物学报，44（1）：27-36．

王月，刘兴斌，蔡芳芳，等，2017．生物炭及炭基肥对花生生理特性和产量的影响．花生学报，46（4）：36-41．

王月福，徐亮，赵长星，等，2012．施磷对花生积累氮素来源和产量的影响．土壤通报，43（2）：444-450．

吴菊香，王宝亮，许曼琳，等，2015．48%灭草松水剂与10.8%高效氟吡甲禾灵乳油防除夏直播花生田杂草效果研究．现代农业科技（4）：127-130．

吴薇薇，2004．花生叶斑病的发生规律及药剂防治新技术的研究与应用．杂粮作物，24（1）：50-51．

吴旭银，吴贺平，李彦生，等，2007．地膜覆盖花生对钙、镁、硫吸收特性的研究．植物营养与肥料学报（1）：171-174．

吴月，隋新华，戴良香，等，2022．慢生根瘤菌及其与花生共生机制研究进展．中国农业科学，55（8）：1518-1528．

肖红，周启星，曹莹，等，2003．不同除草剂用量对水稻生产的影响研究．应用生态学报（4）：601-603．

谢瑾卉，林英，臧超群，等，2020．辽宁省花生网斑病病原菌鉴定及生物学特性研究．湖北农业科学，59（2）：82-86．

谢宁，王中康，张建伟，等，2010．绿僵菌CQMa128乳粉剂对蛴螬时间-剂量-死亡率模型分析．中国生物防治，26（4）：436-441．

谢志强，刘学良，2019. 我国花生优质高产高效栽培技术浅议. 农业科技通讯（6）：236-238.

徐晓楠，陈坤，冯小杰，等，2018. 生物炭揾高花生干物质与养分利用的优势研究. 植物营养与肥料学报，24（2）：444-453.

徐秀娟，2009. 中国花生病虫草鼠害. 北京：中国农业出版社.

许曼琳，高庆刚，潘月庆，等，2020. 芸薹素内酯复配剂对花生条纹病毒病的田间药效评价. 花生学报，49（2）：73-76.

许曼琳，吴菊香，张霞，等，2019. 不同地区花生网斑病菌致病性鉴定及环境条件对致病力的影响. 中国油料作物学报，41（2）：250-254.

许曼琳，张霞，吴菊香，等，2021. 花生抗网斑病品种筛选及抗病性与产量损失的关系. 中国油料作物学报，43（4）：731-735.

许曼琳，张竹青，吴菊香，等，2015. 条纹病毒病和黄瓜花叶病毒病种子带毒和田间发病情况研究. 花生学报，44（4）：27-30.

许小伟，樊剑波，陈晏，等，2014. 不同有机无机肥配施比例对红壤旱地花生产量、土壤速效养分和生物学性质的影响. 生态学报，34（18）：5182-5190.

薛彩云，傅俊范，周如军，等，2017. 花生疮痂病病原菌分离技术研究. 中国油料作物学报，39（3）：386-392.

鄢洪海，张茹琴，安佰国，2011. AM真菌摩西球囊霉对2种花生叶斑病的生防及促生作用. 中国农学通报，27（30）：209-213.

鄢洪海，张茹琴，迟玉成，等，2015. 花生黑斑病菌致病毒素提取及其活性测定. 华北农学报，30（S1）：283-286.

颜明娟，章明清，李娟，等，2010. 福建花生测土配方施肥指标体系研究. 中国油料作物学报 32（3）：424-430.

闫硕，孔德生，赵艳丽，等，2018. 花生病虫害全覆盖式绿色防控工作的实践与思考. 中国植保导刊，38（1）：73-77.

闫童，高秀英，周建康，等，2021. 不同化肥减量增效模式对花生产量和肥料利用率的影响. 农业科技通讯（4）：130-133.

晏立英，宋万朵，雷永，等，2019. 花生种质对白绢病抗性的鉴定评价. 中国油料作物学报，41（5）：781-787.

么传训，于宏，郭峰，等，2022. 钙肥对不同类型土壤上花生根系形态、氮素吸收积累及产量的影响. 山东农业科学，54（8）：93-98.

杨富军，高华援，王绍伦，等，2015. 高纬度花生叶部病害防治技术研究. 吉林农业科学，40（5）：71-74，84.

杨富军，曲明静，李晓，等，2016. 赤霉素与氯虫苯甲酰胺混配对几种花生害虫的防效评价. 花生学报，45（4）：50-54.

杨富军，曲明静，路兴涛，等，2018. 三种花生田土壤处理除草剂优化配施技术研究. 花生学报，47（1）：52-59.

杨富军，王绍伦，张丽，等，2015.吉林省高纬度地区花生果腐病药剂防治效果.安徽农业科学，43（5）：140-141.

杨菁，2003.旱地油菜蚜虫负趋性特性利用研究.干旱地区农业研究（2）：30-32.

伊淼，王建国，尹金，等，2021.减氮增钙及施用时期对花生生长发育及生理特性的影响.中国农业科技导报，23（4）：164-172.

殷幼平，申剑飞，时玉娟，等，2012.金龟子绿僵菌 CQMal28 新制剂对花生蛴螬的田间防控效果.植物保护，38（3）：162-167.

尤召阳，杨莎，张佳蕾，等，2023.钙肥类型及施用时期对花生干物质积累量和产量的影响.中国油料作物学报，45（2）：359-367.

于东洋，宋万朵，康彦平，等，2023.白绢病菌在花生品种间致病力分化和广谱抗性品种筛选.油料作物学报，45（6）：1-7.

于静，李莹，许曼琳，等，2020.不同花生品种对花生果腐病的抗性鉴定.中国油料作物学报，42（4）：681-686.

于天一，李晓亮，路亚，等，2019.磷对花生氮素吸收和利用的影响.作物学报，45（6）：912-921.

于天一，孙学武，石程仁，等，2016.磷素对花生碳氮含量及生长发育的影响.花生学报，45（4）：43-49.

于天一，孙学武，王才斌，等，2015.不同基因型花生磷素转运特性及磷效率研究.核农学报，29（9）：1813-1820.

于天一，郑亚萍，邱少芬，等，2021.酸化土壤施钙对不同花生品种（系）钙吸收、利用及产量的影响.作物杂志（4）：80-85.

袁光，张冠初，丁红，等，2019.减施氮肥对旱地花生农艺性状及产量的影响.花生学报，48（3）：30-35.

岳静慧，殷花娥，2004.蛴螬的发生为害与综合防治技术.河南农业（6）：25.

占新华，蒋延惠，徐阳春，等，1999.微生物制剂促进植物生长机理的研究进展.植物营养与肥料学报，5（2）：97-105.

战秀梅，彭靖，王月，等，2015.生物炭及炭基肥改良棕壤理化性状及提高花生产量的作用.植物营养与肥料学报，21（6）：1633-1641.

张彬，郑长英，2015.西花蓟马在不同花生品种间的实验种群生命表.广东农业科学，42（13）：80-83.

张彩军，霍俊豪，袁洁，等，2020.分层减量施肥对花生植株干物质积累及产量的影响.花生学报，49（3）：58-63.

张纯胄，杨捷，2007.害虫趋光性及其应用技术的研究进展.华东昆虫学报，16（2）：131-135.

张冠初，戴良香，徐扬等，2020.减氮配施钙肥对花生光合特性、产量及肥料贡献率的影响．中国油料作物学报，42（6）：1010－1018.

张冠初，徐扬，慈敦伟，等，2020．膜下滴灌氮肥分期追施对花生光合生理和产量的影响．花生学报，49（3）：79－83.

张鹤，蒋春姬，董佳乐，等，2020．寒地秸秆还田配套深松对土壤肥力及花生生长和产量的影响．花生学报，49（3）：14－21.

张佳蕾，郭峰，李新国，等，2014．花生单粒精播单产 11 250 kg/hm² 高产栽培技术．花生学报，43（4）：46－49.

张建航，雷亚柯，展世杰，等，2023．我国花生果腐病研究进展．农业科技通讯（3）：154－158.

张建航，张幸果，刘婷，等，2017．花生茎腐病病原菌的鉴定和生物学特性研究．河南农业大学学报（6）：822－826.

张莉，2022．正阳县花生"一选四改"技术模式应用试验．河南农业（19）：42－43.

张桥，张育灿，林日强，等，2014．广东省花生测土配方施肥氮素指标体系研究．中国农学通报，30（33）：101－104.

张秋磊，林敏，平淑珍，2008．生物固氮及在可持续农业中的应用．生物技术通报（2）：1－4.

张田田，路兴涛，孔繁华，等，2011.40％乙草胺·乙氧氟草醚乳油防除花生田杂草的效果．杂草科学，29（3）：68－70.

张文丹，刘磊，渠成，等，2015．不同杀虫剂对花生蚜毒力及拌种控制效果研究．花生学报，44（1）：29－33.

张霞，许曼琳，郭志青，等，2020a．暹罗芽孢杆菌 ZHX－10 的分离鉴定及其对花生白绢病的生防效果．中国油料作物学报，42（4）：674－680.

张霞，许曼琳，郭志青，等，2020b．吡唑醚菌酯和芸薹素内酯协同防治花生根腐病和白绢病的研究．花生学报，49（3）：52－57.

张霞，许曼琳，于静，等，2020．暹罗芽孢杆菌 ZHX－10 对花生冠腐病的生防效果．花生学报，49（4）：52－56.

张翔，张新友，张玉亭，等，2012．氮用量对花生结瘤和氮素吸收利用的影响．花生学报，41（4）：12－17.

张艳玲，袁萤华，原国辉，等，2006．蓖麻叶对华北大黑鳃金龟引诱作用的研究．河南农业大学学报，40（1）：53－57.

张毅，张佳蕾，郭峰，等，2018．不同施氮量对麦茬夏花生氮素吸收分配及产量的影响．花生学报，47（3）：52－56.

张玉树，丁洪，卢春生，等，2007．控释肥料对花生产量、品质以及养分利用率的影响．植物营养与肥料学报，13（4）：700－706.

张政勤，周文龙，姚丽贤，1998．缺磷对不同基因型花生根系形态及磷效率的影响．广东农业科学（6）：31－32.

张宗义，许泽永，陈坤荣，等，1993. 引进花生抗蚜材料（Ec36892）的鉴定和评价. 花生学报（3）：1-3.

章孜亮，高俊，李丽艳，等，2020. 减氮条件下接种根瘤菌对花生生长、氮肥效率及经济效益的影响. 花生学报，49（2）：54-58，72.

赵秉强，张福锁，廖宗文，等，2004. 我国新型肥料发展战略研究. 植物营养与肥料学报，10（5）：536-545.

赵长星，邵长亮，王月福，等，2013. 单粒精播模式下种植密度对花生群体生态特征及产量的影响. 农学学报，3（2）：1-5.

赵继浩，李颖，钱必长，等，2019. 秸秆还田与耕作方式对麦后复种花生田土壤性质和产量的影响. 水土保持学报，33（5）：272-280，287.

赵亚飞，张彩军，孟谣，等，2019. 不同施钙量对花生荚果发育时期农艺性状的影响. 花生学报，48（1）：27-33.

赵志强，李翔，李晓，等，2012. 25% 毒死蜱微囊悬浮剂不同施药方法防治花生田蛴螬的效果. 山东农业科学，44（11）：103-105，111.

郑亚萍，陈殿绪，信彩云，等，2014. 施磷水平对花生叶源生理特性的影响. 核农学报，28（4）：727-731.

郑亚萍，王世福，刘佳，等，2019. 不同花生品种（系）钾素吸收及利用特性. 花生学报，48（4）：14-19.

郑永美，冯昊，吴正锋，等，2016. 氮肥调控对土壤供氮特征及花生氮素吸收利用的影响. 中国油料作物学报，38（4）：481-486.

郑永美，孙秀山，王才斌，等，2016. 高肥力土壤条件下不同基因型花生对氮素利用的差异. 应用生态学报，27（12）：3977-3986.

周锋，周育栋，张艳彤，等，2022. 花生白绢病菌的生物学特性及其对杀菌剂敏感性研究. 中国植保导刊，42（9）：19-23.

周可金，马成泽，许承保，等，2003. 施钾对花生养分吸收、产量与效益的影响. 应用生态学报（11）：1917-1920.

周顺新，王慧新，吴占鹏，等，2014. 膜下滴灌不同肥料种类对花生生理性状与产量的影响. 花生学报，43（2）：27-30.

周长勇，汪立新，周平，2012. 60% 吡虫啉悬浮种衣剂防治花生田蛴螬试验初报. 安徽农学通报，18（20）：67-68.

周卫，林葆，1996. 花生缺钙症状与超微结构特征的研究. 中国农业科学（4）：54-58，99-101.

邹晓霞，张甜，王丽丽，等，2020. 黑曲霉菌肥施用对花生碳氮代谢、产量及籽仁品质的影响. 植物生理学报，56（9）：1974-1984.

邹永辉，张华，2009. 斜纹夜蛾性引诱剂在测报和防治上的应用研究. 广东农业科学（8）：129-130.

Adhilakshmi M, Latha P, Paranidharan V, et al. , 2014. Biological control of stem rot of groundnut (*Arachis hypogaea* L.) caused by *Sclerotium rolfsii* Sacc. with actinomycetes. Archives of Phytopathology and Plant Protection, 47 (3): 298 – 311.

Jacob S, Sajjalaguddam R R, Sudini H K, 2018. Streptomyces sp. RP1A – 12mediated control of peanut stem rot caused by *Sclerotium rolfsii*. Journal of Integrative Agriculture, 17 (4): 892 – 900.

Jain N K, Jat R S, Meena H N, et al. , 2018. Productivity, nutrient, and soil enzymes influenced with conservation agriculture practices in peanut. Agronomy Journal, 110 (3): 1165 – 1172.

Kishore G K, Pande S, Harish S, 2007. Evaluation of essential oils and their components for broad-spectrum antifungal activity and control of late leaf spot and crown rot diseases in peanut. Plant Disease, 91 (4): 375 – 379.

Meena H N, Yadav R S, Bhaduri D, 2018. Effects of potassium application on growth of peanut (*Arachis hypogaea*) and ionic alteration under saline irrigation. Indian Journal of Agronomy, 63 (1): 95 – 103.

Siddikee M A, Chauhan P S, Anandham R, et al. , 2010. Isolation, characterization, and use for plant growth promotion under salt stress of acc deaminase-producing halotolerant bacteria derived from coastal soil. Journal of Microbiology & Biotechnology, 20 (11): 1577 – 1584.

Xin L, Zhang B, Li C, 2018. Preparation and bioassay of Bacillus thuringiensis microcapsules by complex coacervation. Digest Journal of Nanomaterials and Biostructures, 13 (4): 1239 – 1247.

Xu M L, Zhang X, Yu J, et al. , 2020. Biological control of peanut southern blight (*Sclerotium rolfsii*) by the strain Bacillus pumilus LX11. Biocontrol Science and Technology, 30 (5): 485 – 489.

Zhang G, Liu Q, Zhang Z, et al. , 2023. Effect of reducing nitrogen fertilization and adding organic fertilizer on net photosynthetic rate, root nodules and yield in peanut. Plants, 12: 2902.